How to Build Serverless Applications with Kubernetes and Knative

impress top gear

Kubernetesで実現するサーバレスプラットフォーム

# Knative 実践ガイド

小野 佑大＝著



インプレス

# はじめに

本書を手に取っていただき誠にありがとうございます。

本書は、Kubernetesを活用したサーバレスプラットフォームのオープンソースであるKnativeの実践ガイドです。

Kubernetesを中核とするクラウドネイティブのテクノロジーは世界中で日進月歩、改善が進められています。多くの企業でKubernetesを活用したクラウドネイティブ開発が推進される中、Kubernetesを利用した開発をこれから開始する開発チームにとって、Kubernetesは難易度が高いと感じることも多いでしょう。Kubernetesの提供する多くの機能を一から習得するのは時間を要するものです。また、Kubernetesの活用を進めていくと、Kubernetes以外のソフトウェアの習得も求められます。それ故に、クラウドネイティブ開発を進めるには、乗り越えなければならないハードルが多いのが現実です。開発者が、よりコードの実装に集中しながらクラウドネイティブ開発を実践できるようにするには、Kubernetesの利用障壁を低減する必要があります。こうした状況を踏まえ、企業のKubernetesの活用を一歩先へ進めるきっかけになればと思い、本書を執筆しました。

本書で取り上げるKnativeは、「FaaSを実現するソフトウェア」という文脈で語られることが多いのは確かです。しかし、Knativeの価値はFaaSの実現以上に「Kubernetesの利用難易度を下げ、容易にアプリケーションをデプロイ可能とすること」にあります。KnativeはKubernetesの抽象化と拡張を提供するソフトウェアです。Kubernetesの抽象化が、Kubernetesへのアプリケーションのデプロイの簡素化に寄与します。そして、Kubernetesへ拡張されるサーバレスの仕組みが、アプリケーション運用の効率化を実現します。

本書を執筆するに当たり、みなさんがクラウドネイティブのトレンドの一つであるKnativeを活用するための知見を体系的に学習できるように心がけました。本書では、会社の中でアプリケーション開発チームへKubernetesクラスタを提供するチームが、Knativeも合わせて提供することを想定しています。Kubernetesクラスタを提供するチームに向けて、Knativeの提供機能の動作原理を解説します。そして、Kubernetesクラスタの利用者に向けては、Knativeを用いたサーバレスのシステム構築を本書の中で体験できるように考慮しています。Knativeの技術解説に加えて、ユースケースをサンプルに、Knativeを実践する例を示すことで、みなさんの職場でKnativeの導入検討の参考になればと考えています。みなさまのビジネスに、本書が少しでも貢献できれば幸いです。

2023年3月吉日

小野 佑大

## 読者ターゲット

本書は、Knativeを活用したシステム構築に焦点を当てて解説します。そのため、コンテナやKubernetesの基礎知識はある程度理解されていることを前提に、本書の中での用語解説は必要最低限にとどめています。Kubernetesに関する知識や、Kubernetesを活用したアプリケーション開発・運用のノウハウを深めたいという方は、必要に応じて他の書籍やインターネット上の情報などを一緒に参考にしてください。また、同出版社より提供されている以下の書籍も、合わせて参考にしていただくことをおすすめします。

- 『Kubernetes完全ガイド』（著者: 青山 真也）
- 『Kubernetes実践ガイド』（著者: 北山 晋吾、早川 博）
- 『Dockerコンテナ開発・環境構築の基本』（著者: 市川 豊）
- 『GitLab実践ガイド』（著者: 北山 晋吾）
- 『Kubernetes CI/CDパイプラインの実装』（著者: 北山 晋吾）

また、本書ではKnative自体の運用に関しては取り扱いません。Knativeの運用に必要な環境の構築方法や設定方法を知りたい方は公式ドキュメント[*1]を参照してください。

## 本書に対する諸注意

Knativeは2021年11月にバージョン1.0がリリースされました。今後のリリースによりコマンドやマニフェストの仕様が変更となる可能性があります。また、本書で使用するツールはトレンドや導入の難易度を考慮して選定していますが、すべての読者の方の環境にマッチしたツールを選定することは難しいものです。みなさんの許容できる範囲で導入していただければ幸いです。

本書で使用するKubernetes、およびKnativeのバージョン情報を以下に記します。本書では、執筆時点の最新バージョンを採用しています。

- Kubernetes v1.24.9（Amazon EKS）
- Knative Serving v1.9.0
- Knative Eventing v1.9.0

---

＊1　https://knative.dev/docs/

## 本書の構成

本書は第1章から第4章まで全体を通して、Knativeの実現するアプリケーションライフサイクルの仕組みとKnativeを用いたシステム構築の方法をステップごとに解説します。そのため、章ごとに区切られた構成ではなく、前章で実装した環境を引き継ぐ形の構成となっています。各章の内容を順番に実装することで、技術解説だけでなく、Knativeの実現するサーバレスのアプリケーション開発を体系的に体験いただけます。

各章の概要は、以下のとおりです。

- 第1章　Knativeによるアプリケーション開発の変化
  Knativeの導入によって変化するアプリケーション開発
- 第2章　Knativeを用いたシステム構築環境の準備
  Knativeを用いたアプリケーション開発に必要な環境と準備方法
- 第3章　Knative Servingによるアプリケーション管理
  Knative Servingのアーキテクチャとアプリケーションのリリース、オートスケールの演習
- 第4章　Knative Eventingを用いたシステム構築の実践
  Knative Eventingのアーキテクチャとイベント駆動型アプリケーションの実装

第1章では、サーバレスの定義やコンセプトを踏まえ、KnativeとKubernetesの関係性、Knativeの提供するコンポーネント、そして導入メリットを中心に解説します。第2章は、本書で使用するKnativeのシステム構築環境の準備を行います。そして、第3章では、KnativeのコンポーネントであるKnative Servingを取り扱います。特に、サーバレスのアプリケーションライフサイクルの特徴であるオートスケールの機能に関して演習を交えながら解説します。最後に、第4章では、マイクロサービス間のデータ連携をテーマに、Knative Eventingによるイベント駆動型アーキテクチャのシステム構築を行います。第3章と第4章では、サンプルアプリケーションを用いてシステム構築を体験し、理解を深めます。これらをすべて実装すると、Kubernetes上のアプリケーションでサーバレスのアプリケーションライフサイクルを体験できます。

## 本書の実行環境

本書では、演習に必要な環境として以下の環境を元に検証しています。なお、紙面の構成上、本書の解説に伴う出力結果や表示は、一部削除・修正されています。

■クラウドリソース

- クラウド環境: Amazon Web Services（AWS）
- Amazon Elastic Kubernetes Service（EKS）
- Kubernetes: v1.24.9
- マシンタイプ: t3.medium （仮想 CPU: 2 コア、仮想メモリ: 4GB）
- サーバ台数: 6 台

■ Kubernetes 上のソフトウェア

- Knative: v1.9.0
- Tekton Operator: v0.64.0
- Tekton Pipeline: v0.42.0
- Kafka: v3.3.1
- MySQL: v5.7
- Cert Manager: v1.11.0

## 本書で使用するコード

本書では、Istio プロジェクト*2で管理されるサンプルアプリケーションの一つである「Bookinfo」と、本書用に実装された「Bookorder」の 2 つをサンプルアプリケーションとして使用します。Bookinfo は、Apache License 2.0 に基づき使用許諾されており、規約に準じて使用しています。また、Bookorder のライセンスは、Bookinfo と同様に Apache License 2.0 として公開します。

本書で使用するサンプルコード、および Kubernetes のマニフェストは以下の URL を参照してください。

■サンプルアプリケーションのソースコード、および Kubernetes マニフェストのリポジトリ

https://gitlab.com/knative-impress/knative-bookinfo.git

なお、Git リポジトリの内容は随時更新される可能性がありますのでご了承ください。

＊2　https://github.com/istio/istio

## 謝辞

このたび、本書の執筆機会をいただき、また編集の面でも多大なるご支援をいただきました土屋様には深くお礼申し上げます。スケジュール通りに執筆が進まない時期もあり、悩みながらの執筆活動で、内容の大幅な見直しも多くご迷惑をおかけしたかと存じます。その中で、スケジュール調整だけでなく、校正や修正作業など最後までご支援いただけたおかげで、無事書籍の出版まで辿り着くことができました。ありがとうございます。

また、本書の執筆に当たり、多くのご助言、激励をいただいたみなさまへ感謝申し上げます。お忙しい中、時間を割いていただき本当にありがとうございます。

- 石川 純平 様
- 宇都宮 卓也 様
- 北村 慎太郎 様
- 北山 晋吾 様

(五十音順)

最後に、私事ではございますが、執筆期間中、仕事で忙しい中でも支えてくれた妻の協力に心より感謝したいと思います。

# 本書の表記

- 注目すべき要素は、太字で表記しています。
- コマンドラインのプロンプトは、“$” で示されます。
- 実行例に関する説明は、“##” のあとに付記しています。
- 実行結果の出力を省略している部分は、…あるいは “...” で表記します。
- 紙面の幅に収まらないコマンドラインでは、行末に “\” を入れ改行しています。

```
## Knative Serving のバージョンを指定して net-certmanager のマニフェストを apply します。 （実行例のコメント）
$ kubectl apply -f \  （右端で折り返し）
https://github.com/knative/net-certmanager/releases/download/\
knative-v${KNATIVE_VERSION}/release.yaml
...  （省略）
```

- プログラムリストの説明は、“#” のあとに付記しています。“#” の後に丸付き番号を付している場合は、プログラムリストの下に番号に対応した説明を記しています。

```
1: ① #ルーティング
2: @app.route("/", methods=["POST"])
3: def receive_cloudevents():
4: ...
```

- 紙面の幅に収まらないリストでは、右端で改行しています。実際の入力では 1 行で入力してください。

# 目次

# 第1章

# Knativeによるアプリケーション開発の変化

ビジネス環境や市場の変化が激しい現代において、多くの企業が迅速かつ高頻度のアプリケーションリリースに挑戦しています。開発プロセスを効率的に回す手段の一つにサーバレスがあります。サーバレスはパブリッククラウドのマネージドサービスの登場を皮切りに採用が進みました。すでにその恩恵を受けている企業も少なくありません。そして現在、オープンソースのサーバレスプラットフォームを提供するKnativeの採用が増えつつあります。

本章では、サーバレスの定義を整理し、Knativeにおけるアプリケーション開発の変化を紹介します。Knativeは、Kubernetesを基盤とし、サーバレスのコンセプトに基づくアプリケーション開発・運用を実現するソフトウェアです。KnativeはKubernetesのオペレーションを抽象化し、Kubernetesの利用障壁を低減します。そして、Knativeの提供する機能にならってアプリケーションを開発することで、保守性の高いシステムアーキテクチャを容易に実現することが可能です。

この利便性がKubernetesやクラウドネイティブ開発のスキルギャップを埋め、チームが早期にクラウドネイティブの恩恵を受けることができ、ビジネス価値を創出します。

# 1-1　アプリケーション開発の環境変化

現代のビジネス環境は、変化のスピードが速く、サービス要件の不確実性の高い環境です。現代は、変動性（Volatility)、不確実性（Uncertainty)、複雑性（Complexity)、曖昧性（Ambiguity）の頭文字をとった**VUCAの時代**と呼ばれます。この言葉は1990年代に軍事用語として生まれ、2010年代に現代のビジネス環境を表す言葉として使用されるようになりました。

VUCAの時代へ対応するには、顧客のニーズの変化に柔軟に対応できる必要があります。そのためには、迅速かつ高頻度でアプリケーションをリリースし、サービスの価値を改善し続けられる開発プロセスが不可欠です。それ故に、多くの企業が、機能追加や改善に伴うサービス影響を低減できる保守性の高いシステムアーキテクチャを取り入れ、アプリケーション開発の効率化に取り組んでいます（Figure 1-1)。

Figure 1-1　VUCAの時代に求められるアプリケーション開発

## 1-1-1　保守性の高いシステムアーキテクチャ

ECサイトを例にするとFigure 1-2に示されるように、これまでシステムの各層を単一のアプリケーションとして実装するモノリシックアーキテクチャが採用されてきました。たとえば、Webアプリケーションは、ユーザインタフェース、機能（ビジネスロジック)、データベースの三層構成が基本です。ビジネスの規模が拡大し、提供する機能数が増加するにつれて、ユーザインタフェースの機能の振り分け処理や、セッション管理が複雑化します。そして、データサイズの増加と共に、機能間の依存関係や、機能とデータの依存関係も複雑となり、変更に伴うサービス影響のリスクが高い状態へ陥ります。

モノリシックアーキテクチャは、シンプルで小規模なシステムに適す一方で、ビジネス拡大と共に劣化する保守性がボトルネックとなり、企業のビジネス価値の創出の阻害要因となり得ます。

モノリシックアーキテクチャに対し、保守性の高いシステムアーキテクチャとして、**マイクロサービスアーキテクチャ**が登場しました。マイクロサービスアーキテクチャは、アプリケーションを必要最

Figure 1-2 モノリシックアーキテクチャの課題

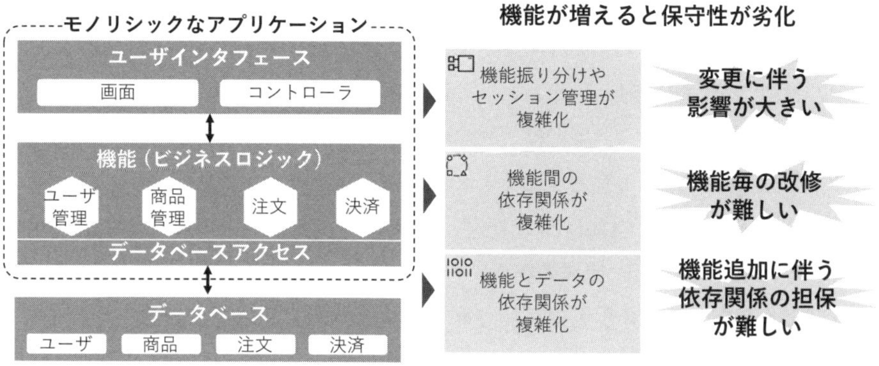

小限の**マイクロサービス**の単位で実装し、複数のマイクロサービスの連携でシステムを構築するアーキテクチャです。マイクロサービスは、機能の責任境界を明確化します。そして、RESTやgRPCなどのステートレスなインタフェースを用いて、マイクロサービスを疎結合に連携することで、変更に伴うサービス影響は局所化されます。この特徴から、マイクロサービスアーキテクチャは、複雑なビジネス環境へ柔軟に対応できるアーキテクチャとして期待されています（Figure 1-3）。

Figure 1-3 マイクロサービスアーキテクチャ

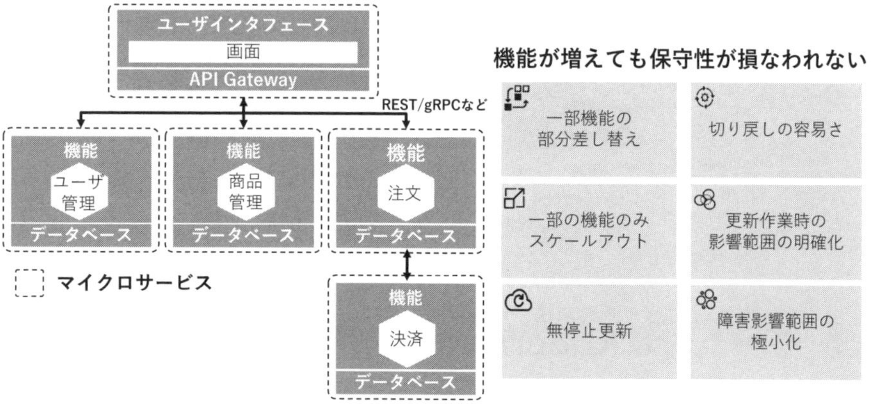

一方で、デプロイされるマイクロサービスの数が増加するにつれて、運用障壁が高まるデメリットも存在します。個々のマイクロサービスのライフサイクル管理は煩雑化し、マイクロサービス間の連携パスが増えることで、システムの複雑性が高まります。マイクロサービスアーキテクチャのメリットを得つつ、マイクロサービスの規模拡大に伴う運用上のデメリットを軽減するツールとして、Kubernetesの活用が進展しました。

## 1-1-2　Kubernetesの役割

Kubernetesがマイクロサービスの運用基盤のデファクトスタンダードの地位を確立して以降、アプリケーションの管理性が大幅に向上しました。Kubernetesは、ITインフラのリソースをリソースプールとして抽象化します。そして、利用者は「マニフェスト」と呼ばれる定義ファイルを使用してシステムの理想の状態をKubernetesへ宣言すると、Kubernetesが自律的に実際の状態を理想の状態へ同期します。このようなKubernetesの宣言的な設定と自律的なコントロールの機構により、利用者はITリソースを考慮したマイクロサービスの配置やライフサイクル管理をKubernetesに委任することが可能です。仮にマイクロサービスが大量展開される環境下でも、利用者は理想の状態を管理するのみで良く、Kubernetesが利用者の代わりに実際の状態を管理することで利用者の運用負担を軽減します（Figure 1-4）。

Figure 1-4　マイクロサービスの運用におけるKubernetesの役割

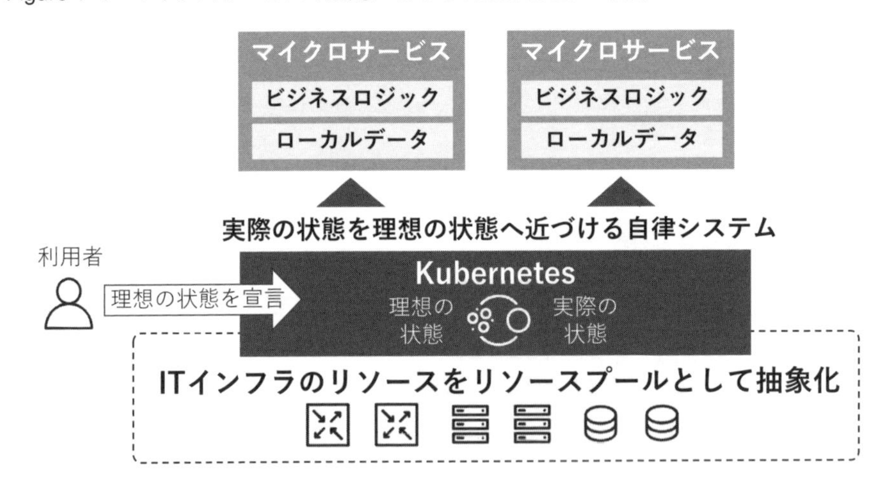


## 1-1-3　チーム内のKubernetes利用時の役割分担

効率的なアプリケーション開発には、開発者がアプリケーション開発に注力できる環境整備が求められます。Kubernetesの運用はそのリリースサイクルの早さから難易度が高いと言われます。Kubernetesによりマイクロサービスの運用を効率化できるといっても、Kubernetes自体の運用が足枷となりアプリケーション開発に稼働を割くことが難しい状態へ陥ると意味がありません。したがって、Kubernetesを採用する多くの企業は、Kubernetesクラスタを境に開発者と運用者の役割分担を検討します。一般に、運用者は開発者へKubernetesクラスタのリソースを「Namespace」の単位で切り出し、Kubernetes

クラスタの信頼性を担保します。開発者は運用者から払い出されたNamespaceを用いて、開発したアプリケーションのライフサイクルをセルフサービスで管理します（Figure 1-5）。

Figure 1-5　チーム内のKubernetes利用時の役割分担

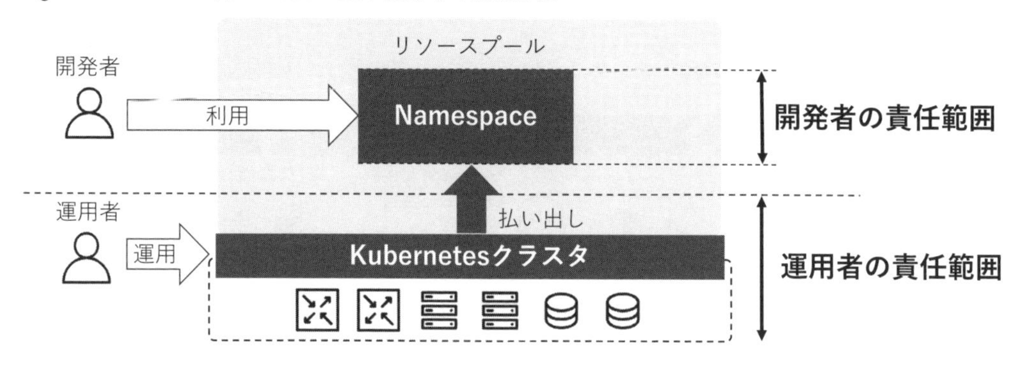


## 1-1-4　アプリケーション開発のライフサイクルの効率化

アプリケーション開発のライフサイクルとは、サービスの新たなアイディアが生まれてから顧客にその価値を継続的に届けるためのサイクルのことです。大きく、コードの実装（Code）、コードのビルド（Build）、コードの実行（Run）の3つの工程からなります。

- コードの実装（Code）

  「コードの実装」の工程は、アプリケーションのコードを実装し、Gitリポジトリへコミットして納品するまでの工程です。

- コードのビルド（Build）

  「コードのビルド」の工程では、Gitリポジトリ上に納品されたアプリケーションのコードをテストした上で、コンテナイメージをコンテナレジストリへプッシュし、納品する工程です。アプリケーションのリリーススピードやリリース頻度を向上する上で、アプリケーションのバグや脆弱性を早期に検知し、後工程のスケジュールへ影響を与えないことが求められます。その効率化のために、継続的インテグレーション（Continuous Integration: CI）が採用されます。

- コードの実行（Run）

  最後の「コードの実行」は、開発されたアプリケーションをリリースする工程です。この工程の効率化として、継続的デリバリ（Continuous Delivery: CD）が採用されます。一般に、アプリケーションをリリースする環境は、テスト環境、ステージング環境、本番環境の複数の環境が使い分けされます。複数の環境へのリリース作業を自動化し、かつサービス影響なく本番環境へリリースする仕組みを確立することで、サービスの改善サイクルを早めます（Figure 1-6）。

Figure 1-6　アプリケーション開発のライフサイクル

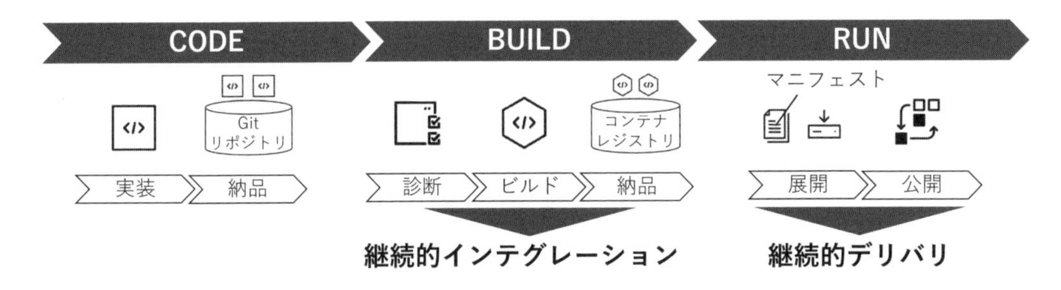


## 1-2　サーバレスのアプリケーション開発

サーバレスは、クラウドネイティブの延長線上にある概念です。アプリケーション開発のライフサイクルを効率化する手段の一つに過ぎません。マイクロサービスアーキテクチャにより、変更に強いシステム構築が可能となる一方で、サービスの需要が不透明な際に、予測できないリクエスト規模に対して適切な台数のサーバを配備する作業はコストも労力もかかります。

Kubernetesをはじめ、多くのクラウドネイティブアプリケーションのオープンソースを推進する団体Cloud Native Computing Foundation（CNCF）は、Serverless Working Groupによるホワイトペーパー「CNCF Serverless Whitepaper v1.0*1」にて、以下のようにサーバレスを定義しています。

- サーバ管理を必要としないアプリケーション構築と実行のコンセプト
- 1つ以上の関数（Function）としてバンドルされたアプリケーションがプラットフォームにアップロードされると、正確な需要に反応してFunctionが起動し、スケールして請求されるデプロイメントモデル

「サーバレス」というと、サーバが存在しないイメージを持ちやすいですが、定義として「サーバ管理を必要としない」という点がポイントです。サーバレスがサーバの配備や増設、メンテナンスやアップデート、リソース容量の管理といったサーバ管理業務を自動化し、開発者は、これらの管理業

＊1　https://github.com/cncf/wg-serverless/blob/master/whitepapers/serverless-overview/cncf_serverless_whitepaper_v1.0.pdf

務に稼働を割く必要がない、という概念を表します。

また、サーバレスには、「正確な需要に反応して Function が起動する動的なデプロイメントモデル」を実現すると定義されています。サーバレス以前は、アプリケーションのデプロイ時にリソースを確保し、確保されたリソースは常時アプリケーションに消費されることが一般的でした。しかし、需要の変動が激しく予測の難しいサービスでは、事前に確保したリソースが不足するアンダープロビジョニングや、確保したリソースに無駄が生じるオーバープロビジョニングが起こり得ます。サーバレスのデプロイメントモデルにより、リソース使用効率を向上し、ビジネス価値の損失を防ぐことが期待されます（Figure 1-7）。

Figure 1-7　需要に即したリソースの確保

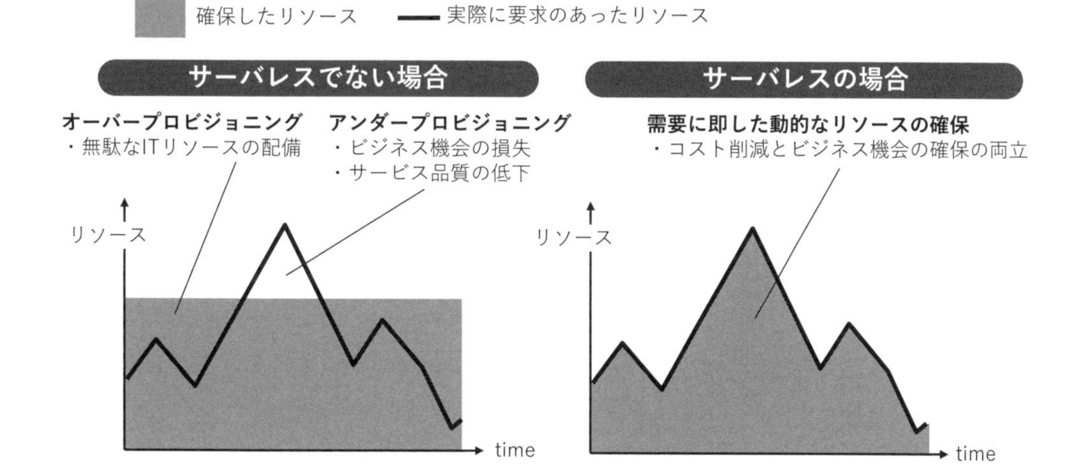


## 1-2-1　サーバレスのアプリケーションライフサイクル

サーバレスは、Figure 1-8 に示されるアプリケーションライフサイクルを可能にします。

① プラットフォームへコードがアップロードされると、アプリケーションが起動します。

② アプリケーションがリクエストに応答します。リクエスト量の増加に伴いアプリケーションの負荷が上昇するとスケールアウトし、リクエストが止み、負荷が軽減されるとスケールインします。

③ リクエストが停止し、アプリケーションの負荷がアイドル状態となります。

④ アプリケーションが停止します。

⑤ アプリケーションが削除され、IT リソースを解放します。(ゼロスケール)

⑥ リクエストの再開に伴いアプリケーションが自動起動し② にて応答します。

Figure 1-8　サーバレスのアプリケーションライフサイクル

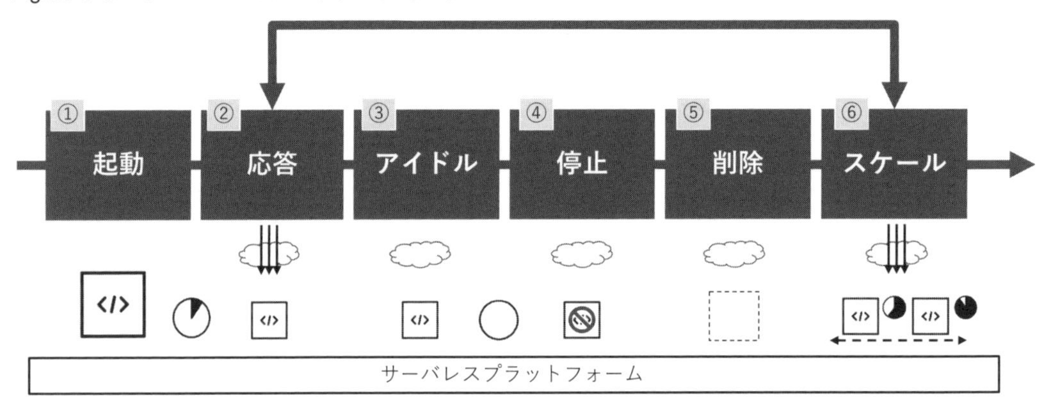


サーバレスのデプロイメントモデルでは、リクエストの増減によって動的にアプリケーションの起動台数が調整されます。そして、リクエストが存在しない場合はゼロスケールし、リクエストに対して常時レスポンス性能が高い状態を維持するよりも、IT リソースの解放を優先します。

このライフサイクルの実現には、現在のリクエスト数とアプリケーションの負荷状態をリアルタイムに把握する仕組みが求められます。そして、必要なアプリケーションの起動台数を計算した上で、サービスへ影響を与えない台数へ調整するコントロール機能が肝になります。

このようなサーバレスのコントロール機能を共通して提供する「サーバレスプラットフォーム」を利用することが、サーバレスの導入の近道です。

# 1-3　サーバレスプラットフォームの提供モデル

CNCF は、サーバレスプラットフォームとして、次の 2 つの提供モデルを定義しています。

- FaaS （Function as a Service）
- BaaS （Backend as a Service）

## 1-3-1 Function as a Service（FaaS）

FaaSとは、Function（関数）単位のアプリケーションをイベント駆動型で実装するプラットフォームです。FaaSは、Functionをデプロイメント単位とし、イベントに応じて動的にFunctionを起動する非同期なシステムの構築を可能にします。そして、リクエスト数の増減に伴いFunctionをオートスケールし、開発者からサーバ管理業務を解放します（Figure 1-9）。

Figure 1-9　FaaSの概要

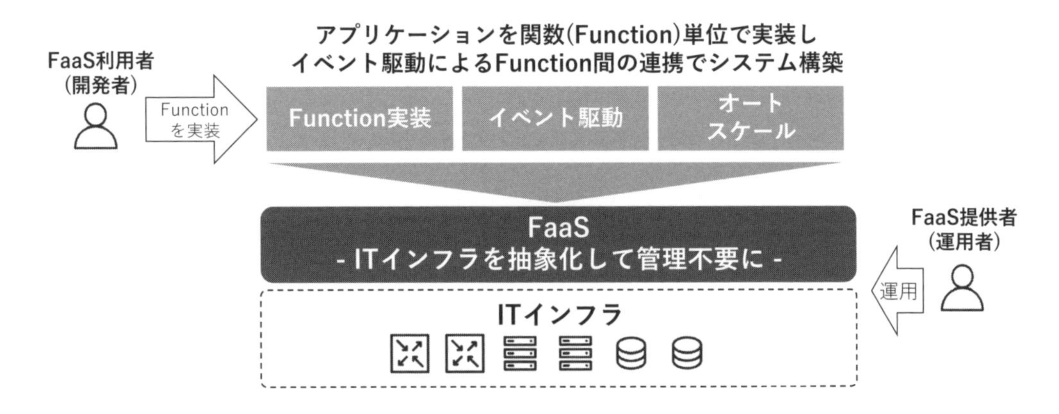


Functionとマイクロサービスの違いは、機能の大きさと粒度です。Figure 1-10に示されるように、Functionはマイクロサービスに含まれる機能を構成する1つ以上の関数を表します。

Figure 1-10　Functionとマイクロサービスの違い

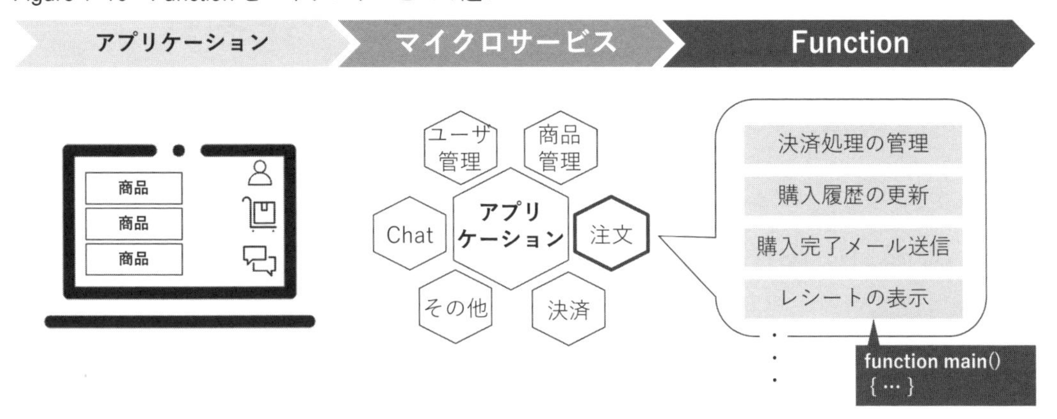

## 1-3-2　BaaS（Backend as a Service）

BaaS は、たとえばメール送信やプッシュ通知といった汎用的なバックエンド機能を利用できる API を提供するプラットフォームです。モバイルアプリケーションのバックエンド機能を提供するサービスは、MBaaS（Mobile Backend as a Service）とも呼ばれます。開発者は、BaaS の提供する汎用的な機能を再利用しながら、サービスのコアとなるアプリケーション開発に注力できます。同時に、バックエンド機能の IT インフラの管理は BaaS の提供者が行うことで、開発者からサーバ管理業務を解放します（Figure 1-11）。

Figure 1-11　BaaS の概要

## 1-3-3　サーバレスによるアプリケーション開発の変化

CNCF の Serverless Working Group は「Function Instance Pipeline」という、サーバレスアプリケーションをデプロイする際の一連のパイプラインを説明しています。Function Instance とは「需要に応じてスケーリングできる単一の機能、またはマイクロサービス」のことです。ステートレスで独立実行するコンテナアプリケーションをイメージしてください（Figure 1-12）。

Function Instance Pipeline は、前述の Figure 1-6 で示されるアプリケーション開発のライフサイクルと同様に、コードの実装（Code）、コードのビルド（Build）、コードの実行（Run）の 3 つの工程からなります。「コードの実装」と「コードのビルド」の工程は Figure 1-6 と変わりません。異なるのは「コードの実行」の工程です。

サーバレスでは、アプリケーションをデプロイすると、イベントソースと 1 つ以上のアプリケーションを関連付けて管理します。イベントソースとは、発生したイベントをアプリケーションへトリガー

Figure 1-12 Function Instance Pipeline

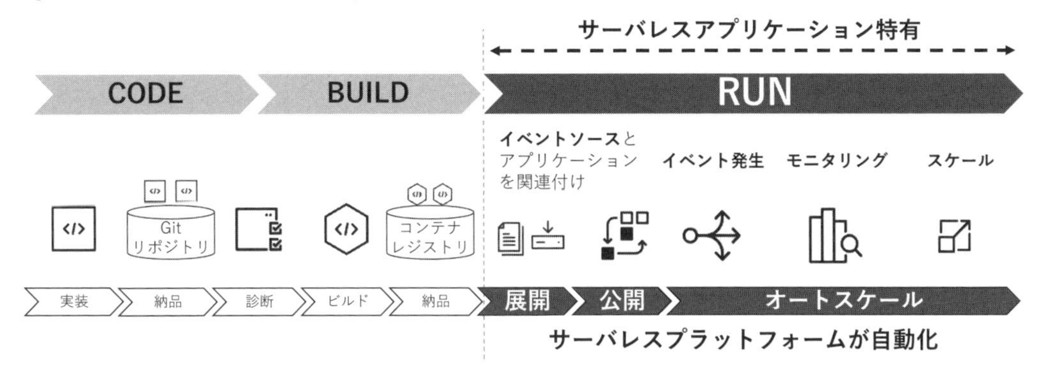


またはストリームするコンポーネントです。イベントソースにはさまざまなタイプが存在し、たとえば次のものが挙げられます。

- イベントおよびメッセージングサービス（例: Apache Kafka、RabbitMQ、Amazon SNS、Azure Web PubSub、Google Pub/Sub）
- ストレージサービス（例: Amazon S3、Amazon DynamoDB、Azure Blob Storage、Google Cloud Storage）
- エンドポイントサービス（例: IoT ゲートウェイ、API ゲートウェイ、HTTP ゲートウェイ）
- リポジトリ（例: GitLab、GitHub）
- ユーザアプリケーション
- スケジュールイベント（例: バッチ処理）

イベントソースから発生したイベントを起点にサーバレスプラットフォームが、アプリケーション負荷のモニタリング結果に基づいてオートスケールを判断し、実行します。

このように、イベントを中心にアプリケーション間連携を実装するアーキテクチャは、**イベント駆動型アーキテクチャ**と呼ばれます。サーバレスの提供するアプリケーション開発体験とは、**「アプリケーションのデプロイと運用を効率化すること」**、そのための手段として、**「イベント駆動による非同期連携と自動化」**を採用している、と言えるでしょう。

## 1-3-4 サーバレス採用時のポイント

サーバレスの採用には、「ワークロードやサービスの適性の見極め」と「チーム内の役割」の2つの観点がポイントです。

## ■ ワークロードやサービスの適性の見極め

サーバレスはマイクロサービスと並ぶクラウドネイティブのデプロイメントパターンの一つに過ぎません。決して万能なソリューションではないことを念頭に置き、ワークロードやサービスの適性を見極めてサーバレスの採用を判断することが肝要です。

CNCFは、サーバレスに適したワークロードやサービスの特徴として以下の点を挙げています。

■ワークロードに関わる特徴

- ステートレスな実行
- 独立した実行が可能で並列化が容易
- 非同期に実行することが許容される

■サービスに関わる特徴

- スケーリング要件が予測できず大きな変動が見られる
- ビジネス要件が変動しやすく、サービスの迅速な改善が求められる

押さえるべきは、**求められる非機能要件を踏まえてサーバレスを適用するワークロードを見極める必要がある**ということです。たとえば、サーバレスはリクエスト停止に伴うゼロスケールが発生すると、リクエスト再開時のレスポンス性能が劣化します。レスポンス性能に厳しいサービスでサーバレスを適用すると、サーバレスで得られるメリットよりもデメリットの方が大きいという事態に陥りかねません。

## ■ チーム内の役割

チーム内の役割の観点では、開発者と運用者の責任分界がポイントです。開発者がサーバレスのアプリケーション開発体験を得るには、運用者の責任範囲をアプリケーションに関わる範囲まで広げることが求められます。たとえば、FaaSではランタイムやアプリケーションのスケールアウト機能まで、BaaSはバックエンド機能とそのAPIまでが運用者の責任範囲です（Figure 1-13）。

一般に、開発者の負荷軽減は運用者の負荷上昇に繋がります。たとえば、FaaSの提供において、開発者からの業務依頼に基づき、運用者がアプリケーションの迅速なスケールアウトに対応し続けることは非現実的です。パブリッククラウドのマネージドサービスを利用することも選択肢の一つですが、利用できるクラウド環境のロックインが懸念されます。つまり、サーバレスの実現には、運用者の負荷軽減が鍵であると言えます。

Figure 1-13　サーバレスにおける開発者と運用者の責任分界

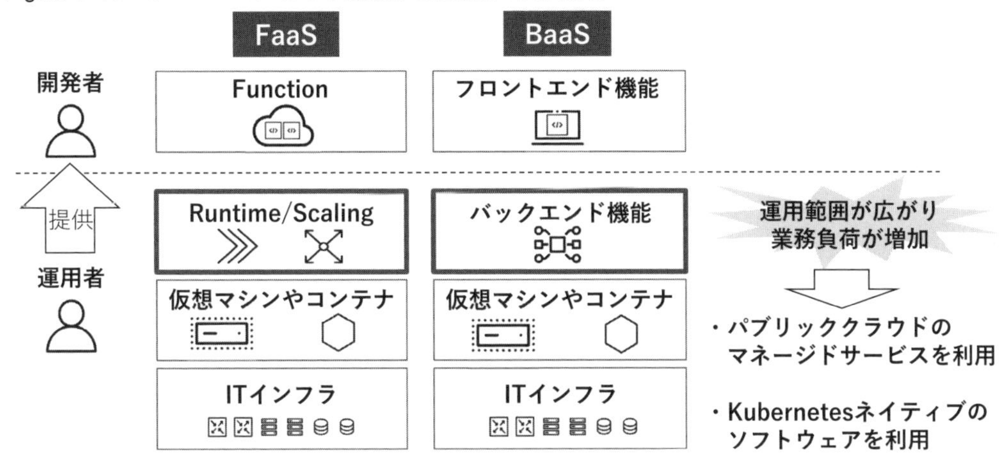


その手段の一つが、Kubernetes ネイティブなソフトウェアを活用することです。Kubernetes の自律化の範囲を拡張することで、開発者のセルフサービスによる作業範囲を拡張でき、運用者の負荷上昇を抑えることが期待されます。

本書のテーマである Knative は、まさに Kubernetes ネイティブなソフトウェアです。Kubernetes を機能拡張し、開発者がセルフサービスでサーバレスのアプリケーション開発体験を得られる環境を提供します。

## 1-4　Knative

Knative は Kubernetes 上に展開するサーバレスプラットフォームとして、2018 年の「Google Next'18」にて発表されました。同時にオープンソースとして公開され、グーグルの他、IBM、レッドハット、SAP、VMware（旧 Pivotal）が開発を推進しています。2021 年 11 月にバージョン 1.0 がリリースされ、2021 年 12 月にグーグルが CNCF へコードを寄贈したことで、現在は CNCF のサンドボックスプロジェクトにて推進されています。Knative はグーグルの提供する Google Cloud Platform（GCP）のマネージドサービスの一つである「Cloud Run」で採用され、本番環境で十分活用できる成熟度のオープンソースと言えます。

Knative 登場の背景には、サーバレスの実現がベンダーロックインされている問題がありました。

## 1-4-1　サーバレスのベンダーロックインの問題

クラウドベンダーの提供するFaaSは、実行できるプログラミング言語や、利用できるリージョン、アプリケーションバイナリやアーティファクトのサイズ、アプリケーションの連続稼働時間の仕様がベンダーによって異なります。また、サービスとして扱えるイベントがベンダーロックインされる制約がありました。これらの制約から、サーバレスの利用に当たり、各クラウドサービスの仕様差分の考慮が必要でした。コンテナを対象にサーバレスのアプリケーションライフサイクルを実現し、かつ主要なクラウドベンダーが標準的なイベントフォーマットを扱うことができれば、開発者はベンダーロックインされることなく、どの環境でも一貫してサーバレスのアプリケーション開発体験を得ることができます。

Knativeは、ベンダーニュートラルなオープンソースのサーバレスプラットフォームです。Knativeの扱うイベントは、CNCFが仕様の標準化を進める「CloudEvents」が対象です。そして、Kubernetesがインストールされた環境であれば、オンプレミスでもパブリッククラウドでも、どの環境でもサーバレスを導入できます。

ベンダーにとってサーバレスの標準化を進めるメリットは何でしょうか？Knativeの登場を受け、多くのベンダーは、サーバレスにおける自社の付加価値を一つ上のラインへ引き上げられる、と説明しています。すべてをベンダー独自の仕組みで提供するのでなく、基本機能をKnativeに任せることで、より差別化しやすい上位レイヤへ開発リソースを集中させることが可能です。また、サーバレスの基本機能がKnativeにより標準化されることで、ベンダー間の相互運用性の向上に繋がります。それが、マルチクラウドやハイブリッドクラウドといった新たなユースケースを生み、新たなビジネス機会に繋がる、という考えです。

## 1-4-2　KnativeとKubernetesの関係性

Knativeは、KubernetesのAPIの抽象化と拡張を行うソフトウェアです。Knativeがスコープとする Kubernetesの拡張機能には以下の3つが挙げられます（Figure 1-14）。

- トラフィック駆動型オートスケール
- アプリケーションのリビジョン間のトラフィック自動分割
- イベント駆動型のシステム間連携

これらの機能はKubernetesへ独自のAPIを追加できる「カスタムリソース」として提供されます。

Figure 1-14　Knative と Kubernetes の関係性

Knative のカスタムリソースは、開発者のセルフサービスの作業範囲を拡張します。したがって、チームは、Figure 1-15 に示される役割分担のもと、サーバレスのアプリケーションライフサイクルを Kubernetes 上のアプリケーションへ適用することが可能です。

Figure 1-15　Knative における開発者と運用者の責任分界

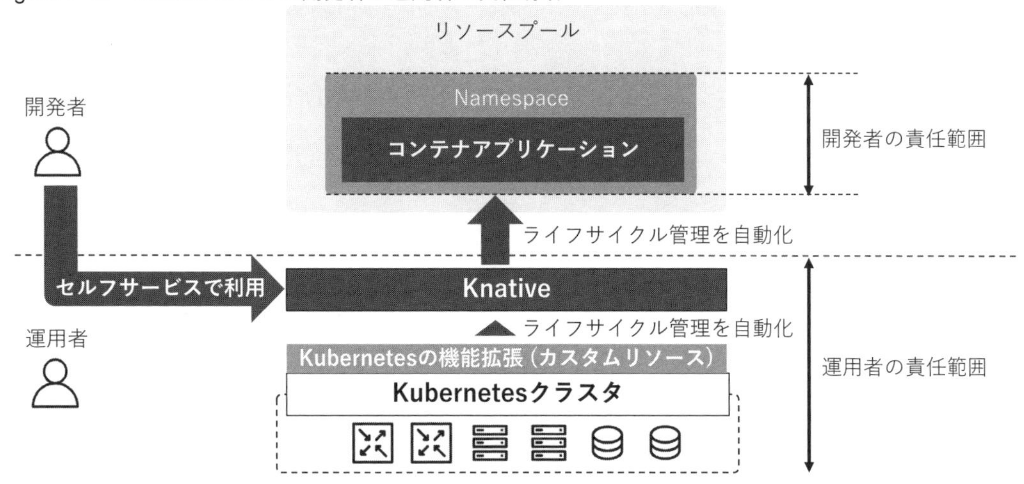


なお、Knative は FaaS を実現する目的で開発されたソフトウェアではありません。FaaS の導入という目的以外にも Knative を活用できるシーンはあります。FaaS は Knative の実現するユースケースの一つに過ぎません。

Knative の目的は、Kubernetes を利用する開発者へサーバレスという手段を選択肢として与え、Kubernetes の利用障壁を低減することです。

Knative が Kubernetes を抽象化することで、開発者へ Kubernetes の深い知識を求める必要がなくなります。そして、Knative の機能を活用してアプリケーション開発を進めると、自ずと「The Twelve-Factor

App」*2に定義されるような、クラウドネイティブの設計原則を満たすアプリケーションの実装を意識することになります。つまり、Knativeは、これからKubernetesを利用し始める開発者の学習コストを抑えるツールとしても有用です。

## 1-5 Knativeの提供するコンポーネント

Knativeは、「Knative Serving」「Knative Eventing」、そして「Knative Functions」の3つのコンポーネントを提供します。

当初は、「Knative Build」というコンポーネントが存在していました。Knative Buildは、アプリケーションのソースコードが格納されるGitリポジトリのパスを指定して、コンテナイメージをビルドする機能を提供するコンポーネントです。しかし、**現在は廃止され、Kubernetes環境でCI/CDパイプラインを実装するオープンソースである「Tekton」へ移管されています。**

また、Knative Functionsは、Knativeのリソースを操作する専用のCLIツールである「Knative CLI」のプラグインです。開発者がKnativeやKubernetes、コンテナやDockerfileに関する深い知識を持たなくてもFunctionの実装を単純化するツールとして提供されています。Knative Functionsを利用すると、Functionを実装するテンプレートが出力され、ローカル環境でFunctionの実装、ビルド、Knative Servingを使用したデプロイを一貫して行うことが可能です。なお、Knative FunctionsはKnativeのコアとなる機能ではないため、本書では詳細を取り扱いません。

Knativeを利用する際は、Knative ServingとKnative Eventingのそれぞれを個別にインストールする必要があります。まずは各役割を理解しましょう（Figure 1-16）。

Figure 1-16　Knativeの全体像

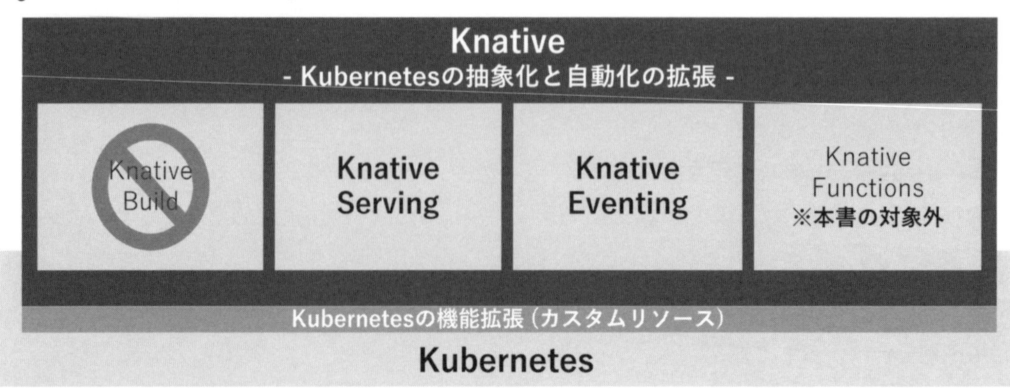


＊2　https://12factor.net/ja/

## 1-5-1 Knative Serving の役割

Knative Serving は、サーバレスのアプリケーションライフサイクルを実現するコンポーネントです。Knative Serving は、主に「トラフィック駆動型オートスケール」と「アプリケーションのリビジョン間のトラフィック自動分割」の 2 つの機能を提供します。

### ■ トラフィック駆動型オートスケール

トラフィック駆動型オートスケールは、イベントトラフィックの需要に基づきアプリケーションをオートスケールする機能です。

Knative Serving は、HTTP リクエストをイベントトラフィックとして扱います。Figure 1-17 に示されるように、Knative Serving はリクエスト数の増減を管理し、アプリケーションをオートスケールします。リクエストが一定期間存在しない場合は、アプリケーションをゼロスケールし、IT リソースを解放します。ゼロスケールの状態でリクエストが再発すると、Knative Serving はリクエストを一時的にキューイングし、アプリケーション起動後にリクエストを配送します。

このように、Knative Serving がリクエスト数の管理とリクエスト自体のキューイングを担い、需要変化に追随したオートスケールを可能とします。

Figure 1-17　トラフィック駆動型オートスケール

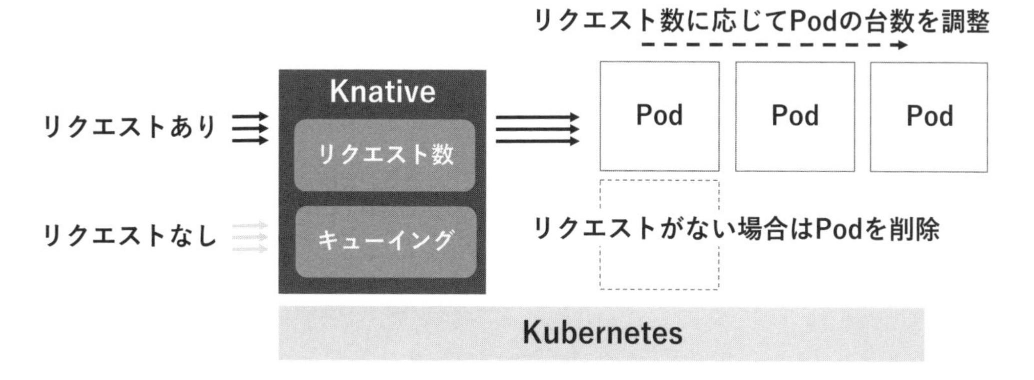


### ■ アプリケーションのリビジョン間のトラフィック自動分割

Knative Serving は、アプリケーションのデプロイ履歴をリビジョンとして管理します。新規にアプリケーションがデプロイされると、Knative Serving は既存と新規のアプリケーションのリクエスト数を、マニフェストで宣言された比率に応じて分割します。

このようなアプリケーションのデプロイ履歴を踏まえたトラフィック分割を行えることで、安全なアプリケーションのリリースが可能です。(Figure 1-18)。

Figure 1-18　アプリケーションのリビジョンを考慮したトラフィック自動分割

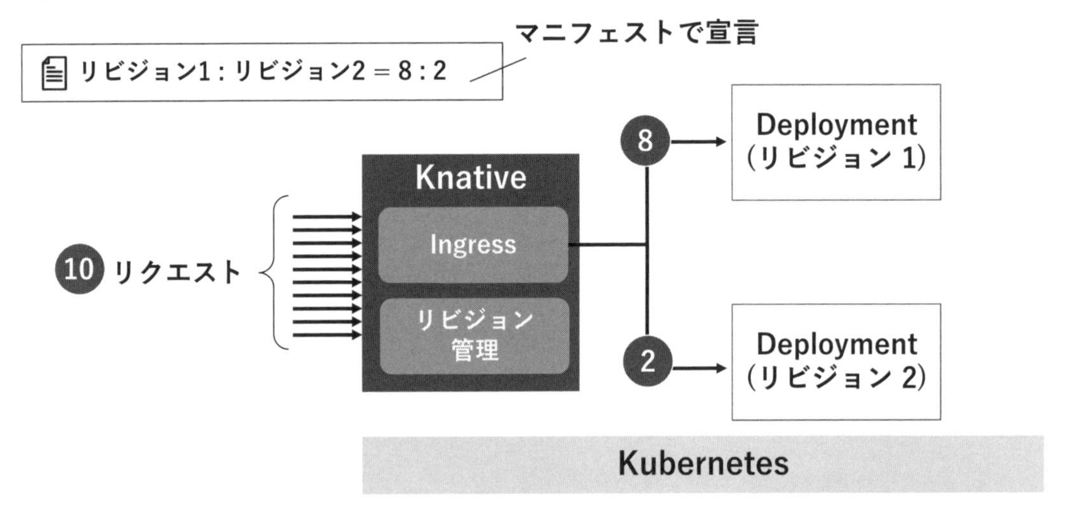


## 1-5-2　Knative Eventingの役割

Knative Eventingは、サーバレスのアプリケーション開発体験の特徴であるイベント駆動型アーキテクチャのシステム構築を簡素化するコンポーネントです。

Knative Eventingの主な機能は、以下の3つです。

- イベントソースとの連携

  イベントソースの生成したイベントを取得した上で必要に応じてCloudEvents形式へ変換し、管理する機能です。

- 取得したイベントの管理と条件に基づくフィルタリング

  取得したイベントを特定するための条件を管理する機能です。

- アプリケーションへのイベントの送信

  フィルタリングされたイベントを所定のアプリケーションへ送信する機能です。イベントの送信はHTTP POSTリクエストにより行われます。

イベント送信先のアプリケーションが Knative Serving を用いてデプロイされ、イベント以外の HTTP リクエストを受信しない場合は、イベントの発生を契機にアプリケーションを動的に起動し、処理が完了するとアプリケーションを削除する、イベント駆動でのアプリケーションのデプロイが可能です。

ここで、Knative Eventing を活用したイベント駆動型アーキテクチャのシステムをイメージできるように、ユースケースを 2 つ紹介します。

## ■ ユースケース 1　バックエンド機能の拡張

1 つ目は、サービスのバックエンド機能を追加するユースケース[*3]です。Figure 1-19 は、ゲームアプリケーションのチート行為の発生に対処するユースケースを表します。

Figure 1-19　Knative Eventing のユースケース - バックエンド機能の拡張

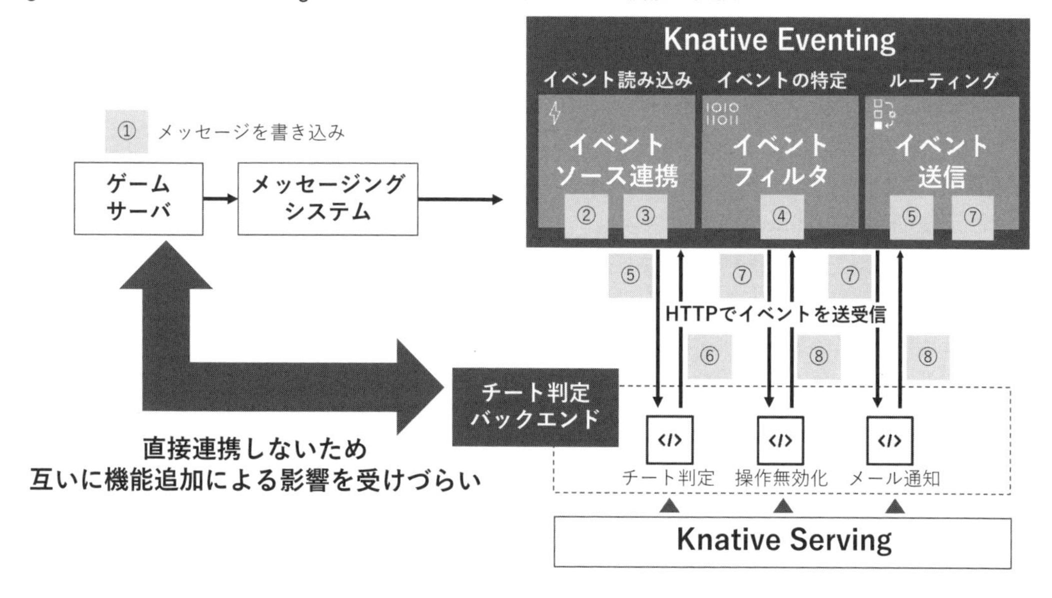


処理の流れは以下のとおりです。

① ゲームサーバは、バックエンド機能の API を直接実行するのでなく、Pub/Sub 型のメッセージングシステムへメッセージを書き込みます。書き込んだメッセージは、ユーザ操作イベントとしてメッセージングシステム上で管理されます。

---

＊3　https://developers.redhat.com/articles/2022/03/14/process-apache-kafka-records-knatives-serverless-architecture

② Knative Eventingが「ユーザ操作イベント」を読み込みます。

③ Knative Eventingがユーザ操作イベントをCloudEvents形式へ変換し管理します。

④ Knative Eventingは、事前に定義されたフィルタリング条件により、ユーザ操作イベントを特定します。

⑤ ユーザ操作イベントがユーザのチート行為を判定する「チート判定サービス」へ送信されます。

⑥ チート判定サービスは、チート行為の有無を確認し、チート行為がある場合に「チート行為発生イベント」をKnative Eventingへ応答します。

⑦ Knative Eventingが「チート行為発生イベント」を受信すると、「操作無効化サービス」と「メール通知サービス」へイベントを送信します。

⑧ 操作無効化サービスとメール通知サービスがイベントを受信すると、それぞれ自身の処理を実行し、Knative Eventingへ応答します。

このユースケースでは、チート判定、操作無効化、メール通知の処理をマイクロサービスで実装しています。そして、一連の処理が、複数のマイクロサービスにまたがったトランザクションとして実装されます。マイクロサービス間の直接の連携でトランザクションを実装すると、トランザクションを構成するマイクロサービスの変更のたびに、他のマイクロサービスの改修も必要です。

Figure 1-19では、各マイクロサービスがイベントの受信を契機に処理を実行します。Knative Eventingがイベントをマイクロサービスへ振り分けるプロキシのように機能することで、機能改善の際の他のマイクロサービスへの影響を低減することが可能です。

本書では「第4章　Knative Eventingを用いたシステム構築の実践」にて、このような複数のマイクロサービスを組み合わせてトランザクションの実装が必要なユースケースをサンプルにKnative Eventingを解説します。

## ■ ユースケース2　マルチメディア処理や推論処理

2つ目のユースケースは、オブジェクトストレージへアップロードされた画像に対し、リサイズなどのマルチメディア処理や画像認識による画像分類を自動化するユースケースです（Figure 1-20）。

① 画像ファイルがオブジェクトストレージにアップロードされます。

② オブジェクトストレージがKnative Eventingへ画像アップロードが発生した旨を通知します。そして、Knative Eventingがその通知を「画像登録イベント」として受信します。

③ Knative Eventingが画像登録イベントをCloudEvents形式へ変換し管理します。

④ 事前に定義されたフィルタリング条件により、画像登録イベントが特定されます。

⑤ Knative Eventingが画像登録イベントをリサイズサービスと画像認識サービスへ送信します。

⑥ リサイズサービスと画像認識サービスはそれぞれオブジェクトストレージ上の登録画像を取得します。そして、オブジェクトストレージへ処理結果の画像を登録した後、Knative Eventingへ応答します。

Figure 1-20　Knative Eventing のユースケース - マルチメディア処理や推論処理

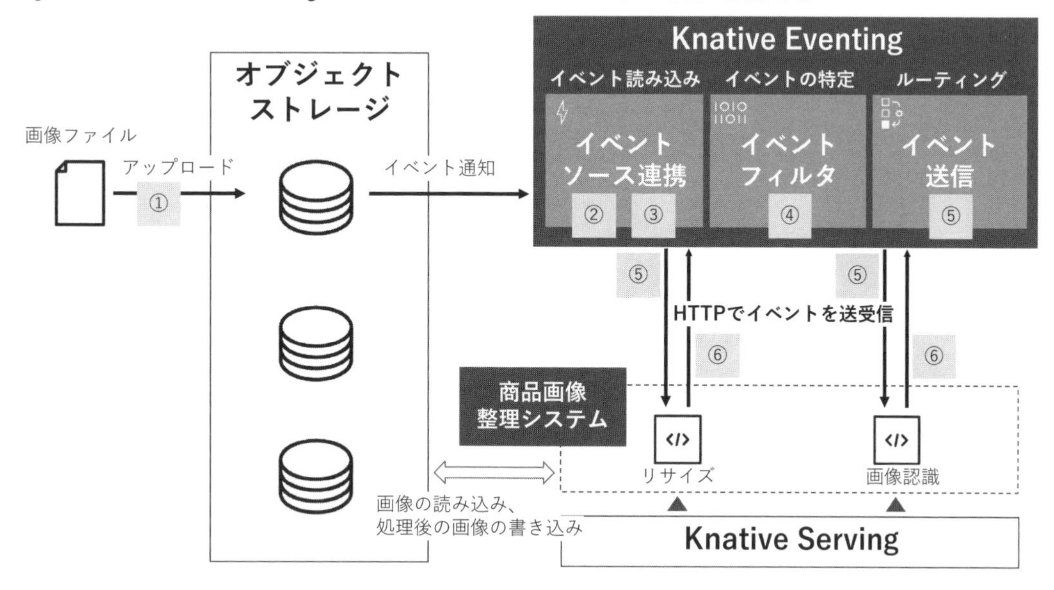


たとえばECサイトでは、PCやスマートフォンなどのクライアントデバイスの種類に合わせた、さまざまなサイズの商品画像を大量に管理する必要があります。画像の更新や商品の追加は日常的に行われます。その都度手動で画像ファイルをリサイズし、管理システムへアップロードする作業は非効

率です。

このユースケースは、Knative Eventingを利用した画像のリサイズ作業と仕分け作業を自動化するユースケースです。画像のリサイズや画像認識のようなヘビーワークロードは、リソース消費の大きさが課題です。Knative Eventingを利用したイベント駆動でのアプリケーションのデプロイにより、処理の必要なタイミングのみリソースを確保し、それ以外はリソースを解放する、リソース使用効率の高いシステムの実現が期待できます。

## 1-6 まとめ

本章では、サーバレスの定義を整理し、Knativeによるアプリケーション開発の変化を紹介しました。

Knativeは、Kubernetesの機能の抽象化と拡張を行い、サーバレスのコンセプトをKubernetes上のアプリケーションへ適用できるソフトウェアです。開発者にとってKubernetesの学習コストは大きいものです。これからKubernetesを使い始める開発チームに対して、KnativeはKubernetesの利用障壁を低減できる点で有用です。

そして、KnativeによるKubernetesの機能拡張により、拡張性の向上、アプリケーションリリースの安全性の向上、そしてアプリケーション間連携に伴う既存機能への影響低減、といったさまざまなメリットを得ることが可能です。また、Knativeを既存のCI/CDツールと組み合わせることで、アプリケーション開発のライフサイクルの効率化をさらに向上することが期待されます。

第2章では、Knativeの実践に向けた環境準備を行います。サンプルアプリケーションを元にKnativeの使用方法や仕組みを理解し、サーバレスのアプリケーション開発体験を学んでいきましょう。

### Column　エッジコンピューティングへの FaaS の適用

2014 年に登場した「AWS Lambda」以降、FaaS のユーザ数は急速に増加しました。その適用範囲はクラウドだけに留まらず、エッジコンピューティングまで広がっています。

エッジコンピューティングとは、従来クラウドやデータセンタのサーバで実行されていたアプリケーションを、センサなどのデータ生成元へ近付ける概念です。IoT の普及に伴い、センサから得たデータをクラウドへアップロードし、ビッグデータとして分析・利活用する事例が増加しました。しかし、クラウドを利用する場合の、ネットワークの耐障害性や品質が懸念視され、エッジコンピューティングへの期待が高まっています。

エッジコンピューティングにおける FaaS は、コンテンツ配信ネットワーク（Content Delivery Network: CDN）のベンダーが、キャッシュサーバの設置拠点を活用して提供する事例が有名です。CDN での FaaS の提供は、2017 年の AWS の Lambda@Edge を皮切りに、より大規模なエッジロケーションを対象とする方向へ進化しています。AWS は、同社の CDN である CloudFront をベースに、218 以上のエッジロケーションで Function を実行できる CloudFront Functions を提供しています。そして、2020 年に入ると、Fastly や Cloudflare、Akamai といった CDN ベンダーが、同社の CDN のエッジサーバを活用した FaaS の提供を開始しました。

しかし、エッジはクラウドと異なり、リソース規模の小さいコンピューティング環境が、地理的に分散する特徴があります。エッジの指す場所は、電源や設置スペース、空調能力の乏しい環境であるのが一般的です。そのような環境下でアプリケーションを実行する場合、アプリケーションの消費リソースの大きさや、リソースの使用効率が課題です。

FaaS は、デプロイメント単位の小ささとリソース使用効率の高さから、エッジでの活用に適していると言えます。しかし、エッジコンピューティングで FaaS を利用する場合においても、サービスの制約やベンダーロックインの問題は付きまといます。

CNCF のカンファレンスイベントである「KubeCon + CloudNativeCon」でもエッジコンピューティングで Knative を活用した事例が徐々に発表されるようになりました。まだ実験レベルの事例が多くを占めますが、Knative をエッジコンピューティングでも活用し、ベンダーロックインを防ぎ、エッジとクラウドで一貫性のある FaaS の実現が検討されています。

# 第2章

# Knativeを用いたシステム構築環境の準備

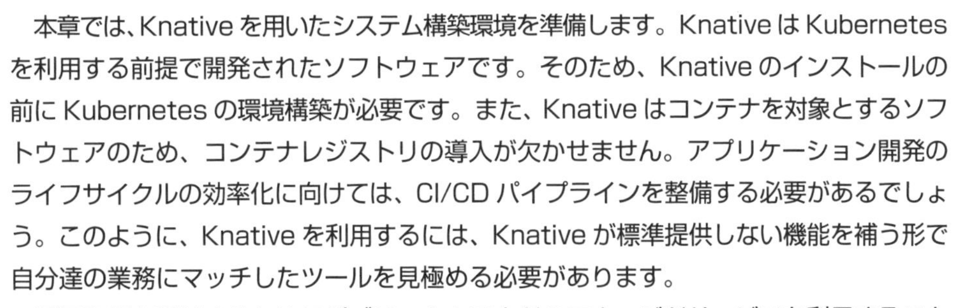

本章では、Knativeを用いたシステム構築環境を準備します。KnativeはKubernetesを利用する前提で開発されたソフトウェアです。そのため、Knativeのインストールの前にKubernetesの環境構築が必要です。また、Knativeはコンテナを対象とするソフトウェアのため、コンテナレジストリの導入が欠かせません。アプリケーション開発のライフサイクルの効率化に向けては、CI/CDパイプラインを整備する必要があるでしょう。このように、Knativeを利用するには、Knativeが標準提供しない機能を補う形で自分達の業務にマッチしたツールを見極める必要があります。

運用負担を軽減するためにパブリッククラウドのマネージドサービスを利用することも選択肢の一つです。しかし、会社の情報セキュリティや法規制などの問題で、パブリッククラウドを利用することが難しいケースも少なくありません。したがって、パブリッククラウドでもオンプレミスでも一貫して利用できるツールを見定めることが大切です。

本書ではGitLabの利用方法やCI/CDパイプラインの実装方法の詳細について詳しく解説しません。詳細を学習したい方は、以下の書籍を参考にしてください。

- 『GitLab実践ガイド』（北山晋吾 著、インプレス、2018）
- 『Kubernetes CI/CDパイプラインの実装』（北山晋吾 著、インプレス、2021）

## 2-1 本書で構築する環境

第1章にて、Knativeの解決する問題の一つにベンダーロックインの排除を挙げました。この利点を享受するためには可搬性の高いソフトウェアを利用することが肝要です。そこで、本書ではFigure 2-1に示される環境を準備します。

Figure 2-1　本書で構築する環境の全体像

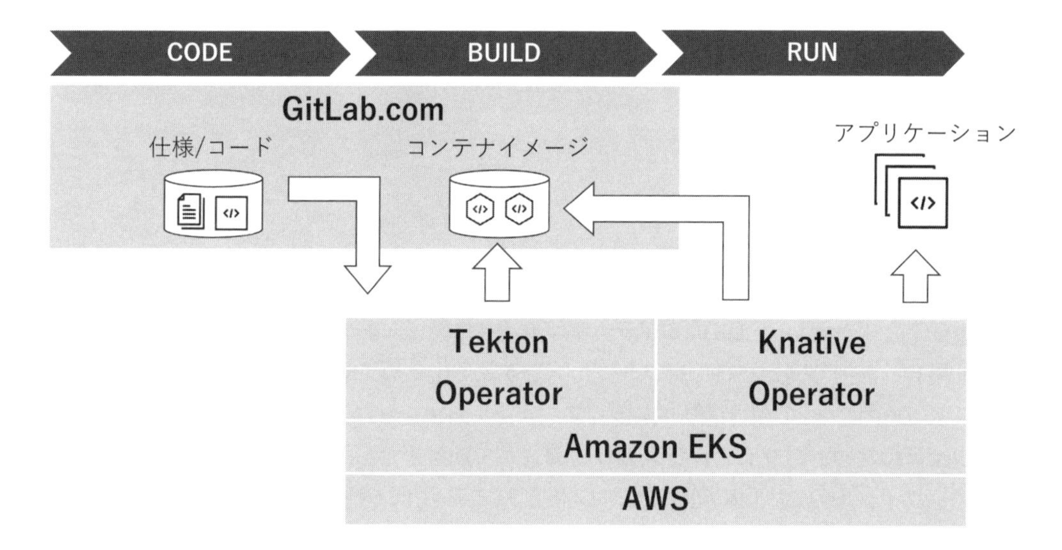


本書では、Kubernetesの環境として、その運用負荷を考慮しAmazon Web Services（AWS）のElastic Kubernetes Service（EKS）を使用します。そして、GitリポジトリやコンテナレジストリはGitLabを使用して環境の準備を簡略化します。

CI/CDパイプラインは、Knative Buildの後継のオープンソースである「Tekton」を使用し、パブリッククラウドでもオンプレミスでも一貫した方法でCI/CDによるアプリケーション開発のライフサイクルの効率化を推進できるように考慮します。

ここからは、以下の流れで環境準備を進めます。

- Kubernetesクラスタの準備
- Knativeのインストール
- Gitリポジトリ、コンテナレジストリの準備
- Tektonを用いたパイプラインの構築
- サンプルアプリケーションのデプロイと動作確認

## 2-1-1 本書で使用する CLI ツール

本書で使用する CLI ツールを Table 2-1 にまとめます。公式ドキュメントを参照し、各 CLI ツールをインストールした上で、本書を読み進めてください。なお、CLI ツールのバージョンは本書執筆時点の最新バージョンです。

Table 2-1 本書で使用する CLI ツール

| CLI ツール名 | コマンド形式 | バージョン | 用途 |
|---|---|---|---|
| AWS CLI‡1 | aws | 2.9.22 | AWS の提供するサービスの各種リソースを CLI で操作する |
| Amazon EKS CLI‡2 | eksctl | 0.129.0 | Amazon EKS の Kubernetes クラスタのライフサイクルを管理する |
| kubectl‡3 | kubectl | 1.24.9 | 作成した Kubernetes クラスタの API をコマンドラインで操作する |
| Helm‡4 | helm | 3.11.1 | 第 4 章にて Kafdrop をインストールする |
| Git‡5 | git | 2.39.1 | GitLab からのソースコードのクローンや、GitLab へのソースコードのプッシュを行う |
| envsubst‡6 | envsubst | 0.21.1 | ローカルの環境変数が埋め込まれた Kubernetes マニフェストを Kubernetes クラスタへ適用する |
| Tekton CLI‡7 | tkn | 0.29.1 | Tekton の提供する API をコマンドラインで操作する |
| Knative CLI‡8 | kn | 1.9.0 | Knative の提供する API をコマンドラインで操作する |

‡1 https://docs.aws.amazon.com/ja_jp/cli/latest/userguide/getting-started-install.html
‡2 https://docs.aws.amazon.com/ja_jp/eks/latest/userguide/eksctl.html
‡3 https://kubernetes.io/docs/tasks/tools/
‡4 https://helm.sh/ja/docs/intro/install/
‡5 https://git-scm.com/book/en/v2/Getting-Started-Installing-Git
‡6 https://github.com/a8m/envsubst
‡7 https://tekton.dev/docs/cli
‡8 https://knative.dev/docs/client/install-kn

## 2-1-2 本書で使用するサンプルアプリケーション

本書では、「Bookinfo」と「Bookorder」という 2 つのアプリケーションを使用します。

## ■ Bookinfo

Bookinfoは、書籍情報やユーザのレビュー情報などのオンライン書店のカタログページを提供するWebアプリケーションです。このアプリケーションは、4つのマイクロサービスで構成され、すべて異なるプログラム言語を用いて実装されています（Figure 2-2）。

Figure 2-2　Bookinfoの構成

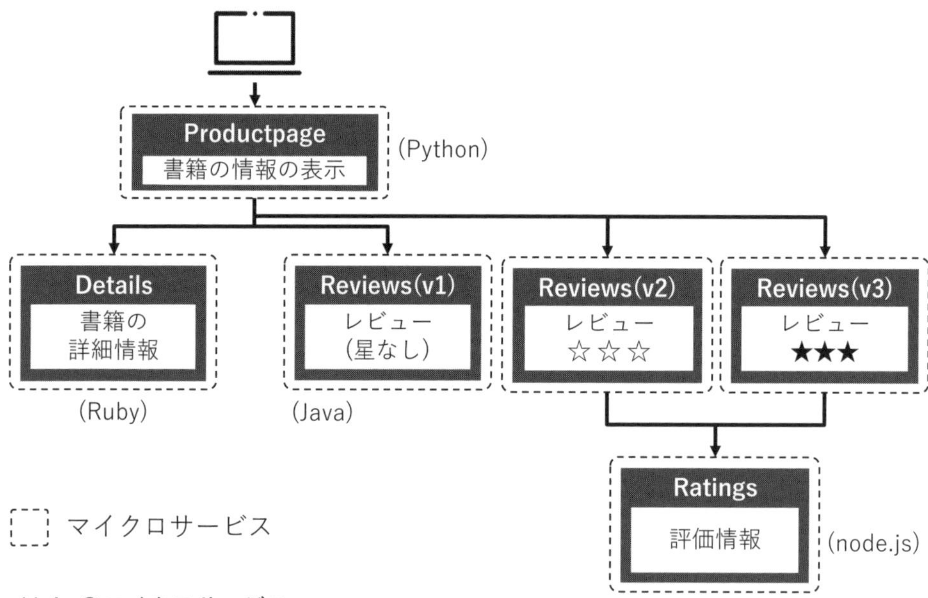


◎ Bookinfoのマイクロサービス

- Productpage（Python）

  DetailsとReviewsを呼び出し、フロントページを生成するアプリケーションです。

- Details（Ruby）

  書籍の詳細情報を管理するアプリケーションです。

- Reviews（Java）

  書籍のレビューを管理するアプリケーションです。ProductpageがReviewsを呼び出すと、ReviewsがRatingsと連携して評価スコアを取得します。そして、書籍のレビュー情報と評価スコアが関連付けられ、Productpageへ応答します。

なお、Reviewsは、Ratingsの呼び出し方に応じて3つのバージョンが提供されます。

- Reviews v1: Ratingsを呼び出しません。したがって、GUI上に評価スコアが表示されません。
- Reviews v2: Ratingsを呼び出し、各書籍の評価スコアを1から5個の黒い星として表示します。
- Reviews v3: Ratingsを呼び出し、各書籍の評価スコアを1から5個の赤い星として表示します。

- Ratings (Node.js)

  書籍の評価スコアを管理するアプリケーションです。

Bookinfoは、サービスメッシュのオープンソースであるIstioが提供するアプリケーションです。本来は、Istioのサービスメッシュの動作を確認するために実装されたものですが、Knativeの動作確認にも有用です。

## ■ Bookorder

Bookorderは、「第4章　Knative Eventingを用いたシステム構築の実践」の演習用に実装された書籍の注文業務を提供するサンプルアプリケーションです。

このアプリケーションは、次の3つのマイクロサービスが含まれます。

### ◎ Bookorderのマイクロサービス

- Order（Python）

  Productpageと連携し、書籍の注文依頼を受け付けるアプリケーションです。

- Stock（Python）

  書籍の在庫数を管理するアプリケーションです。

- Delivery（Python）

  Bookinfoのログインユーザの情報から書籍の配送可否を判定するアプリケーションです。

なお、Bookorderの構成は、第4章の中でKnative Eventingによるシステム構築の考え方と合わせて詳細を解説しますので、ここでの解説は割愛します。

## 2-2 Kubernetesクラスタの準備

それでは、最初にKnativeを実行するためのKubernetesクラスタを準備します。

Kubernetesは、Kubernetesクラスタの運用負担に注意して導入してください。特に本番環境でKubernetesを運用する際のKubernetesのバージョンアップ対応が負担となり得ます。Kubernetesは、約4か月毎にマイナーリリースがあり、そのブランチがそれぞれ約1年間保守されます。このポリシーに従って定期的にKubernetesのバージョンアップが必要です。

こうしたKubernetesのバージョンアップ頻度に伴う運用負担を避けるためにも、Kubernetesの本番運用では、パブリッククラウドのマネージドサービスの採用や、ベンダーのサポートが不可欠です。

本書では、AWSのEKSを利用してKubernetesクラスタを構築します。EKSはMasterノードの管理をAWSが行い、Kubernetesの運用負担を軽減できます。EKS以外にも、Table 2-2に示すKubernetesの運用を支援する製品があります。また、セルフマネージドで利用する必要はありますが、Kubernetesクラスタを手軽に利用できる便利なツールも多く存在します。これらのツールでもKnativeを利用できますので、皆さんの環境や利用目的に合わせて選択してください。

Table 2-2　Kubernetesの種類

| 製品/サービス名 | 導入環境 | マネージ種別 | 概要 |
|---|---|---|---|
| Google Kubernetes Engine (GKE) | パブリッククラウド Google Cloud Platform(GCP) | マネージドサービス | GCP上の仮想マシンを利用してKubernetesを提供するサービス |
| Amazon Elastic Kubernetes Service (Amazon EKS) | パブリッククラウド Amazon Web Services (AWS) | マネージドサービス | AWS上の仮想マシンを利用してKubernetesを提供するサービス |
| Azure Kubernetes Service (AKS) | パブリッククラウド Microsoft Azure | マネージドサービス | Azure上の仮想マシンを利用してKubernetesを提供するサービス |
| Red Hat OpenShift | オンプレミス パブリッククラウド | セルフマネージド/ マネージドサービス | KubernetesとKubernetesの運用管理機能を提供するレッドハット社の製品 |
| VMware Tanzu | オンプレミス パブリッククラウド | セルフマネージド/ マネージドサービス | KubernetesとKubernetesの運用管理機能を提供するVMware社の製品 |
| kubeadm | オンプレミス パブリッククラウド | セルフマネージド | オープンソースのKubernetesクラスタのインストーラ |
| minikube | ラップトップなどのローカル環境 | セルフマネージド | VirtualBoxで作成した仮想マシン上でKubernetesを利用するためのツール |
| kind | ラップトップなどのローカル環境 | セルフマネージド | Docker Desktopなどのコンテナ上でKubernetesを簡単に利用するためのツール |

## 2-2-1 AWS アカウントの作成

それでは、AWS への Kubernetes 環境の構築に進みます。まずは、AWS の公式サイトから AWS アカウントを作成しましょう（Figure 2-3）。なお、AWS は頻繁にバージョンアップがあるため、皆さんの利用するバージョンによって動作や画面表示が異なる可能性があります。その場合は適宜読み替えて対応してください。

Figure 2-3　AWS トップ画面

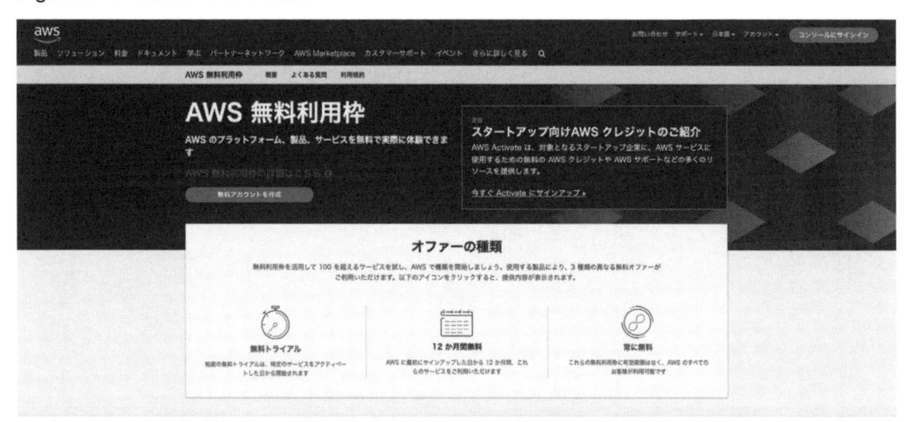


### ■ ルートユーザの作成

AWS アカウントを作成するには、最初にルートユーザのアカウントを作成します。そして、そのアカウントで AWS のマネジメントコンソールへログイン後に、作業に必要な権限を持つ IAM（Identity and Access Management）ユーザを作成する流れで進めます。ルートユーザは AWS の提供するすべてのサービスリソースへ無制限にアクセスできるアカウントです。ルートユーザで AWS の操作を行うには権限が強すぎるため、ルートユーザは、IAM ユーザを作成する用途でのみ使用することをおすすめします。

以下の流れで AWS のルートユーザのアカウントを作成してください。

(1) AWS トップ画面上の［**無料アカウントを作成**］というボタンを押下します。

(2) 「AWS にサインアップ」という画面が表示されます。メールアドレスと任意の AWS アカウント名を入力し、認証コードを送信します。数分待ち、入力したメールアドレス宛に認証コードが届いたら、その認証コードを用いて AWS にサインアップします。

(3) パスワードを入力し、連絡先情報と AWS の利用用途を入力します。今回はハンズオンを目的としますので、利用用途は個人を選択します。必要な情報を入力したら、「AWS カスタマーアグリーメント」の条項を読み、同意にチェックを入れ、次へ進みます。

(4) 請求情報としてクレジットカードの情報と請求先の住所を入力します。AWS を利用するにはクレジットカード情報の入力が必須です。

(5) テキストメッセージ（SMS）または音声通話により本人確認を行います。

(6) AWS のサポートプランを Figure 2-4 の中から選択します。今回は、「ベーシックサポート」を選択します。

Figure 2-4　AWS のサポート選択画面

ルートユーザのアカウントを作成したら、そのアカウントで AWS マネジメントコンソールへログインしてください。

## ■ AWS アカウントのセキュリティの向上

アカウントの不正利用の対策は、多要素認証（MFA）を有効化します。多要素認証を有効化すると、AWS へのログイン時に、ユーザ名とパスワードに加えて、ワンタイムパスワード認証システムの生成したランダムコードの入力が必須となります。ワンタイムパスワードは一時発行されるコードのため、アカウントのセキュリティが強化されます。

多要素認証の設定方法は、IAM リソースの「セキュリティ認証情報」画面で有効化できます。

(1) 画面右上にあるアカウント名をクリックし、［セキュリティ認証情報］を押下します。

(2) 「セキュリティ認証情報」画面の「多要素認証（MFA)」にて、［MFA デバイスの割り当て］ボタンを押下します（Figure 2-5）。

Figure 2-5 「セキュリティ認証情報」画面の「多要素認証（MFA)」

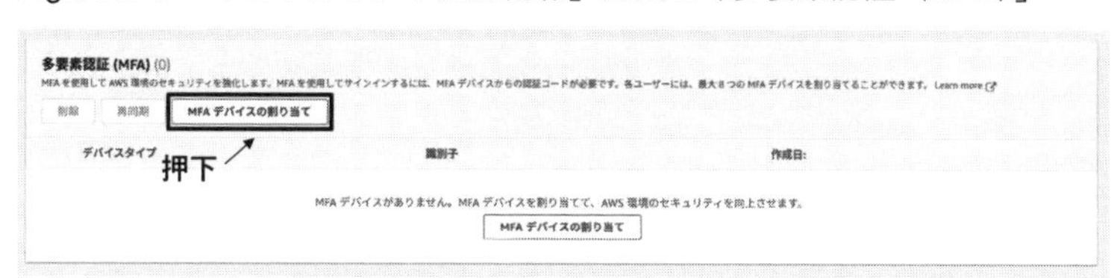


(3) 「MFA デバイスを選択」画面が表示されます。ここでは、［認証アプリケーション］を選択します（Figure 2-6）。

Figure 2-6 「MFA デバイスを選択」画面

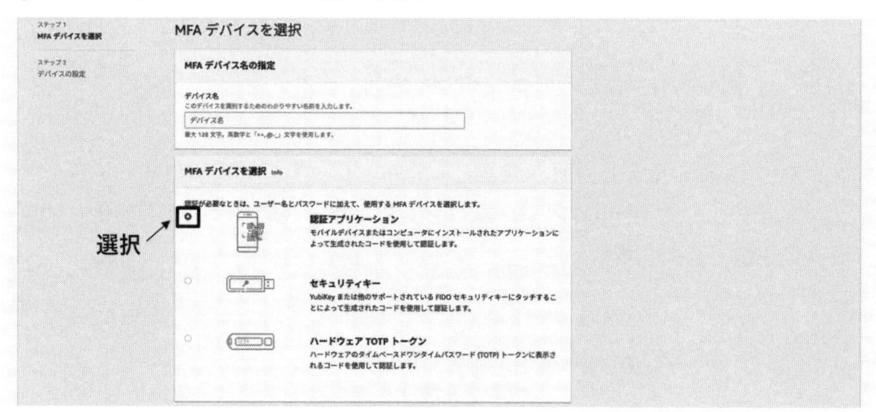


(4) ブラウザに表示された QR コードを Google Authenticator などの AWS がテスト済みの認証アプリケーション*1で読み取ります。QR コードの読み取りができない場合は、手動で Key を登録できます。

＊1 https://aws.amazon.com/jp/iam/features/mfa/?audit=2019q1

(5) QR コードの読み取りが成功すると 6 桁のピンコードが発行されます。そのピンコードを 2 回取得し、AWS の画面の［MFA コード 1］と［MFA コード 2］の 2 つのフィールドにそれぞれ入力すると、多要素認証の有効化が完了です。

## 2-2-2 IAM ユーザの作成

最後に、新規に IAM ユーザを作成します。

(1) AWS マネジメントコンソールの「Identity and Access Management (IAM)」画面にて、［アクセス管理］-［ユーザー］を選択します（Figure 2-7）。

Figure 2-7 ユーザの作成

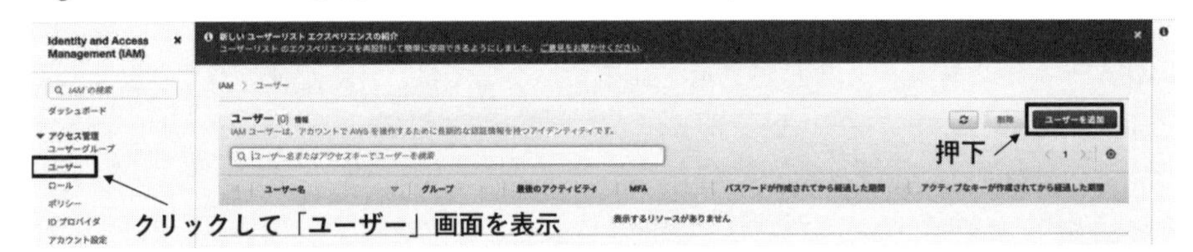


(2) 「ユーザー」画面の右上にある［ユーザーを追加］ボタンを押下します。

(3) 「ユーザーの詳細を指定」画面へ遷移し、［ユーザー名］へ任意のユーザ名を入力し、［次へ］ボタンを押下します（Figure 2-8）。なお、［コンソールアクセスを有効化 - オプション］へのチェックは任意で選択してください。

Figure 2-8 「ユーザーの詳細を指定」画面

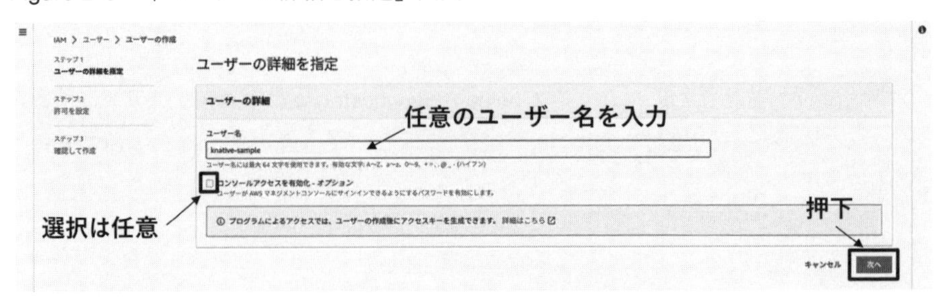

(4) 「許可を設定」画面へ遷移し、**許可のオプション**の［**ユーザをグループに追加**］にチェックを入れた状態で、［**グループを作成**］ボタンを押下します（Figure 2-9）。

Figure 2-9 「許可を設定」画面

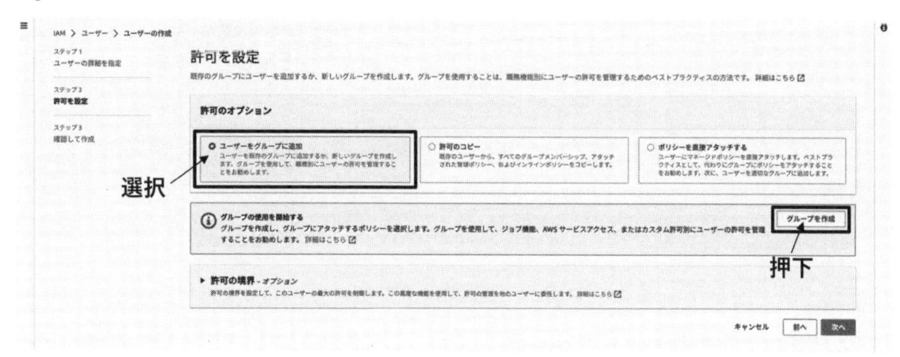


(5) 「ユーザーグループを作成」画面へ遷移し、［**ユーザーグループ名**］へ任意のグループ名を入力します。そして、「許可ポリシー」にて、Table 2-3 に示される EKS を使用する上で必要最低限の許可ポリシーを付与します*2。

Table 2-3 EKS を利用するために必要となる IAM ポリシー

| IAM ポリシー名 | ポリシーの種別 | ポリシーの概要 |
|---|---|---|
| AmazonEC2FullAccess | AWS 管理ポリシー | Amazon EC2 の完全なアクセスを許可 |
| AWSCloudFormationFullAccess | AWS 管理ポリシー | AWS CloudFormation への完全なアクセスを許可 |
| EksAllAccess | カスタマー管理ポリシー | EKS への完全なアクセスを許可 |
| IamLimitedAccess | カスタマー管理ポリシー | IAM の一部の操作権限を付与（ロール、IAM ポリシー、インスタンスプロファイル、OpenID コネクトプロバイダ） |

「AmazonEC2FullAccess」と「AWSCloudFormationFullAccess」は、「**ユーザーグループを作成**」画面の中段にある［**許可ポリシー**］にてポリシー名を入力して検索し、チェックボックスへチェックすると選択できます（Figure 2-10）。

「EksAllAccess」と「IamLimitedAccess」はデフォルトで登録されていない許可ポリシーのため、新規作成が必要です。「**ユーザーグループを作成**」画面の中段にある「許可ポリシー」のエリアの、［**ポ**

＊2 Amazon EKS を使用するために必要な IAM ポリシー
`https://eksctl.io/usage/minimum-iam-policies/`

Figure 2-10　「ユーザーグループを作成」画面（許可ポリシーの選択）

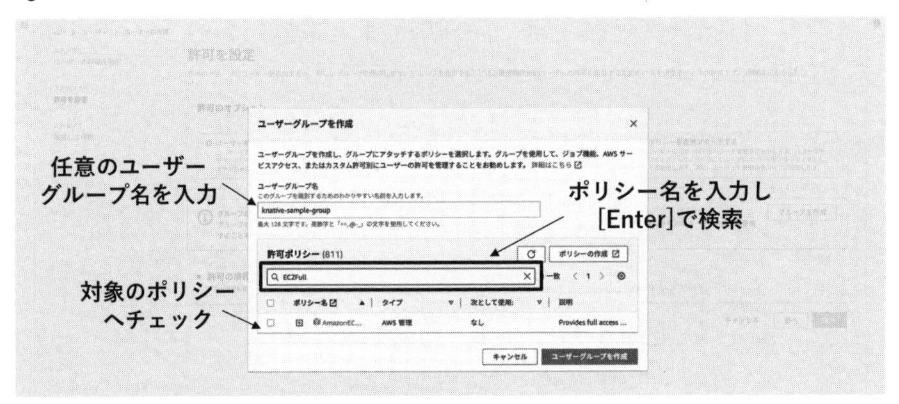


リシーの作成］ボタンを押下すると、ブラウザの別のタブで「ポリシーの作成」画面が開きます。「ポリシーの作成」画面の［JSON］タブ配下のエディタへ、「EksAllAccess」と「IamLimitedAccess」のそれぞれのポリシー内容をJSON形式で入力してください（Figure 2-11）。

Figure 2-11　「ポリシーの作成」画面（JSON入力前）

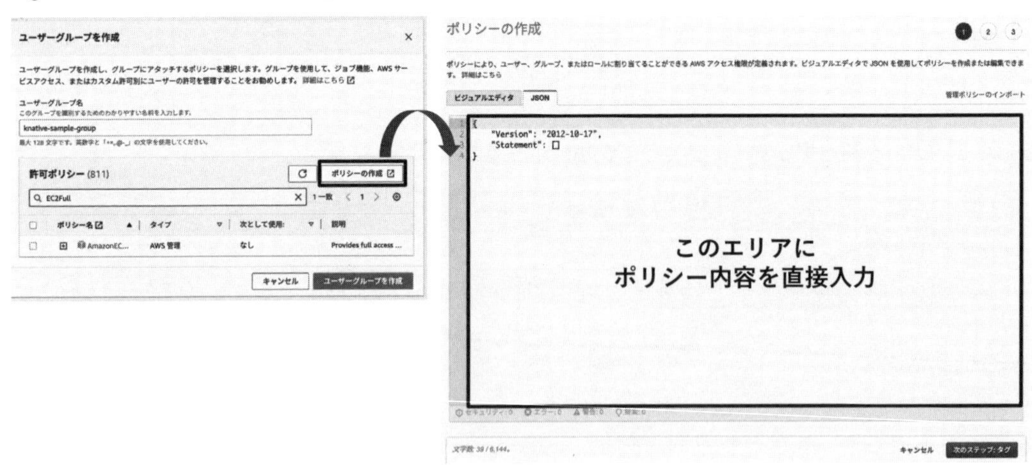


◎　EksAllAccess.json

```
1: {
2:   "Version": "2012-10-17",
3:   "Statement": [
4:       {
5:           "Effect": "Allow",
```

```
 6:           "Action": "eks:*",
 7:           "Resource": "*"
 8:       },
 9:       {
10:           "Action": [
11:               "ssm:GetParameter",
12:               "ssm:GetParameters"
13:           ],
14:           "Resource": [
15:               "arn:aws:ssm:*:<Your Account Id>:parameter/aws/*",
16:               "arn:aws:ssm:*::parameter/aws/*"
17:           ],
18:           "Effect": "Allow"
19:       },
20:       {
21:            "Action": [
22:              "kms:CreateGrant",
23:              "kms:DescribeKey"
24:            ],
25:            "Resource": "*",
26:            "Effect": "Allow"
27:       },
28:       {
29:            "Action": [
30:              "logs:PutRetentionPolicy"
31:            ],
32:            "Resource": "*",
33:            "Effect": "Allow"
34:       }
35:   ]
36: }
```

◎ IamLimitedAccess.json

```
1: {
2:   "Version": "2012-10-17",
3:   "Statement": [
4:       {
5:           "Effect": "Allow",
6:           "Action": [
7:               "iam:CreateInstanceProfile",
8:               "iam:DeleteInstanceProfile",
```

```
 9:                "iam:GetInstanceProfile",
10:                "iam:RemoveRoleFromInstanceProfile",
11:                "iam:GetRole",
12:                "iam:CreateRole",
13:                "iam:DeleteRole",
14:                "iam:AttachRolePolicy",
15:                "iam:PutRolePolicy",
16:                "iam:ListInstanceProfiles",
17:                "iam:AddRoleToInstanceProfile",
18:                "iam:ListInstanceProfilesForRole",
19:                "iam:PassRole",
20:                "iam:DetachRolePolicy",
21:                "iam:DeleteRolePolicy",
22:                "iam:GetRolePolicy",
23:                "iam:GetOpenIDConnectProvider",
24:                "iam:CreateOpenIDConnectProvider",
25:                "iam:DeleteOpenIDConnectProvider",
26:                "iam:TagOpenIDConnectProvider",
27:                "iam:ListAttachedRolePolicies",
28:                "iam:TagRole",
29:                "iam:GetPolicy",
30:                "iam:CreatePolicy",
31:                "iam:DeletePolicy",
32:                "iam:ListPolicyVersions"
33:            ],
34:            "Resource": [
35:                "arn:aws:iam::<Your Account Id>:instance-profile/eksctl-*",
36:                "arn:aws:iam::<Your Account Id>:role/eksctl-*",
37:                "arn:aws:iam::<Your Account Id>:policy/eksctl-*",
38:                "arn:aws:iam::<Your Account Id>:oidc-provider/*",
39:                "arn:aws:iam::<Your Account Id>:role/aws-service-role/eks-nodegroup
40: .amazonaws.com/AWSServiceRoleForAmazonEKSNodegroup",
41:                "arn:aws:iam::<Your Account Id>:role/eksctl-managed-*"
42:            ]
43:        },
44:        {
45:            "Effect": "Allow",
46:            "Action": [
47:                "iam:GetRole"
48:            ],
49:            "Resource": [
50:                "arn:aws:iam::<Your Account Id>:role/*"
51:            ]
52:        },
53:        {
```

```
54:             "Effect": "Allow",
55:             "Action": [
56:                 "iam:CreateServiceLinkedRole"
57:             ],
58:             "Resource": "*",
59:             "Condition": {
60:                 "StringEquals": {
61:                     "iam:AWSServiceName": [
62:                         "eks.amazonaws.com",
63:                         "eks-nodegroup.amazonaws.com",
64:                         "eks-fargate.amazonaws.com"
65:                     ]
66:                 }
67:             }
68:         }
69:     ]
70: }
```

JSON 内の <Your Account Id> は、マネジメントコンソールの画面右上のアカウント名をクリックして表示される［アカウント ID］です。アカウント ID は、ハイフンを除く 12 桁の数字へ修正して記載します（Figure 2-12）。

Figure 2-12　アカウント ID の確認方法

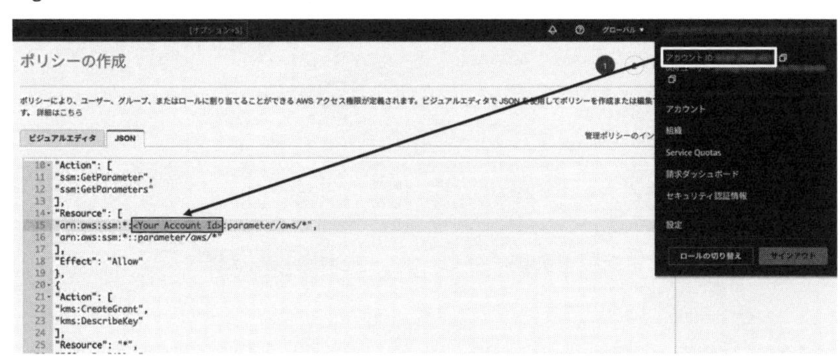


JSON の入力が完了したら［次のステップ:タグ］ボタンを押下します。任意のタグ情報を追加の上、［次のステップ:確認］ボタンを押下すると「ポリシーの作成」画面へ戻ります。［名前］フィールドへポリシー名を入力し、［ポリシーの作成］ボタンを押下してください（Figure 2-13）。

Figure 2-13　ポリシーの作成画面（JSONの入力後）

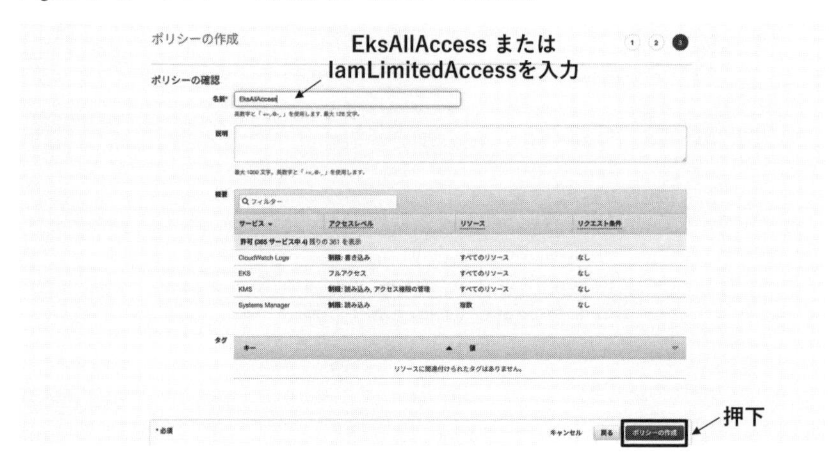


(6) JSONの入力が完了したら、「ユーザーグループの作成」画面へ戻り、許可ポリシーの選択欄で［**丸矢印マーク**］のボタンを押下します。そして（5）で作成した「EksAllAccess」と「IamLimitedAccess」を検索してチェックを入れ、［**ユーザーグループの作成**］ボタンを押下してください（Figure 2-14）。

Figure 2-14　「ユーザーグループを作成」画面（JSON追加後）

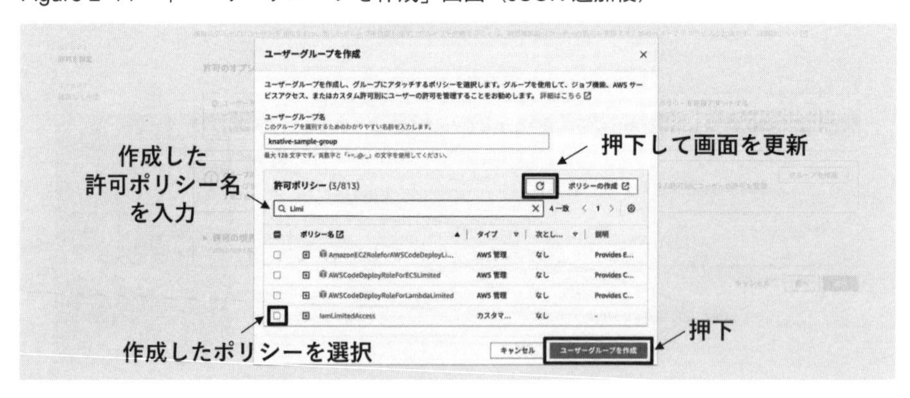


(7)「許可を設定」画面へ遷移し、ユーザーグループ欄に作成したユーザーグループが表示されます。そのユーザーグループへチェックを入れ、［**次へ**］ボタンを押下します（Figure 2-15）。

(8)「確認して作成」画面へ遷移したら、［**ユーザーの作成**］ボタンを押下してください。

Figure 2-15　「許可を設定」画面（ユーザーグループ作成後）

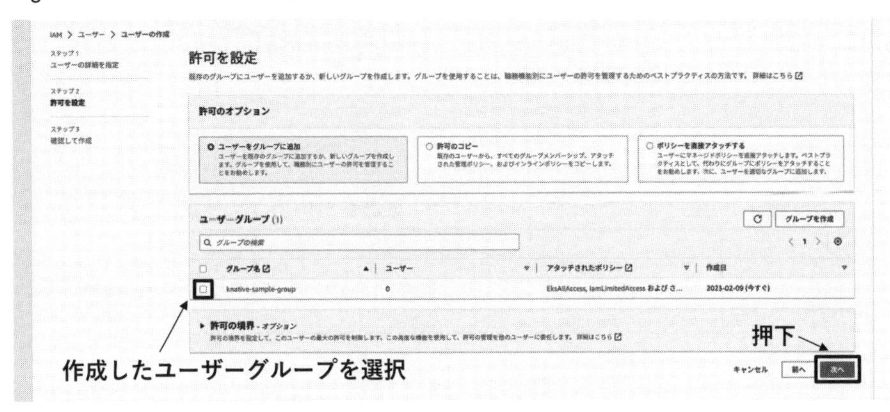


(9)「ユーザー」画面へ戻り、作成したユーザ名のリンクをクリックしてユーザの詳細画面を開きます。そして、[セキュリティ認証情報] - [アクセスキー] の欄の [アクセスキーを作成] ボタンを押下します。

(10)「主要なベストプラクティスと代替案にアクセスする」画面が開き、[コマンドラインインタフェース (CLI)] と画面下の [上記のレコメンデーションを理解し、アクセスキーを作成します。] へチェックを入れ、[次へ] ボタンを押下します（Figure 2-16）。

Figure 2-16　「主要なベストプラクティスと代替案にアクセスする」画面

そして、「説明タグを設定 - オプション」画面へ移り、任意のタグ値を入力後、[アクセスキーを作成] ボタンを押下してください。

(11) 「アクセスキーを取得」画面が表示され、アクセスキーIDとシークレットアクセスキーを確認できます。シークレットアクセスキーはこのタイミングでしか表示されないため、見逃さないように注意してください（Figure 2-17）。

Figure 2-17　「アクセスキーを取得」画面

## 2-2-3　AWS CLIのセットアップ

AWSの操作方法はAWSマネジメントコンソールを利用する他に、AWS CLIを利用する方法があります。AWS CLIは、AWSのAPIを実行するツールです。後述のEKSでKubernetesクラスタを構築する際にAWS CLIを利用するため、Table 2-1に記載した公式ドキュメントの手順に従い、皆さんの環境に合わせてAWS CLIをインストールしてください。

AWS CLIをインストールしたら、アクセスキーIDとシークレットアクセスキーを用いてAWS CLIをセットアップします。

```
$ aws configure

AWS Access Key ID [********************]: … ①
AWS Secret Access Key [********************]: … ②
Default region name [ap-northeast-1]: … ③
Default output format [json]: … ④
```

① アクセスキーIDを入力して Enter
② シークレットアクセスキーを入力して Enter
③ 使用するリージョンを指定し Enter
④ AWS CLIの出力のフォーマットを指定し Enter

Default region nameは、任意のAWSリージョンCodeを指定します。リージョンCodeは公式ドキュメント*3を参照してください。また、Default output formatは、任意の出力形式をJSON、YAML、

＊3　https://docs.aws.amazon.com/general/latest/gr/rande.html

YAML-Stream、テキスト、テーブル形式から選択できます。デフォルトはJSON形式です。

AWS CLIのセットアップが完了すると、ホームディレクトリ配下に「configファイル」と「credentialsファイル」が作成されます。AWS CLIは、この2つのファイルに指定された設定を用いてAWS APIを実行します。

```
$ cat ~/.aws/config
[default]
region = ap-northeast-1
output = json

$ cat ~/.aws/credentials
[default]
aws_access_key_id = [入力したアクセスキーID]
aws_secret_access_key = [入力したシークレットアクセスキー]
```

## 2-2-4　Amazon EKSを利用したKubernetesクラスタの構築

Amazon EKSは、KubernetesクラスタをAWS上で利用できるマネージドサービスです。KubernetesのMasterノードはAWSが管理し、利用者はWorkerノードとしてAmazon EC2（Elastic Compute Cloud）、またはAWS Fargateを利用してクラスタを構築します。

### ■ EKSのWorkerノードのタイプの選択

EKSのWorkerノードは以下に示される3つのタイプから選択できます。

- セルフマネージド型ノード
  セルフマネージド型ノードは、利用者自身がEC2インスタンスを個別にプロビジョニングし、Kubernetesクラスタを構築する方法です。EC2インスタンスやAuto Scalingグループをセルフマネージドとすることで、Workerノードのネットワークや AMIなどの設定を柔軟に採用できるタイプです。

- マネージド型ノードグループ
  マネージド型ノードグループは、EKSの管理するAuto Scalingグループを用いてEC2インスタンスを自動作成し、Workerノードのライフサイクルの管理をEKSに任せるタイプです。セルフマネージド型と比べ、Kubernetesクラスタのリソース運用を効率化できますが、Windowsコンテナの利用やAWS Outposts、AWS WavelengthといったAWSリージョン外での利用はサポート外です。

- AWS Fargate

  AWS Fargate は、AWS が運用管理するコンピューティングリソースを利用できるサービスです。EKS と Fargate を組み合わせることで、Master ノードと Worker ノードの両方の管理を AWS に一任できます。しかし、たとえば、GPU インスタンスや DaemonSet が利用できないといった、サポートされる機能が制限される制約があります。

どの管理種別を採用するかは、機能や設計の柔軟性と Worker ノードの運用負担のどちらを優先するか、という天秤で判断するのが良いでしょう。たとえば、運用負担の軽減を優先するなら Fargate が有力です。双方のバランスを取るならマネージド型ノードグループを、マネージド型ノードグループでは満たせない要件がある場合はセルフマネージド型ノードを選択する、という考え方です。

ただし、Knative の動作環境として Fargate は不向きのため注意してください。Fargate は、Pod を実行する Worker ノードが固定されず、コンテナイメージを Worker ノード上でキャッシュできません。そのため、コンテナの起動時間が遅延します。この制約は Knative のオートスケールのメリットが活かしづらいと考えます。

以上の理由から、本書ではマネージド型ノードグループで Kubernetes クラスタを構築します。

## ■ Kubernetes クラスタの構築

EKS での Kubernetes クラスタの構築では eksctl を利用します。eksctl は AWS CloudFormation と連携し、EC2 や VPC の作成を自動化します。eksctl を使用するには kubectl と AWS CLI が必要です。Table 2-1 の公式ドキュメントの手順にしたがい、皆さんの環境に合わせて eksctl をインストールしてください。

eksctl を準備したら Kubernetes クラスタの構築に移ります。以下のコマンドを実行してください。

```
## クラスタ名を環境変数 CLUSTER_NAME へ格納します。
$ export CLUSTER_NAME=knative-example

## クラスタのバージョンを環境変数 CLUSTER_VERSION へ格納します（例. 最新バージョンを指定)。
$ export CLUSTER_VERSION=latest

## ノードグループ名を環境変数 NODE_GROUP_NAME へ格納します。
$ export NODE_GROUP_NAME=knative-example-ng

## EC2 のインスタンスタイプを指定します。
$ export NODE_TYPE=t3.medium

## Kubernetes クラスタを作成します。プロビジョニングするノード数を 6 台、
```

```
クラスタに含める最小ノード数を3台、最大のノード数を10台とします。
$ eksctl create cluster \
--name ${CLUSTER_NAME} \
--version ${CLUSTER_VERSION} \
--managed --nodegroup-name ${NODE_GROUP_NAME} \
--node-type ${NODE_TYPE} \
--nodes 6 \
--nodes-min 3 \
--nodes-max 10
```

本書では、演習に必要最低限のリソースを配備します。皆さんの環境にあわせて Worker ノードの台数を増やしても問題ありませんが、配備した AWS リソースの分だけ課金が発生するため注意してください。

### Column　ノードグループの操作

ノードグループは、デフォルトで以下のパラメータが設定されています。

- インスタンスタイプ：m5.large
- AMI：AmazonLinux2
- 起動したいノード数：2
- 最小ノード数：2
- 最大ノード数：2

Worker ノードの台数を増やしたい場合は、以下のコマンドを実行します。

```
$ eksctl scale nodegroup \
--cluster=${CLUSTER_NAME} \
--nodes=<Workerノードの台数> \
--name=${NODE_GROUP_NAME}
```

また、作成した Kubernetes クラスタを削除したい場合は、以下のコマンドを実行します。

```
$ eksctl delete cluster --name ${CLUSTER_NAME}
```

構築した Kubernetes クラスタへ kubectl で接続しましょう。Kubernetes クラスタへ接続するには kubeconfig が必要です。EKS は AWS CLI を用いて kubeconfig をダウンロードできます。

```
## kubeconfig をダウンロードします。
$ aws eks update-kubeconfig --region ap-northeast-1 --name ${CLUSTER_NAME}
Added new context arn:aws:eks:ap-northeast-1:<Your Account Id>:cluster/${CLUSTER_NAME} to
<Your Home Directory>/.kube/config

## クラスタの Worker ノードの状態がすべて「Ready」となることを確認します。
$ kubectl get nodes
NAME                                      STATUS  ROLES    VERSION
ip-....ap-northeast-1.compute.internal   Ready   <none>   v1.24.9-eks-...
ip-....ap-northeast-1.compute.internal   Ready   <none>   v1.24.9-eks-...
ip-....ap-northeast-1.compute.internal   Ready   <none>   v1.24.9-eks-...
ip-....ap-northeast-1.compute.internal   Ready   <none>   v1.24.9-eks-...
ip-....ap-northeast-1.compute.internal   Ready   <none>   v1.24.9-eks-...
ip-....ap-northeast-1.compute.internal   Ready   <none>   v1.24.9-eks-...
```

## 2-2-5　Amazon EBS CSI ドライバの追加

本書では Tekton のパイプラインや一部のサンプルアプリケーションで Persistent Volume を使用します。そこで、構築したクラスタへ Amazon EBS CSI ドライバを追加し、Persistent Volume のダイナミックプロビジョニングを有効化します。なお、ここでは簡単な手順しか載せませんので、詳しい解説を知りたい方は公式ドキュメント*4を参照してください。

### ■ クラスタ用の IAM OpenID Connect（OIDC）プロバイダの作成

EKS のクラスタで Amazon EBS CSI ドライバを使用するには、そのコントローラの Pod に対する AWS API のアクセス許可が必要です。EKS では、クラスタを作成すると Figure 2-18 に示される「OpenID Connect（OIDC）」プロバイダが付与されます。

Figure 2-18　クラスタの OIDC プロバイダ

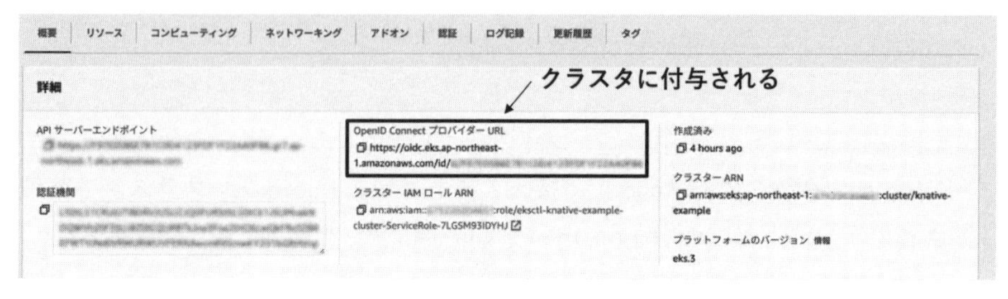


---

＊4　https://docs.aws.amazon.com/ja_jp/eks/latest/userguide/ebs-csi.html

そして、クラスタのOIDCプロバイダとIAM OIDCプロバイダを関連付けすることで、クラスタ上のService AccountでIAMロールを使用することが可能です。そのIAMロールへEBSの操作権限を付与することで、IAMロールが関連付けられたService Accountを使用するPodがEBSを操作できるようになります。

以下の流れで、構築したクラスタのOIDCプロバイダをIAM OIDCプロバイダへ関連付けてください。

(1) 構築したクラスタのOIDCプロバイダのURLを確認します。

```
$ aws eks describe-cluster --name ${CLUSTER_NAME} \
--query "cluster.identity.oidc.issuer" \
--output text
https://oidc.eks.ap-northeast-1.amazonaws.com/id/<OIDC ID>
```

(2) AWSマネジメントコンソールのIAM画面にて、[IDプロバイダ]を選択し、(1)の出力結果の「<OIDC ID>」に該当するIAM OIDCプロバイダが存在しないことを確認します(Figure 2-19)。

Figure 2-19 「IDプロバイダ」画面(OIDCプロバイダ関連付け前)

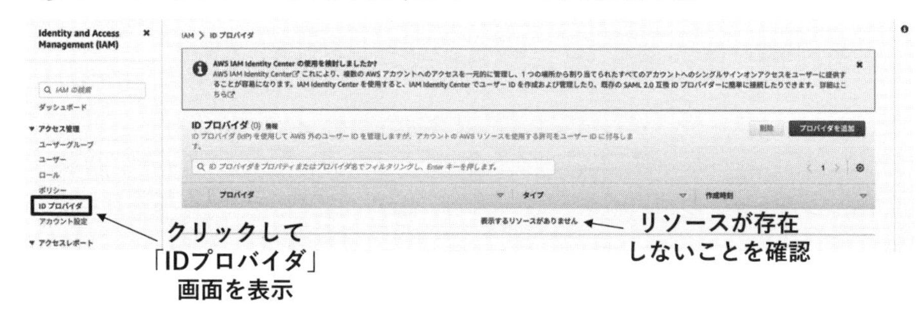


(3) IAM OIDCプロバイダとKubernetesクラスタのOIDCプロバイダを関連付けます。

```
$ eksctl utils associate-iam-oidc-provider --cluster ${CLUSTER_NAME} --approve
```

(4) 再度、AWSマネジメントコンソールのIAM画面にて、[IDプロバイダ]を選択し、(1)の出力結果の「<OIDC ID>」に該当するIAM OIDCプロバイダが存在することを確認します（Figure 2-20）。

Figure 2-20　「IDプロバイダ」画面(OIDCプロバイダ関連付け後)

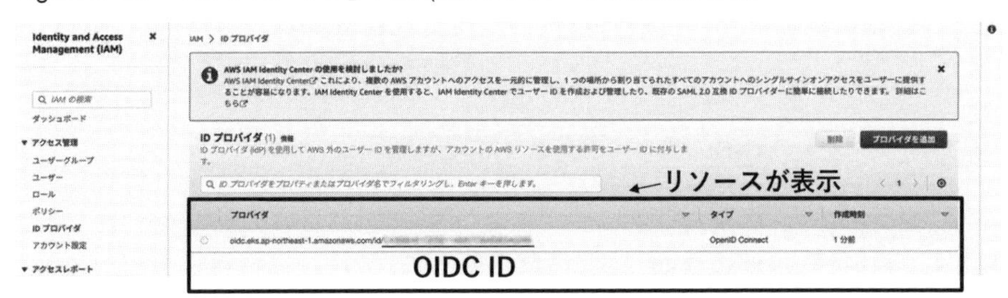


## ■ Amazon EBS CSIプラグイン用のIAMロールの作成

IAM OIDCプロバイダをKubernetesクラスタのOIDCプロバイダと関連付けたら、次に、Amazon EBS CSIプラグイン用のIAMロールを作成します。

(1) AWSマネジメントコンソールのIAM画面にて、[アクセス管理] - [ロール] を選択します。

(2) 「ロール」画面の右上にある [ロールを作成] ボタンを押下します。

(3) 「信頼されたエンティティを選択」画面へ遷移し、「ウェブアイデンティティ」へチェックを入れ、[アイデンティティプロバイダー] と [Audience] のフィールドへ以下を選択してください。

- アイデンティティプロバイダー：`oidc.eks.ap-northeast-1.amazonaws.com/id/<OIDC ID>`（関連付けしたOIDCプロバイダ）
- `Audience`：`sts.amazonaws.com`（デフォルトを使用）

選択したら [次へ] ボタンを押下します（Figure 2-21）。

Figure 2-21 「信頼されたエンティティを選択」画面

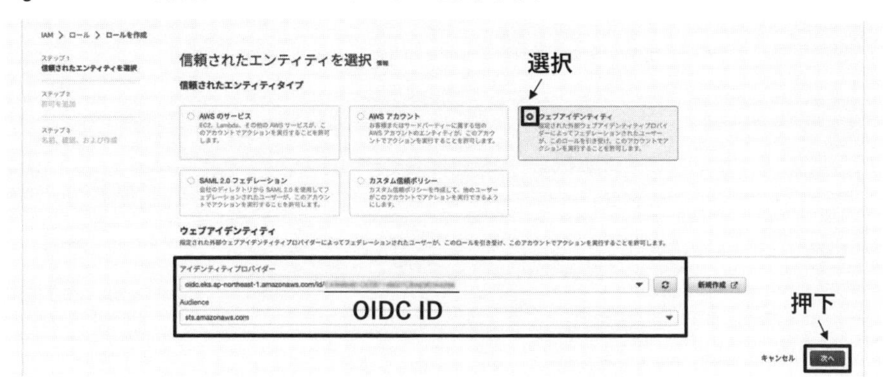


(4) 「許可を追加」画面へ遷移し、許可ポリシーの中から「AmazonEBSCSIDriverPolicy」を検索してチェックを入れ、［次へ］ボタンを押下します（Figure 2-22）。

Figure 2-22 「許可を追加」画面

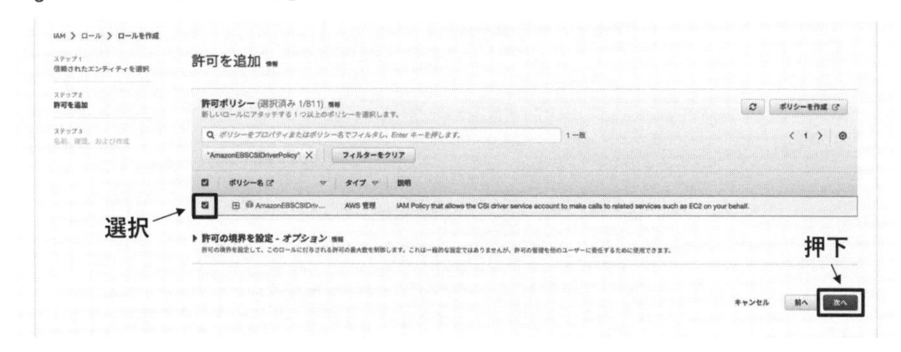


(5) 「名前、確認、および作成」画面にて、ロール名へ「AmazonEKS_EBS_CSI_DriverRole」を入力の上［ロールを作成］ボタンを押下してください。

(6) 「ロール」画面へ移り、作成した「AmazonEKS_EBS_CSI_DriverRole」のリンクをクリックして詳細画面を開きます。そして、［信頼関係］タブを開き［信頼ポリシーを編集］ボタンを押下します（Figure 2-23）。

(7) 「信頼ポリシーを編集」画面の Figure 2-24 に示される箇所へ、Amazon EBS CSI プラグインで使用される以下の Service Account のポリシーを追加します。

Figure 2-23　作成したIAMロールの詳細画面

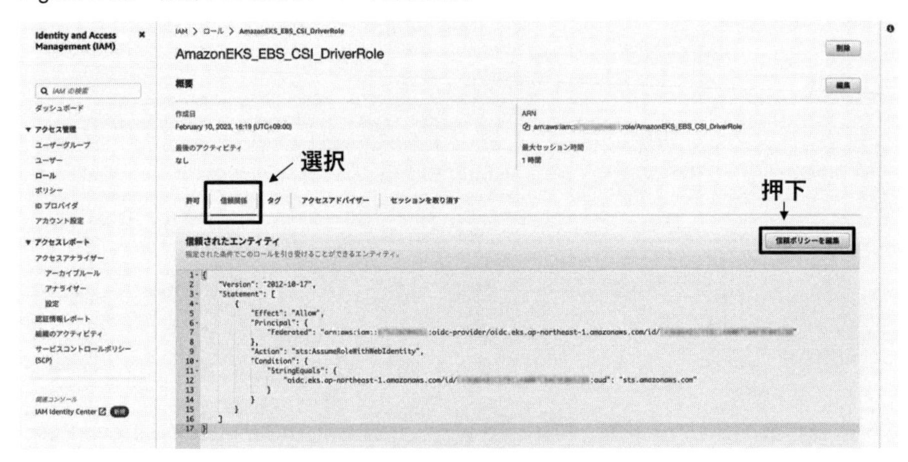


Figure 2-24　「信頼ポリシーを編集」画面

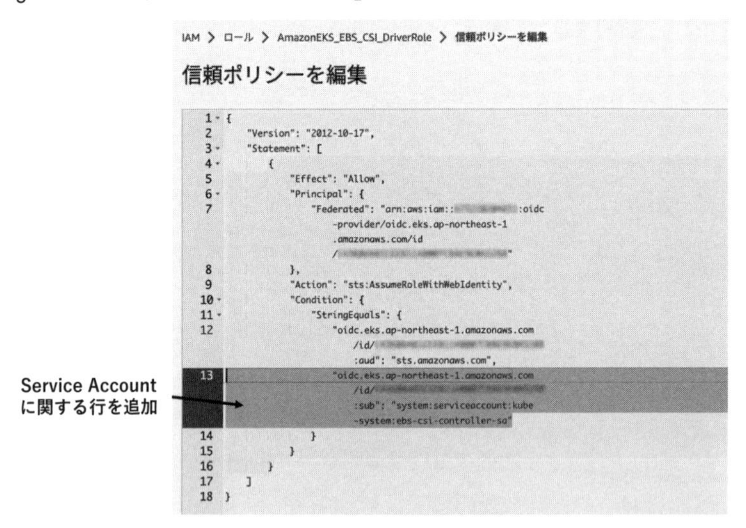


◎ 追加するポリシー

```
"oidc.eks.ap-northeast-1.amazonaws.com/id/<OIDC ID>:sub": "system:serviceaccount:kube-syst
em:ebs-csi-controller-sa"
```

行を追加したら、［ポリシーを更新］ボタンを押下してください。

## ■ Amazon EBS CSI ドライバの追加

最後に、クラスタへ Amazon EBS CSI ドライバを追加します。

(1) AWS マネジメントコンソールの EKS 画面にて、先ほど作成したクラスタ名のリンクをクリックし、詳細画面を開きます。

(2) 詳細画面の［アドオン］タブをクリックし、［アドオンをさらに追加］ボタンを押下します（Figure 2-25）。

Figure 2-25　クラスタの詳細画面

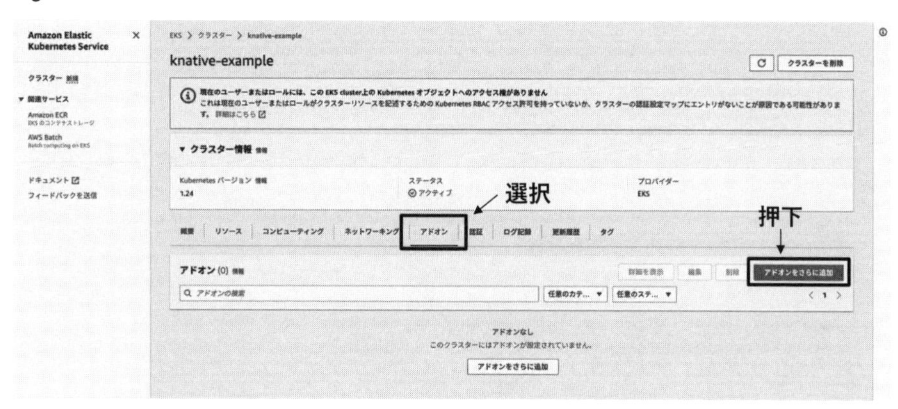


(3)「アドオンを選択」画面で「Amazon EBS CSI ドライバ」へチェックを入れ、画面下の［次へ］ボタンを押下してください（Figure 2-26）。

Figure 2-26　「アドオンを選択」画面

(4) 「選択したアドオン設定を構成する」画面はデフォルトのまま進み、［**作成**］ボタンを押下します。

(5) クラスタの詳細画面を更新し、Amazon EBS CSI ドライバが「アクティブ」となることを確認します。

(6) 最後に Amazon EBS CSI ドライバのコントローラが使用する Service Account へ次のアノテーションを付与して、Pod を再作成してください。

なお、<Your Account ID> の箇所は AWS アカウントの ID を指定します。

```
## アノテーションを付与します。
$ kubectl annotate serviceaccount ebs-csi-controller-sa \
    -n kube-system \
    eks.amazonaws.com/role-arn=arn:aws:iam::<Your Account ID>:role/AmazonEKS_EBS_CSI_Drive
rRole

## Pod を再作成して付与したアノテーションを適用します。
$ kubectl delete pods -n kube-system -l=app=ebs-csi-controller

## Amazon EBS CSI ドライバ関連の Pod がすべて Running となることを確認します。
$ kubectl get pod -n kube-system
NAME                                  READY   STATUS
ebs-csi-controller-5486955fc4-d9srk   6/6     Running
ebs-csi-controller-5486955fc4-pwh29   6/6     Running
ebs-csi-node-646np                    3/3     Running
ebs-csi-node-bc9zh                    3/3     Running
ebs-csi-node-hmkvc                    3/3     Running
ebs-csi-node-lkf8z                    3/3     Running
ebs-csi-node-ncrpw                    3/3     Running
...
}
```

# 2-3 Knative のインストール

それでは、Kubernetes クラスタへ Knative をインストールしましょう。

## 2-3-1 Knative のインストール要件

Knative は、本書執筆時点で 1 月、4 月、7 月、10 月の第 4 週の火曜日の四半期毎に新しいバージョンがリリースされています。本書執筆時点の最新バージョンは v1.9.0 であり、サポート環境は以下のとおりです。

◎ Knative v1.9.0 がサポートされる環境

- Kubernetes バージョンは、Kubernetes v1.24 以降です。
- インターネットを介して Knative プロジェクトの提供するパブリックコンテナレジストリへアクセスできる必要があります。
- kubectl を利用できる必要があります。
- Knative のインストールに必要な最小リソース要件は Table 2-4 のとおりです。

Table 2-4 Knative の最小リソース要件

| 用途 | 展開先の環境 | CPU コア数の最小要件 | メモリサイズの最小要件 | ディスクサイズの最小要件 |
|---|---|---|---|---|
| プロトタイピング環境 | 開発用 PC などのローカル環境に展開された Kubernetes シングルノードクラスタ | 3 コア | 4GB | - |
| 本番環境 | Kubernetes シングルノードクラスタ | 6 コア | 6GB | 30GB |
| 本番環境 | Kubernetes マルチノードクラスタ | 各ノード 2 コア | 各ノード 4GB | 各ノード 20GB |

Knative は、コンテナイメージをインターネット経由で取得できるよう、インターネット接続環境での利用が推奨されます。

インターネット未接続の環境で利用する場合は、事前にその環境下へプライベートコンテナレジストリを構築し、Knative のパブリックコンテナレジストリからコンテナイメージをコピーしてください。そして、コンテナ起動時の参照先レジストリをプライベートコンテナレジストリへ変更しインストールします。

## 2-3-2 Knative CLIのインストール

Knative CLIは、Knative APIを直接実行しKnativeを操作できるCLIツールです。Knativeの操作はKnativeの提供するカスタムリソースのマニフェストを作成しkubectlでapplyすることでも可能ですが、Knative CLIを利用するとマニフェストの作成をスキップして簡単なコマンドでリソースを定義できます。

インストールはTable 2-1の公式ドキュメントの手順にしたがい、皆さんの環境にあわせて対応してください。ここでは、参考としてLinux環境へインストールする方法のみ示します。

(1) Knative CLIの以下のリリースページの［Assets］に配置されたリンクを選択し、皆さんの環境に合わせてKnative CLIのバイナリファイルをダウンロードします。

◎ Knative CLIのリリースページ

https://github.com/knative/client/releases

(2) ダウンロードしたバイナリファイルの名前をknへ変更し、実行権限を付与します。

```
## ダウンロードしたバイナリの名前をknへ変更します。
$ mv kn-<OSの種類>-<CPUアーキテクチャの種類> kn

## knファイルへ実行権限を付与します。
$ chmod +x kn
```

(3) knファイルを環境変数PATHに指定されるディレクトリへ移動します。

```
## 環境変数PATHに指定されるディレクトリへダウンロードしたバイナリを移動します。
$ mv kn /usr/local/bin
```

(4) コマンドを実行できることを確認します。

```
$ kn version
Version:      v1.9.0
Build Date:   ...
Git Revision: df40f5a3
Supported APIs:
* Serving
```

```
  - serving.knative.dev/v1 (knative-serving v1.9.0)
* Eventing
  - sources.knative.dev/v1 (knative-eventing v1.9.0)
  - eventing.knative.dev/v1 (knative-eventing v1.9.0)
```

## 2-3-3 Knative Operator

本書ではKnative Operatorを利用してKnativeをインストールします。

Knative Operatorとは、Knativeの提供するKubernetesの「カスタムリソース」と「カスタムコントローラ」をパッケージ化したものです。Knative Operatorを利用すると、コマンドラインでKnativeのインストールやバージョンアップを簡単に行うことができます。

### ■ カスタムリソースとカスタムコントローラ

Kubernetesには、「リソース」と「オブジェクト」という概念があります。リソースはKubernetesのAPIの参照先となる箱、オブジェクトは箱の中にあるボールをイメージすると分かりやすいかと思います（Figure 2-27）。

Figure 2-27　Kubernetesによるリソースとオブジェクトの管理の仕組み

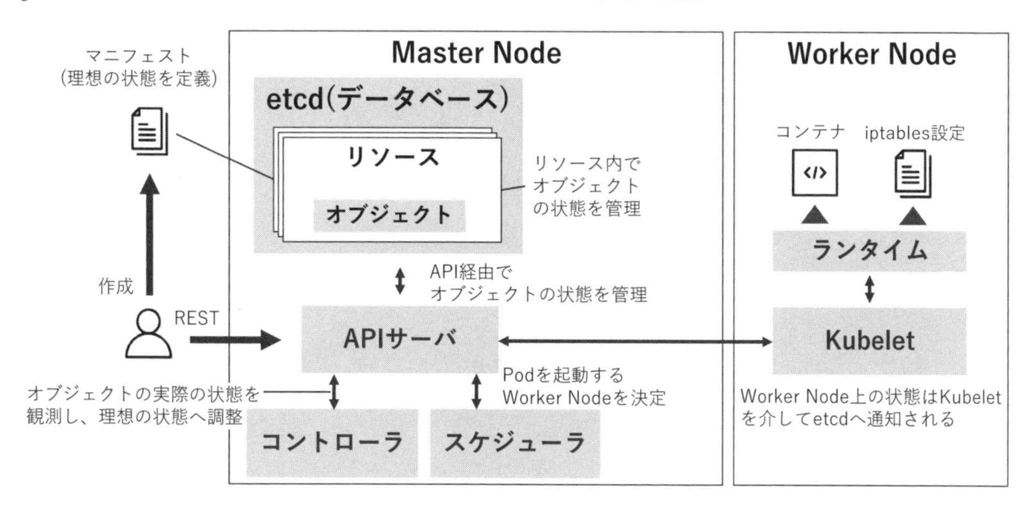


Kubernetesは、Kubernetes APIを通じて定義されたリソースのオブジェクトを「理想の状態」とし、KubernetesのMasterノード上で動作するコントローラが、オブジェクトの「実際の状態」を観測します。そして、実際の状態が理想の状態となるように、実際の状態を変更します。このような自動化の

仕組みは「Reconciliation ループ」と呼ばれます（Figure 2-28）。

Figure 2-28　Reconciliation ループ

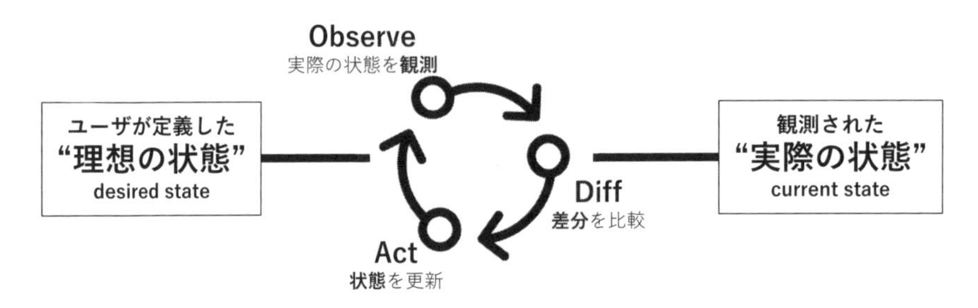


「カスタムリソース」とは、Kubernetes の管理対象のリソースを新たに追加できる機能です。カスタムリソースのオブジェクトの更新は、Kubernetes 上に Pod としてデプロイされる「カスタムコントローラ」が担います。

カスタムコントローラがカスタムリソース上のオブジェクトを監視し、必要に応じて更新することで、Reconciliation ループの対象をさまざまなソフトウェアへ広げることができます（Figure 2-29）。

Figure 2-29　カスタムリソースとカスタムコントローラ

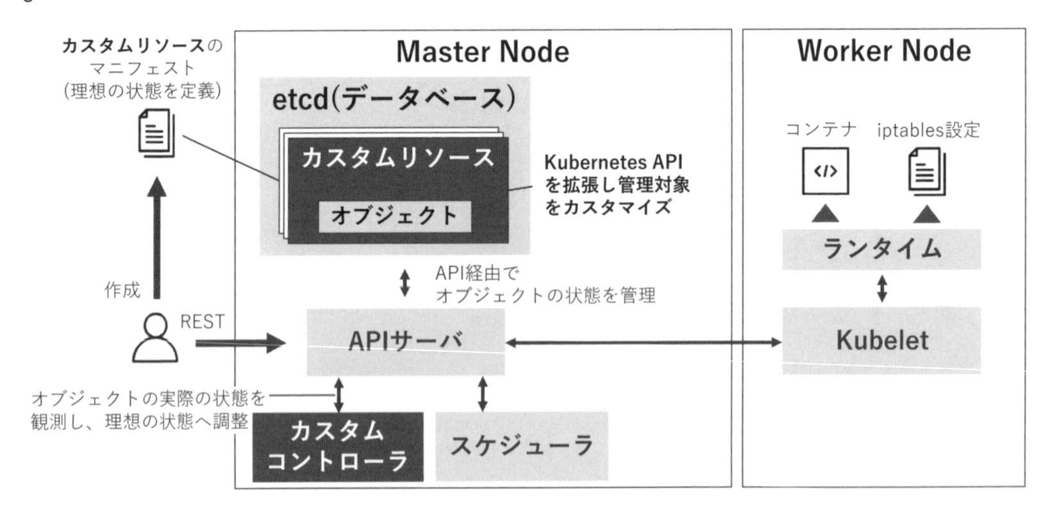


## ■ Knative Operator のバージョンポリシー

Knative Operator は、1 つのバージョンで 4 つのマイナーバージョンとの互換性をサポートします（Table 2-5）。そして、バージョンアップは、一度に 1 つ上のマイナーバージョンへのバージョンアップがサポートされます。たとえば、現在使用している Knative Serving のバージョンが v1.0.0 とすると、v1.2.0 へバージョンアップするには、一度 v1.1.0 へバージョンアップが必要です。

Table 2-5 本書で導入する Knative Operator のバージョンと Knative コンポーネントの管理バージョン

| コンポーネント | バージョン |
|---|---|
| Knative Operator | v1.9.0 |
| Knative Serving | v1.9.0、v1.8.0/v1.8.1/v1.8.2/v1.8.3、v1.7.0/v1.7.1/v1.7.2/v1.7.3/v1.7.4、v1.6.0/v1.6.1/v1.6.2/v1.6.3 |
| Knative Eventing | v1.9.0、v1.8.0/v1.8.1/v1.8.2/v1.8.3/v1.8.4/v1.8.5、v1.7.0/v1.7.1/v1.7.2/v1.7.3/v1.7.4/v1.7.5/v1.7.6/v1.7.7、v1.6.0/v1.6.1/v1.6.2/v1.6.3 |

## ■ Knative Operator CLI プラグインの配備

Knative Operator は、Knative CLI のプラグインとして提供される Knative Operator CLI プラグインを用いるとコマンドラインから操作できます。

導入方法は以下のとおりです。

(1) Knative Operator CLI のリリースページ*5から、環境に合わせてバイナリファイルをダウンロードします。

(2) ダウンロードしたバイナリファイルの名前を kn-operator へ変更し、実行権限を付与します。

```
## ダウンロードしたバイナリの名前を kn-operator へ変更します。
$ mv kn-operator-<OSの種類>-<CPUアーキテクチャの種類> kn-operator

## ダウンロードしたバイナリへ実行権限を付与します。
$ chmod +x kn-operator
```

(3) kn プラグインを配置するディレクトリを作成します。

```
$ mkdir -p ~/.config/kn/plugins
```

＊5 Knative Operator CLI プラグインのリリースページ（本書執筆時点で最新の v1.9.0）
https://github.com/knative-sandbox/kn-plugin-operator/releases/

（4）kn-operator ファイルを作成したディレクトリへ移動します。

```
$ mv kn-operator ~/.config/kn/plugins/
```

（5） Knative Operator CLI プラグインが利用できることを確認します。

```
$ kn operator -h
kn operator: a plugin of kn client to operate Knative components.
For example:
...
```

## ■ Knative Operator のインストール

それでは Knative Operator を kn コマンドを用いてインストールしましょう。

```
$ export KNATIVE_VERSION=v1.9.0
$ kn operator install -n knative-operator -v ${KNATIVE_VERSION}
```

なお、ここでは本書執筆時点で最新の v1.9.0 をインストールするコマンド例を記載しています。Knative Operator のリリースバージョンは、脚注の公式ドキュメントを参照してください。[*6]

展開した Knative Operator の稼働状況を確認するには、次のコマンドを実行します。

```
$ kubectl get deployment knative-operator -n knative-operator
NAME             READY UP-TO-DATE AVAILABLE
knative-operator 1/1   1          1

$ kubectl get pods -n knative-operator
NAME                                 STATUS
knative-operator-bf7659f76-8bpph     Running
operator-webhook-667c6c4ccc-7b44l    Running
```

knative-operator と operator-webhook の状態が Running であることを確認してください。各 Pod の役割は、Table 2-6 のとおりです。

＊6　https://github.com/knative/operator/releases

Table 2-6　Knative Operator の Pod の役割

| Pod 名 | 役割 |
|---|---|
| knative-operator | Knative Operator の提供するカスタムコントローラ |
| operator-webhook | Knative のリソースや ConfigMap の検証とデフォルト設定を行う Admission Webhook |

「knative-operator」Pod は、Knative Operator のカスタムコントローラです。knative-operator は、Knative の各コンポーネントに対応するカスタムリソースである、Knative Serving リソース（knativeservings.operator.knative.dev）と Knative Eventing リソース（knativeeventings.operator.knative.dev）の状態を監視します。Knative Serving リソースや Knative Eventing リソースには、各コンポーネントのバージョンや設定が含まれます。knative-operator は、Knative Serving リソースや Knative Eventing リソースの定義内容の変更に応じてインストールバージョンや ConfigMap を更新します。つまり、Knative の各コンポーネントのインストールやバージョンアップ、設定変更などをする際は、Knative Serving リソースや Knative Eventing リソースを変更します。

「operator-webhook」Pod は、Knative Operator の Admission Webhook です。Admission Webhook とは、Kubernetes API のリクエストを許可するか確認する仕組みです（Figure 2-30）。

Figure 2-30　Admission Webhook の概要

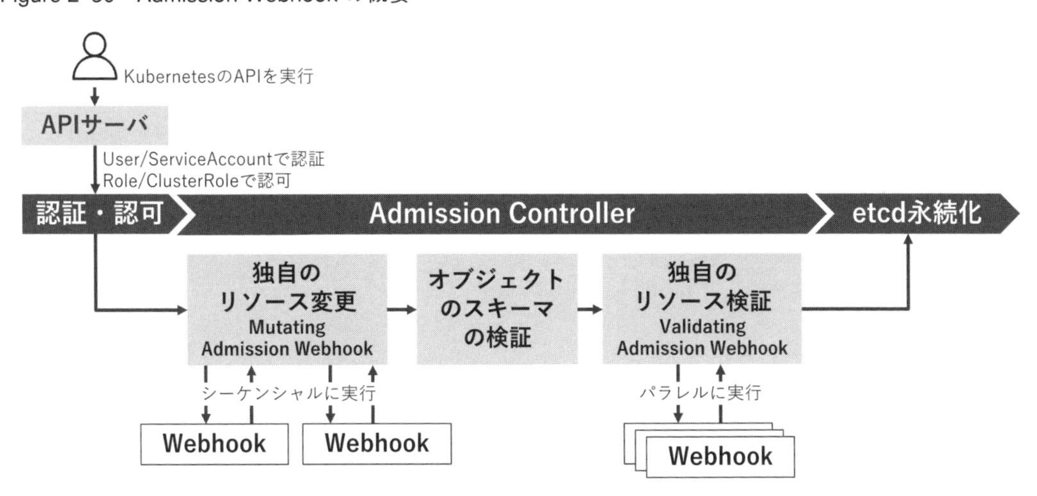


Admission Webhook は、Kubernetes API 実行時に、宣言されたリソースの状態が etcd で永続化される前に API リクエストをインターセプトし、API リクエストの改変（Mutate）や検証（Validate）を行います。また、Admission Webhook は、Kubernetes のデフォルト機能として提供され、個別に用意した Webhook サーバと連携することでカスタマイズ可能です。

なお、Knative の Admission Webhook は、Knative のリソースや設定の検証、デフォルト設定の反映を行う役割を担います。

## 2-3-4 Knative Servingのインストール

Knative Operatorの準備ができたら、次のコマンドを実行し、Knative Servingをインストールしましょう。

```
## Knative Servingをインストールします。
$ kn operator install \
--component serving \
-n knative-serving \
-v ${KNATIVE_VERSION} --kourier

## Knative Servingのネットワークコンポーネントを有効化します。
$ kn operator enable ingress \
--kourier -n knative-serving
```

「knative-serving」NamespaceのDeploymentの「READY」列の状態が「1/1」であることを確認してください。

```
$ kubectl get deployment -n knative-serving
NAME                       READY
3scale-kourier-gateway     1/1
activator                  1/1
autoscaler                 1/1
autoscaler-hpa             1/1
controller                 1/1
domain-mapping             1/1
domainmapping-webhook      1/1
net-kourier-controller     1/1
webhook                    1/1
```

「kn operator install --component serving」コマンドを実行すると、Knative Servingリソースが定義されます。Knative ServingリソースはKnative Servingの各コンポーネントの起動状態や設定を管理し、Knative Operatorがその定義内容に応じてKnative Servingの各コンポーネントのリソースをデプロイします。また、Knative Servingのインストールコマンドのオプションへ指定した「--kourier」は、Knative Servingで使用するネットワークコンポーネントの指定です。本書では、デフォルトのKourierを使用します。詳細は、「第3章　Knative Servingによるアプリケーション管理」にて解説します。

### 2-3-5 Knative Eventing のインストール

Knative Serving をインストールしたら、次に Knative Eventing をインストールしてください。

```
## Knative Eventing をインストールします。
$ kn operator install \
--component eventing \
-n knative-eventing \
-v ${KNATIVE_VERSION}
```

Knative Serving と同様に、Deployment の「READY」列の状態が「1/1」であれば正常です。なお、「pingsource-mt-adapter」は、現時点で「0/0」の状態で問題ありません。

```
$ kubectl get deployment -n knative-eventing
NAME                   READY
eventing-controller    1/1
eventing-webhook       1/1
imc-controller         1/1
imc-dispatcher         1/1
mt-broker-controller   1/1
mt-broker-filter       1/1
mt-broker-ingress      1/1
pingsource-mt-adapter  0/0
```

## 2-4 Git リポジトリの準備

本書では、Git リポジトリとして GitLab を使用します。GitLab は、マネージドサービスの「GitLab.com」と、オンプレミスのサーバ上にインストールするセルフマネージドの「GitLab CE（Customer Edition）/ EE（Enterprise Edition）」の 2 種類があります。本書では、Git リポジトリの運用を意識せず利用できることを優先し、マネージドサービスの「GitLab.com」を利用します。

なお、本書で使用するサンプルアプリケーションは GitLab.com 上に公開されています。そのため、GitLab 以外の Git リポジトリをすでに利用している方は、極力、GitLab を利用して本書を読み進めることをおすすめします。

なお、本書執筆時点の GitLab.com は「GitLab Enterprise Edition 15.9.0-pre」で動作しています。皆さんが利用するバージョンによって動作や画面表示が異なる場合は、適宜読み替えて対応してください。

## 2-4-1　GitLab.com のアカウント作成

まず、GitLab.com の公式サイトにてアカウントを作成してください。アカウント作成にはメールアドレスが必要ですが、Google や Twitter、Salesforce などのアカウントと連携も可能です。なお、GitLab 以外のサービスとアカウント連携を行う際は、GitLab の規約やポリシーへの同意が必要です。問題がなければ、「Accept terms」を押下してサインアップしてください（Figure 2-31）。

◎ GitLab.com のアカウント作成ページ

https://gitlab.com/users/sign_up/

Figure 2-31　GitLab.com のトップ画面

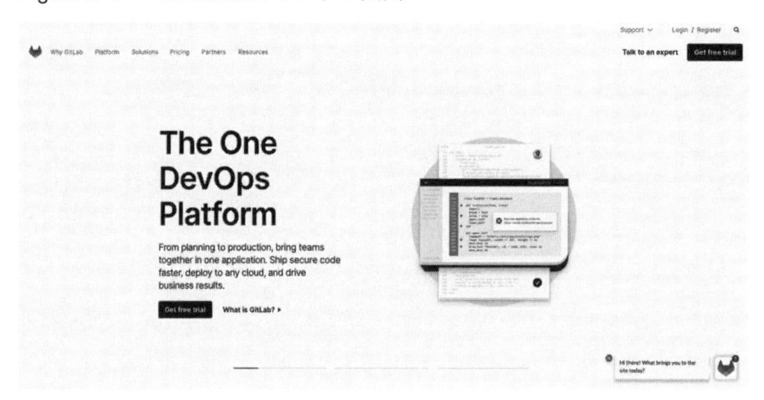


GitLab.com のアカウントが作成できたら、プロジェクトやグループを作成できる Welcome Page が表示されます（Figure 2-32）。

Figure 2-32　GitLab.com の Welcome Page

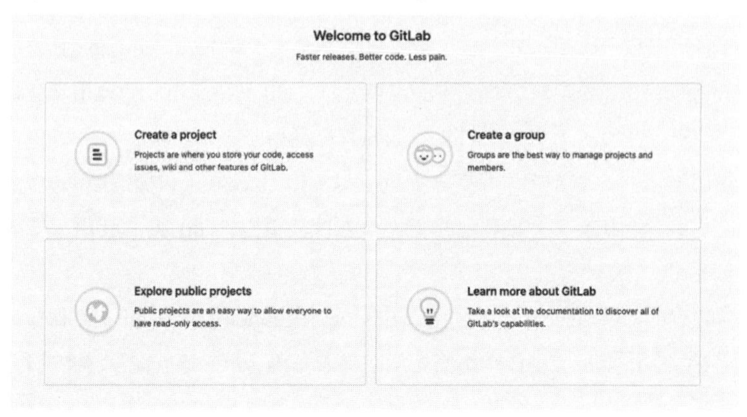

## 2-4-2　GitLab.com アカウントのセキュリティ向上

GitLab.com アカウントを作成したら、セキュリティ対策として二要素認証の有効化とパーソナルアクセストークンを生成しましょう。

### ■ 二要素認証の有効化

アカウントの不正利用の対策は二要素認証（Two-factor authentication）を利用します。二要素認証が有効化されると、GitLab ログイン時にユーザ名とパスワードに加えて、ワンタイムパスワード認証システムの生成するランダムなコードの入力を求められるようになります。ワンタイムパスワードは時間制限付きで一時発行されるパスワードのため、セキュリティを強化できます。

二要素認証の設定方法は、以下のとおりです。

(1) 画面右上にあるアイコンをクリックし、［Edit profile］を押下します。

(2) 「User Settings」画面のサイドメニューの［Account］へ移動します（Figure 2-33）

Figure 2-33　GitLab.com のアカウント管理画面

(3) Account ページの［Enable two-factor authentication］を選択し、二要素認証を有効化します。

(4) ［Register Two-Factor Authenticator］画面に表示された QR コードを、Google Authenticator などの認証アプリケーションを使用して読み取ります。利用する認証アプリケーションは、「2-2-1 AWS アカウントの作成」で使用したアプリケーションと同じもので構いません。QR コードの読み取りができない場合は、手動で Key を登録することも可能です。

(5) 認証アプリケーション上で6桁のピンコードを発行します。

(6) 発行されたピンコードをGitLabの画面の［Pin Code］のフィールドへ入力し、現在のパスワードを入力して［Register with two-factor app］を押下します。

ピンコードの入力後に画面にリカバリコードが表示されます。リカバリコードは認証アプリケーションが利用不可の際にサインインの回復に必要となるコードです。必ず漏洩しないように適切に管理しましょう。

## ■ パーソナルアクセストークンの生成

二要素認証を有効化すると、パスワードを使用してgit pushなどの操作ができなくなります。そのため、以下の流れでパーソナルアクセストークンを生成してください。

(1) 「User Settings」画面のサイドメニューの［Access Tokens］を選択します（Figure 2-34）。

Figure 2-34　GitLab.comのパーソナルアクセストークンの設定画面

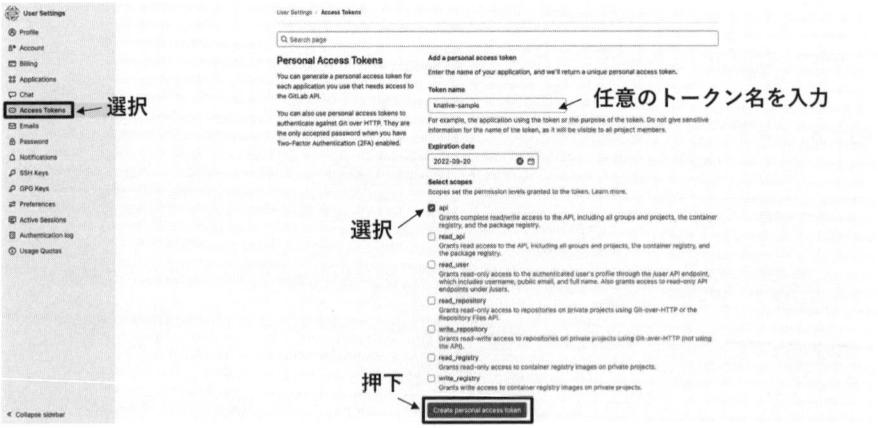

(2) トークンの名前（Token name）と有効期限（Expiration date）を入力します。

(3) 画面下の「Select scopes」からトークンの権限を指定します。ここでは管理者権限を持つ「api」を選択します。

(4) ［Create personal access token］ボタンを押下します。

> パーソナルアクセストークンを保存する前にページを移動してしまったり、パーソナルアクセストークンを紛失してしまった場合は、新規生成が必要です。GitLab の画面上でトークンを再表示する方法はありません。生成したパーソナルアクセストークンは、安全な場所に保管しておいてください。

今回は演習のため、Scopes の設定として管理者権限の「api」を選択しましたが、本番のアプリケーション開発では、アプリケーションのソースコード用のリポジトリと、Kubernetes のマニフェスト用のリポジトリとで、開発者と運用者のコミット権限を分離することをおすすめします。開発者と運用者の操作権限を適切に分離し、思わぬ事故の発生を抑止できるように考慮してください。

## 2-4-3 GitLab プロジェクトの作成

GitLab のプロジェクトを作成し、本書で利用するサンプルアプリケーションのコードをインポートします。GitLab では、リポジトリの管理単位をプロジェクトと呼びます。プロジェクトには、ソースコードを保存する機能だけでなく、CI/CD やコンテナレジストリ、イシュー管理などの機能が集約されています。GitLab のプロジェクトは、アカウント作成時の「Welcome Page」の［Create a project］を選択して作成できます。

［Create a project］を押すと、Table 2-7 に示す 4 つの選択肢が表示されます。

Table 2-7　GitLab プロジェクトの作成方法

| 選択肢 | 内容 |
|---|---|
| Create blank project | 空のプロジェクトを作成 |
| Create from template | よく利用されるファイルが事前に用意されたプロジェクトテンプレートを使用してプロジェクトを作成 |
| Import project | GitHub や Bitbucket などの外部のリポジトリからデータを移行 |
| Run CI/CD for external repository | 外部のリポジトリと接続し、GitLab CI/CD の機能だけを有効化 |

本書は、サンプルアプリケーションの Git リポジトリをあらかじめ用意しています。そのため、ここでは［Import project］を選択し、［Repository by URL］にてプロジェクトを作成してください。

指定項目は、Table 2-8 のとおりです。

Table 2-8　GitLab プロジェクト作成時の指定項目

| 項目 | 設定値 |
|---|---|
| Git repository URL | https://gitlab.com/knative-impress/knative-bookinfo.git |
| Mirror repository | On |

| | |
|---|---|
| Username | 不要（optional） |
| Password | 不要（optional） |
| Project name | knative-bookinfo |
| Project URL | https://gitlab.com/<GitLab のユーザ名 >/knative-bookinfo |
| Project slug | knative-bookinfo |
| Project description | 任意 |
| Project description | Private |

GitLab をすでに利用している方は、サンプルアプリケーションのリポジトリをフォークして利用しても構いません。

## ■ サンプルアプリケーションのリポジトリの確認

ここまでの作業を行うと、以下の URL でリポジトリが作成されます。

◎ サンプルアプリケーションのリポジトリ

```
https://gitlab.com/<GitLab のユーザ名>/knative-bookinfo.git
```

また、ここまでの設定を行うと、コピーしたリポジトリをクローンできます。次の手順で皆さんの手元の環境へリポジトリをクローンできるか確認してください。

(1) GitLab のアカウント情報の取り扱い

本書では、GitLab のアカウント情報を次の環境変数で取り扱います。なお、本書の仕様上、リポジトリ名には必ず小文字英字を使用してください。大文字を利用すると、期待した結果が得られない場合があります。

```
$ export GITLAB_USER=<GitLabのユーザ名>
$ export GITLAB_TOKEN=<パーソナルアクセストークン>
$ export GITLAB_USER_EMAIL=<GitLabに登録したメールアドレス>
```

(2) git コマンドのセットアップ

git コマンドへ GitLab のアカウント情報を設定します。

```
$ git config --global user.name "${GITLAB_USER}"
$ git config --global user.password "${GITLAB_TOKEN}"
```

```
$ git config --global user.email "${GITLAB_USER_EMAIL}"
```

(3) サンプルアプリケーションのクローン

git clone コマンドを実行し、クローンできるか確認してください。

```
$ git clone \
https://${GITLAB_USER}:${GITLAB_TOKEN}@gitlab.com/${GITLAB_USER}/knative-bookinfo.git
```

なお、サンプルアプリケーションのリポジトリには、以下の構成でソースコードとマニフェストが格納されています。

◎ アプリケーションのリポジトリ構成

```
$ tree ./knative-bookinfo
.
├── manifest ## マニフェスト格納ディレクトリ
│   ├── common ## Secret や Service Account などのマニフェスト
│   ├── eventing ## Knative Eventing 演習用のマニフェスト
│   ├── k8s-deployment ## 演習で使用する Kubernetes Deployment のマニフェスト
│   ├── serving  ## Knative Serving 演習用のマニフェスト
│   └── tekton ## Tekton 関連のマニフェスト
└── src ## ソースコード格納ディレクトリ
    ├── productpage ## Bookinfo の Productpage
    ├── details ## Bookinfo の Details
    ├── ratings ## Bookinfo の Ratings
    ├── reviews ## Bookinfo の Reviews
    ├── productpage-v2 ## 第 4 章で使用する Productpage の更新版
    ├── order ## Bookorder の Order
    ├── stock ## Bookorder の Stock
    ├── delivery ## Bookorder の Delivery
    ├── cloudeventer ## 第 4 章で追加する試験用アプリケーション
    └── stock-watcher ## 第 4 章で追加する試験用アプリケーション
```

## ■ GitLab のコンテナレジストリの準備

本書では、Bookinfo の Git リポジトリと同様、GitLab.com をコンテナレジストリとして利用します。GitLab のコンテナレジストリは、GitLab のプロジェクトを作成すると、特に設定や追加申請が不要で利用できます。プロジェクトのサイドメニューの［Packages & Registries］-［Container Registry］にて、コンテナイメージを管理可能です（Figure 2-35）。

Figure 2-35　GitLab のコンテナレジストリ

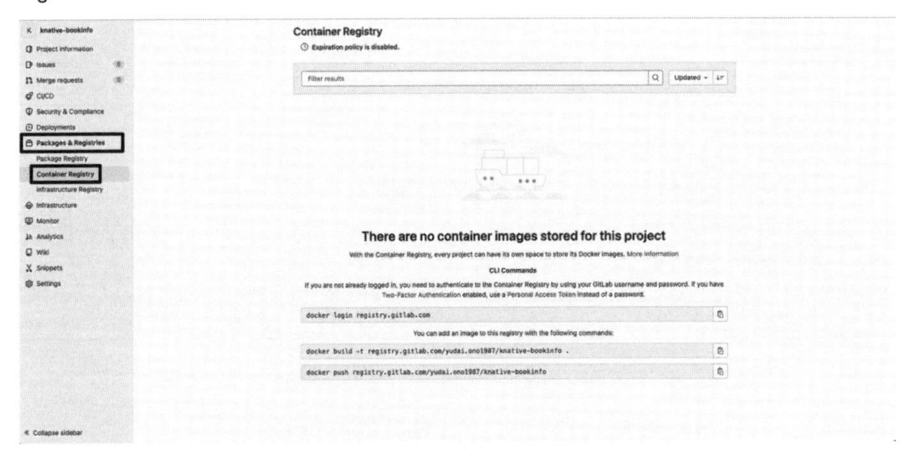


## 2-4-4　GitLab の認証情報の Kubernetes への登録

会社のセキュリティポリシーなどの理由で、開発したソースコードやコンテナレジストリをインターネット上に公開することが難しいケースも多いでしょう。本書では、「2-4-3 GitLab プロジェクトの作成」にて、皆さんの Bookinfo の Git リポジトリをプライベートの設定で作成しました。その場合、GitLab のコンテナレジストリも同様に、プライベートコンテナレジストリとして機能します。

Kubernetes でプライベートリポジトリやプライベートコンテナレジストリを利用するには、Git リポジトリやコンテナレジストリの認証情報を Secret として作成し、作成した Secret を参照する Service Account を利用します。

まずは環境変数に GitLab のアカウント情報を格納します。

```
$ export GITLAB_USER=<GitLabのユーザ名>
$ export GITLAB_TOKEN=<パーソナルアクセストークン>
```

次に、GitLab の認証情報を管理する Secret のマニフェストを作成します。マニフェスト内の環境変数は、認証情報に置き換えず、**環境変数のまま** 記載してください。

◎ GitLab の認証情報を管理する Secret

```
 1: apiVersion: v1
 2: kind: Secret
 3: metadata:
 4:   name: gitlab-token
 5:   namespace: bookinfo-builds
 6:   annotations:
 7:     tekton.dev/git-0: https://gitlab.com
 8:     tekton.dev/docker-0: https://registry.gitlab.com
 9: type: kubernetes.io/basic-auth
10: stringData:
11:   username: ${GITLAB_USER}
12:   password: ${GITLAB_TOKEN}
```

作成した Secret のマニフェストを Kubernetes クラスタへ apply します。マニフェスト内の環境変数をローカルの環境変数の値に置換するために、マニフェストファイルの標準出力を envsubst の標準入力とし、envsubst の標準出力を kubectl が受け取る形で コマンドを実行します。

```
## パイプライン実行用の「bookinfo-builds」Namespace を作成します。
$ kubectl apply -f \
knative-bookinfo/manifest/tekton/namespace.yaml

## Secret を作成します。
$ cat \
knative-bookinfo/manifest/common/gitlab-token.yaml | \
envsubst | kubectl apply -f -
```

envsubst は、標準入力で受け取った環境変数を、ローカルの環境変数の値へ置換するツールです。Git リポジトリ上でマニフェストを管理する際に、認証情報を含むマニフェストをそのまま Git リポジトリへアップロードするのはセキュリティ上、好ましくありません。envsubst を利用することで、環境変数を埋め込んだマニフェストをテンプレート化できます。そのため、認証情報を含むマニフェストを安全に Git リポジトリ上で管理することが可能です。

次に、作成した Secret を参照する Service Account を作成します。

```
## Service Account を作成し、「gitlab-token」 Secret と紐付けます。
$ cat <<EOF | kubectl apply -f -
apiVersion: v1
```

```
kind: ServiceAccount
metadata:
  name: knative-admin
  namespace: bookinfo-builds
secrets:
  - name: gitlab-token
EOF
```

## ■ KubernetesからGitLabへのアクセス確認

作成したService Accountを用いて、KubernetesクラスタからGitLabへアクセス確認をしましょう。ここでは、「git-init」というコンテナイメージを利用して、git cloneコマンドをPod内で実行します。

```
## 作成したSecretからGitLabのユーザ名とパーソナルアクセストークンを取得し、環境変数へ格納します。
$ export GITLAB_USER=$(kubectl get secret gitlab-token \
-n bookinfo-builds -o jsonpath={.data.username} |base64 -d)
$ export GITLAB_TOKEN=$(kubectl get secret gitlab-token \
-n bookinfo-builds -o jsonpath={.data.password} |base64 -d)

## git-initコンテナイメージのパスを環境変数へ格納します。
$ export \
GIT_CLONE_IMAGE='gcr.io/tekton-releases/github.com/tektoncd/pipeline/cmd/git-init
:v0.29.0'

## git-init Podを展開して、サンプルアプリケーションが格納されるGitリポジトリからソースコードをcloneします。
$ kubectl run \
-n bookinfo-builds \
-it git-init-app \
--image=${GIT_CLONE_IMAGE} \
--rm --restart=Never \
--command -- git clone \
https://${GITLAB_USER}:${GITLAB_TOKEN}@gitlab.com/${GITLAB_USER}/knative-bookinfo.git

remote: Enumerating objects: 198, done.
...
Resolving deltas: 100% (46/46), done.
pod "git-init-app" deleted
```

git cloneの実行ログが出力されれば正常にアクセスできています。

# 2-5 Tekton を用いたパイプラインの構築

Knative に元々存在していた「Knative Build」は、Knative v0.7 のリリースを最後に Tekton プロジェクト*7へ移管されています。Tekton の目的は、Knative Build を強化し、より高度で柔軟性の高い CI/CD パイプラインを実装できるようにすることです。Knative Build と Tekton のそれぞれの役割が重複し、Tekton が独立して推進できるプロジェクトにまで成長したことから、Knative Build は廃止されることになりました。

Tekton を利用することで、次の 4 つの特徴のパイプラインを構築できます。

◎ Tekton の特徴

- Kubernetes ネイティブ

  Tekton は Kubernetes がインストールされた環境であればオンプレミスでもパブリッククラウドでも導入可能です。

- 宣言的なパイプラインの実装

  Tekton は Kubernetes のカスタムリソースとして提供されます。そのため、Kubernetes の宣言的な API でパイプラインを構成するジョブを取り扱うことができます。

- イベント駆動型

  Tekton は GitLab などの外部ソースの変更を検知し、Kubernetes 上で定義されたパイプラインを動的に実行します。

- サーバレス

  Tekton のパイプラインを構成するジョブはコンテナとして実行されます。ジョブの実行に必要なリソースは必要なタイミングで動的に確保されます。

このように、Tekton の特徴の多くは Knative の特徴に通じます。双方の活用により、アプリケーションのビルドから実行まで一貫して、サーバレスのアプリケーション開発体験を取り入れることが可能です。そこで本書では、演習で使用するサンプルアプリケーションのビルド作業を効率化するために、Tekton を使用して Figure 2-36 のシンプルなパイプラインを実装します。

---

＊7 https://tekton.dev/

Figure 2-36　本書で実装するパイプライン

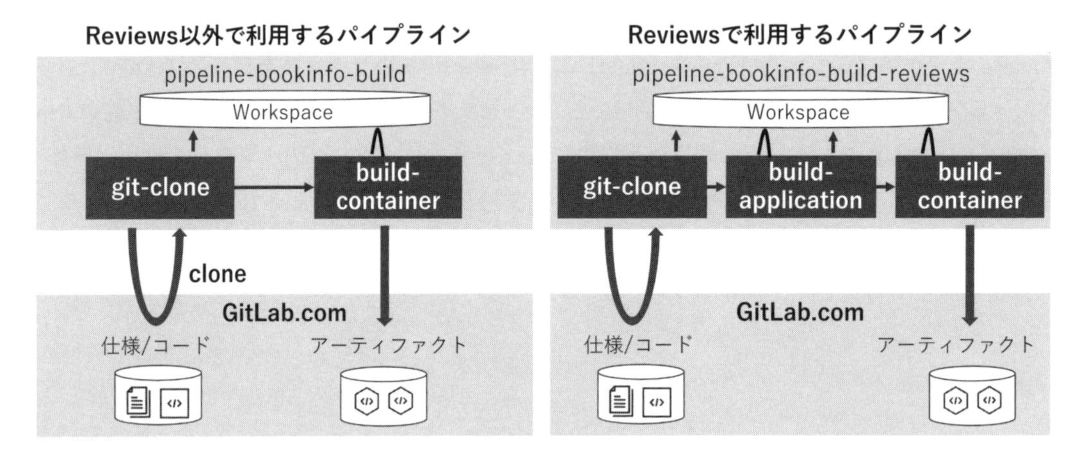


## 2-5-1　Tekton Operator

本書では、Tekton のインストールに Tekton Operator を利用します。Tekton Operator を使うことで Tekton の各コンポーネントのインストールや設定、パイプラインの保守の効率化が可能です。

次のコマンドにて、Tekton Operator をインストールしてください。

```
$ kubectl apply \
-f https://storage.googleapis.com/tekton-releases/operator/latest/release.yaml
```

Tekton Operator をインストールすると、「tekton-operator」と「tekton-operator-webhook」の 2 つの Pod が起動します。tekton-operator は Tekton Operator のカスタムコントローラ、tekton-operator-webhook は Tekton Operator の各カスタムリソースへの操作の検証や変更を制御する Admission Webhook です。

```
$ kubectl get pods -n tekton-operator
NAME                                       STATUS
tekton-operator-5f449667df-s2bmk           Running
tekton-operator-webhook-7dd6b5c76c-9j9pg   Running
```

Tekton Operator は、Table 2-9 に示されるカスタムリソースを管理します。

Table 2-9　Tekton Operator の管理するカスタムリソース

| カスタムリソース | 役割 |
|---|---|
| TektonConfig | Tekton の各コンポーネントのインストール状態や設定を管理するカスタムリソース |
| TektonPipeline | パイプラインをマニフェストベースで作成するためのカスタムリソース |
| TektonDashboard | Tekton Pipeline および Tekton Trigger 用の GUI を提供するカスタムリソース |
| TektonResult | パイプラインの実行履歴を永続化して管理するカスタムリソース |
| TektonTrigger | GitLab などの外部ソースの変更に伴う通知を受信する機能を提供するカスタムリソース |
| TektonAddon | クラスタ共通で利用できる Task や Pipeline のテンプレート（Cluster Task、Pipeline Template）を追加するためのカスタムリソース（Red Hat OpenShift のみサポート） |

Tekton Config は Figure 2-37 に示されるように、Tekton Operator の管理するカスタムリソースの中で最上位のカスタムリソースに位置付けられます。つまり、Tekton Config が Tekton の各コンポーネントの設定やライフサイクルを一元管理する役割を担います。

Figure 2-37　Tekton Operator の内部仕様

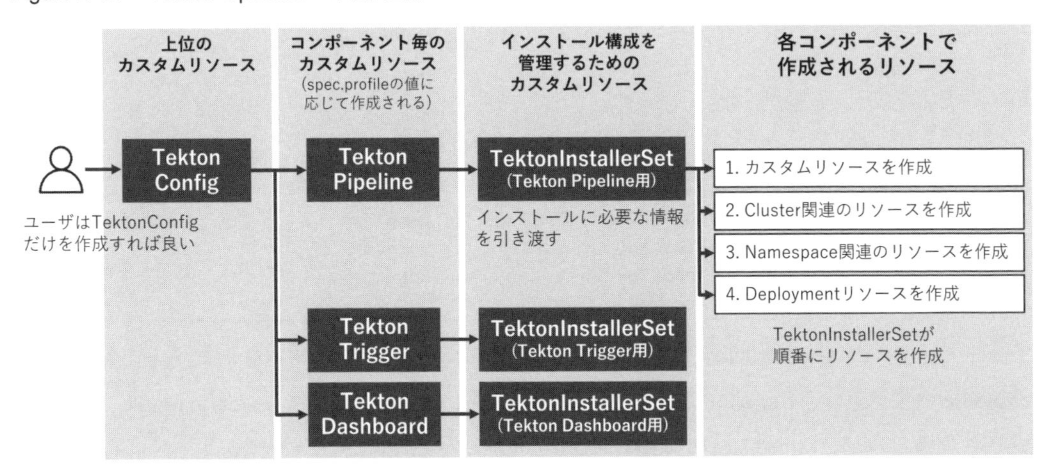


Tekton Config が定義されると、Tekton Operator のカスタムコントローラが Tekton Config の定義内容に沿って Tekton Pipeline や Tekton Trigger のリソースを定義します。そして、Tekton Pipeline や Tekton Trigger のリソースに対応する Tekton InstallerSet が作成されます。

Tekton InstallerSet は、自身のオーナーとなるリソースのインストール構成を管理するカスタムリソースです。Tekton InstallerSet により、Tekton Pipeline や Tekton Trigger のインストールとライフサイクル管理が自動化されます。また、Tekton Config が Tekton InstallerSet と連携し、古いリソースを定期的に削除し世代管理するプルーニング機能や、バージョンアップ時のリソース調整などの補助機能も提供されます。

このように、Tekton Operatorを利用することでTekton自体の運用負担を軽減することが可能です。

## 2-5-2 Tekton Pipelineのインストール

それでは、Tekton Configを作成してTekton Pipelineをインストールしましょう。以下のコマンドを実行すると、Tekton Configのリソース定義を受けて、Tekton PipelineのPodが作成されます。

```
## Tekton Configのリソースを定義します。
$ cat <<EOF | kubectl apply -f -
apiVersion: operator.tekton.dev/v1alpha1
kind: TektonConfig
metadata:
  name: config
spec:
  targetNamespace: tekton-pipelines
  profile: lite
EOF

## Podの状態がRunningとなることを確認してください。
$ kubectl get pods -n tekton-pipelines
NAME                                                 STATUS
tekton-operator-proxy-webhook-c6d6cb6c7-jw8ts        Running
tekton-pipelines-controller-7554dc848-5g5lx          Running
tekton-pipelines-remote-resolvers-85444b5444-bl5gx   Running
tekton-pipelines-webhook-5bd7b95f75-gvbfs            Running
```

Tekton Configは、spec.profileの設定値に応じてインストールするコンポーネントを判断します。spec.profileの設定値は、Table 2-10に示されるlite、basic、allの3種類です。spec.profileとしてallが指定された場合のみ、KubernetesとRed Hat OpenShiftとでインストールされるコンポーネントが異なります。なお、本書では、Tekton Pipelineのみ使用するため、spec.profileはliteを設定します。

Table 2-10 Tekton Configのprofile毎のインストール対象のサブプロジェクト

| profile | インストール対象のコンポーネント | プラットフォーム |
|---|---|---|
| lite | Tekton Pipeline | Kubernetes, OpenShift |
| basic | Tekton Pipeline, Tekton Trigger | Kubernetes, OpenShift |
| all | Tekton Pipeline, Tekton Trigger, Tekton Dashboard | Kubernetes |
| | Tekton Pipeline, Tekton Trigger, Tekton Addon | OpenShift |

また、Tekton Config には spec.profile 以外にもさまざまなパラメータを設定できます。詳細を知りたい方は公式ドキュメント*8を参照してください。

## 2-5-3 Tekton Pipeline の実装

本書では、Table 2-11 で示されるカスタムリソースを使用してパイプラインを実装します。

Table 2-11 本書で使用する Tekton のカスタムリソース

| カスタムリソース | 役割 |
| --- | --- |
| Task | Tekton で作成したパイプラインの最小実行単位 |
| TaskRun | Task を実行するために利用するカスタムリソース |
| Pipeline | パイプラインを定義するカスタムリソース |
| PipelineRun | 作成した Pipeline を実行するために利用するカスタムリソース |
| PipelineResource | Task 内の Step で利用するパイプライン内の入出力の場所を定義するカスタムリソース |

### ■ Tekton Pipeline で使用する Task

まずは、Tekton Pipeline で使用する Task を作成しましょう。Tekton には「TektonHub*9」と呼ばれる Tekton の利用者間で、汎用的な Task と Pipeline をカタログとして共有するコミュニティが存在します。TektonHub を活用することで、Tekton の利用者の知見を取り入れ、パイプラインを早期に実装することが可能です。

そこで本書では、Tekton の利用障壁を低減する目的で、Table 2-12 に示される TektonHub の Task を活用してパイプラインを実装します。

Table 2-12 本書で使用する Task

| カスタムリソース | 役割 |
| --- | --- |
| git-clone | 指定された Git リポジトリの URL からソースコードをクローンする Task |
| kaniko | Dockerfile を用いてコンテナイメージをビルドし、指定されたコンテナレジストリへビルドしたコンテナイメージをプッシュする Task |
| gradle | Java で実装されたソースコードをビルドする Task |

TektonHub で公開される Task や Pipeline は、Tekton CLI を利用することで、簡単なコマンドでインストールできます。以下のコマンドを実行し、本書で使用する Task をインストールしてください。な

＊8 https://tekton.dev/docs/operator/
＊9 https://hub.tekton.dev/

お、使用するTaskのバージョンは本書執筆時点の最新です。

```
## TektonHubからTaskをインストールします。
$ tkn hub install task git-clone -n bookinfo-builds --version 0.9
$ tkn hub install task kaniko -n bookinfo-builds --version 0.6
$ tkn hub install task gradle -n bookinfo-builds --version 0.2

## Taskがインストールされたことを確認します。
$ tkn task list -n bookinfo-builds
NAME        DESCRIPTION
git-clone   These Tasks are Git...
gradle      This Task can be us...
kaniko      This Task builds a ...
```

Taskをインストールしたら、Pipelineを作成します。まずは、BookinfoのProductpage、Details、Ratingsと、Bookorderのビルドに使用するPipelineのマニフェストを確認しましょう。

◎ Reviews以外のマイクロサービス用パイプラインのマニフェスト

```
 1: apiVersion: tekton.dev/v1beta1
 2: kind: Pipeline
 3: metadata:
 4:   name: pipelines-bookinfo-build
 5:   namespace: bookinfo-builds
 6: spec:
 7:   params: …①
 8:   - description: Target application source
 9:     name: target-app …②
10:     type: string
11:   - description: Target container registry URL
12:     name: imageurl …③
13:     type: string
14:   - description: Target container image name
15:     name: image-name
16:     type: string
17:   - description: Target container image revision
18:     name: image-revision …④
19:     type: string
20:   - description: Git Repo URL for the target application
21:     name: bookinfo-url …⑤
22:     type: string
23:   - description: Git Repo Branch for the target application
24:     name: bookinfo-revision …⑥
```

```
25:     type: string
26:   tasks:
27:   - name: git-clone
28:     params:
29:     - name: url
30:       value: $(params.bookinfo-url)
31:     - name: revision
32:       value: $(params.bookinfo-revision)
33:     taskRef:
34:       kind: Task
35:       name: git-clone …⑦
36:     workspaces:
37:     - name: output
38:       workspace: bookinfo …⑧
39:   - name: build-container
40:     params:
41:     - name: IMAGE
42:       value: $(params.imageurl)/$(params.image-name):$(params.image-revision)
43:     - name: CONTEXT
44:       value: $(params.target-app)
45:     - name: BUILDER_IMAGE
46:       value: gcr.io/kaniko-project/executor@sha256:b9eec410fa32cd77cdb7685c70f86a
47: 96debb8b087e77e63d7fe37eaadb178709
48:     runAfter: …⑨
49:     - git-clone
50:     taskRef:
51:       kind: Task
52:       name: kaniko …⑩
53:     workspaces:
54:     - name: source
55:       workspace: bookinfo
56:   workspaces:
57:   - description: Git Repo for BookInfo Apps
58:     name: bookinfo
```

① パイプライン実行時に指定するパラメータの定義です。

② GitLab 上の各マイクロサービスのソースコードが格納されるディレクトリパスです。
(例：src/productpage)

③ コンテナレジストリの URL です。

④ コンテナイメージのタグに指定するバージョンです。

⑤ Git リポジトリの URL です。

⑥ サンプルアプリケーションのGitリポジトリのブランチです。
⑦ 指定されたGitリポジトリをクローンするTaskを実行します。
⑧ クローンされたGitリポジトリをWorkspaceへ保存します。
⑨ Gitリポジトリをクローンした後のTaskを定義します。
⑩ コンテナイメージをビルドし、コンテナレジストリへプッシュします。

続いて、ReviewsのビルドにI使用するPipelineのマニフェストを示します。

◎ Reviews用パイプラインのマニフェスト

```
 1: apiVersion: tekton.dev/v1beta1
 2: kind: Pipeline
 3: metadata:
 4:   name: pipelines-bookinfo-build-reviews
 5:   namespace: bookinfo-builds
 6: spec:
 7:   params:
 8: ## pipeline-bookinfo-build のパラメータと同様
 9: ...
10:   - description: Reviews app revision
11:     name: reviews-revision …①
12:     type: string
13:   - description: Enabled rating for reviews app
14:     name: reviews-enable-rating …②
15:     type: string
16:   - description: Specify rating color for reviews app
17:     name: reviews-rating-color …③
18:     type: string
19:   tasks:
20:   - name: git-clone
21:     params:
22:     - name: url
23:       value: $(params.bookinfo-url)
24:     - name: revision
25:       value: $(params.bookinfo-revision)
26:     taskRef:
27:       kind: Task
28:       name: git-clone
29:     workspaces:
30:     - name: output
31:       workspace: bookinfo
32:
33:   - name: build-application …④
```

```
34:      params:
35:      - name: PROJECT_DIR
36:        value: $(params.target-app)
37:      - name: TASKS
38:        value:
39:        - clean
40:        - build
41:      runAfter:
42:      - git-clone
43:      taskRef:
44:        kind: Task
45:        name: gradle
46:      workspaces:
47:      - name: source
48:        workspace: bookinfo
49:
50:    - name: build-container
51:      params:
52:      - name: IMAGE
53:        value: $(params.imageurl)/$(params.image-name):$(params.image-revision)
54: ...
55:      - name: EXTRA_ARGS
56:        value: …⑤
57:          - --build-arg=service_version=$(params.reviews-revision)
58:          - --build-arg=enable_ratings=$(params.reviews-enable-rating)
59:          - --build-arg=star_color=$(params.reviews-rating-color)
60:      runAfter:
61:      - build-application
62:      taskSpec:
63: ...
```

① Reviews のバージョンを v1、v2、v3 の中から指定します。

② Reviews と Ratings の連携要否を true または false で指定します。true の場合、Ratings の管理する書籍の評価スコアが取得されます。

③ 書籍のレビューを表す星の色として、black または red を指定します。

④ Java のソースコードをビルドする Task です。Git リポジトリからソースコードをクローンした後に実行されます。

⑤ Reviews の Dockerfile へ指定する変数です。この変数の値が Dockerfile 内で定義される環境変数へ格納されます。各変数の値は①から③の各パラメータに対応します。

Java で実装される Reviews は、Gradle を使用して Java の実行環境をビルドした上で、コンテナイメージをビルドすることでコンテナイメージを軽量化します。そのため、本書では Reviews 以外のマイクロサービス用のパイプラインと Reviews 用のパイプラインの 2 種類を使い分けます。

以下のコマンドのとおり、サンプルのマニフェストを使用して、Tekton Pipeline のリソースを作成してください。

```
## Reviews 以外のマイクロサービス用パイプラインを作成します。
$ kubectl create -f \
knative-bookinfo/manifest/tekton/pipeline/pipeline-bookinfo-build.yaml

## Reviews 用パイプラインを作成します。
$ kubectl create -f \
knative-bookinfo/manifest/tekton/pipeline/pipeline-bookinfo-build-reviews.yaml

## Tekton Pipeline が作成されたことを確認します。
$ tkn pipeline list -n bookinfo-builds
NAME
pipelines-bookinfo-build
pipelines-bookinfo-build-reviews
```

## 2-5-4 コンテナイメージのビルド

それでは、作成した Tekton Pipeline を用いてコンテナイメージをビルドしましょう。次の 2 種類の PipelineRun のマニフェストを用いて、パイプラインを実行します。

◎ Reviews 以外のマイクロサービス用の PipelineRun のマニフェスト

```
 1: apiVersion: tekton.dev/v1beta1
 2: kind: PipelineRun
 3: metadata:
 4:   name: build-image-${IMAGE_NAME}
 5:   namespace: bookinfo-builds
 6: spec:
 7:   pipelineRef: …①
 8:     name: pipelines-bookinfo-build
 9:   podTemplate:
10:     securityContext:
11:       fsGroup: 65532
12:   params: …②
```

```
13:     - name: target-app
14:       value: ${SERVICE_NAME} …③
15:     - name:  bookinfo-url
16:       value: https://gitlab.com/${GITLAB_USER}/knative-bookinfo.git
17:     - name: imageurl
18:       value: registry.gitlab.com/${GITLAB_USER}/knative-bookinfo
19:     - name: image-name
20:       value: ${IMAGE_NAME}
21:     - name: image-revision
22:       value: ${IMAGE_REVISION} …④
23:     - name: bookinfo-revision
24:       value: main
25:   serviceAccountName: knative-admin …⑤
26:   workspaces:
27:     - name: bookinfo
28:       volumeClaimTemplate: …⑥
29:         spec:
30:           accessModes:
31:             - ReadWriteOnce
32:           resources:
33:             requests:
34:               storage: 1Gi
```

① Reviews 以外のマイクロサービス用パイプラインを指定します。

② パイプラインのパラメータの指定です。環境変数は編集せずマニフェストに埋め込んだ状態としてください。

③ 環境変数「SERVICE_NAME」は GitLab 上の各マイクロサービスのソースコードが格納されるディレクトリに対応します。

④ 環境変数「IMAGE_REVISION」はビルドするコンテナイメージのバージョンです。コンテナイメージのタグに対応します。

⑤ Pod から Git リポジトリのクローンやコンテナレジストリのプッシュを行うために、GitLab の認証情報を関連付けた Service Account を指定します。

⑥ クローンした Git リポジトリを Task 間で共有する Workspace 用の Persistent Volume を作成します。

◎ Reviews 用の PipelineRun のマニフェスト

```
 1: apiVersion: tekton.dev/v1beta1
 2: kind: PipelineRun
 3: metadata:
 4:   name: build-image-reviews-${IMAGE_REVISION}
 5:   namespace: bookinfo-builds
 6: spec:
 7:   pipelineRef: …①
 8:     name: pipelines-bookinfo-build-reviews
 9:   podTemplate:
10:     securityContext:
11:       fsGroup: 65532
12:   params:
13:     - name: target-app
14:       value: ${SERVICE_NAME}
15:     - name:  bookinfo-url
16:       value: https://gitlab.com/${GITLAB_USER}/knative-bookinfo.git
17:     - name: imageurl
18:       value: registry.gitlab.com/${GITLAB_USER}/knative-bookinfo
19:     - name: image-name
20:       value: ${IMAGE_NAME}
21:     - name: image-revision
22:       value: ${IMAGE_REVISION}
23:     - name: bookinfo-revision
24:       value: main
25:     - name: reviews-revision
26:       value: ${IMAGE_REVISION}
27:     - name: reviews-enable-rating
28:       value: ${COLOR_ENABLE} …②
29:     - name: reviews-rating-color
30:       value: ${STAR_COLOR} …③
31:   serviceAccountName: knative-admin
32:   workspaces:
33:     - name: bookinfo
34:       volumeClaimTemplate:
35:         spec:
36:           accessModes:
37:             - ReadWriteOnce
38:           resources:
39:             requests:
40:               storage: 1Gi
```

① Reviews用パイプラインを指定します。

② 環境変数「COLOR_ENABLE」は、書籍の評価スコアの表示要否を表します。trueの場合、ReviewsはRatingsと連携するように動作します。

③ 環境変数「STAR_COLOR」は、書籍の評価スコアの星の色を表します。

以下のコマンドを順次実行し、各サービスのコンテナイメージをビルドしてください。Tektonを使用することで、コンテナイメージのビルド作業は並列化できるため、完了を待たずにPipelineRunを実行して構いません。

◎ Productpageサービスのビルド

```
$ export SERVICE_NAME=src/productpage
$ export IMAGE_NAME=productpage
$ export IMAGE_REVISION="v1"

$ cat knative-bookinfo/manifest/tekton/pipelinerun/pipelinerun.yaml | \
envsubst | kubectl create -f -
```

◎ Ratingsサービスのビルド

```
$ export SERVICE_NAME=src/ratings
$ export IMAGE_NAME=ratings
$ export IMAGE_REVISION="v1"

$ cat knative-bookinfo/manifest/tekton/pipelinerun/pipelinerun.yaml | \
envsubst | kubectl create -f -
```

◎ Detailsサービスのビルド

```
$ export SERVICE_NAME=src/details
$ export IMAGE_NAME=details
$ export IMAGE_REVISION="v1"

$ cat knative-bookinfo/manifest/tekton/pipelinerun/pipelinerun.yaml | \
envsubst | kubectl create -f -
```

◎ Reviewsサービス（v1）のビルド

```
$ export SERVICE_NAME=src/reviews
```

```
$ export IMAGE_NAME=reviews
$ export IMAGE_REVISION="v1"
$ export COLOR_ENABLE="false"
$ export STAR_COLOR=""

$ cat knative-bookinfo/manifest/tekton/pipelinerun/pipelinerun-reviews.yaml | \
envsubst | kubectl create -f -
```

◎ Reviews サービス（v2）のビルド

```
$ export SERVICE_NAME=src/reviews
$ export IMAGE_NAME=reviews
$ export IMAGE_REVISION="v2"
$ export COLOR_ENABLE="true"
$ export STAR_COLOR=""

$ cat knative-bookinfo/manifest/tekton/pipelinerun/pipelinerun-reviews.yaml | \
envsubst | kubectl create -f -
```

◎ Reviews サービス（v3）のビルド

```
$ export SERVICE_NAME=src/reviews
$ export IMAGE_NAME=reviews
$ export IMAGE_REVISION="v3"
$ export COLOR_ENABLE="true"
$ export STAR_COLOR="red"

$ cat knative-bookinfo/manifest/tekton/pipelinerun/pipelinerun-reviews.yaml | \
envsubst | kubectl create -f -
```

◎ Order のビルド

```
$ export SERVICE_NAME=src/order
$ export IMAGE_NAME=order
$ export IMAGE_REVISION="v1"

$ cat knative-bookinfo/manifest/tekton/pipelinerun/pipelinerun.yaml | \
envsubst | kubectl create -f -
```

◎ Stock のビルド

```
$ export SERVICE_NAME=src/stock
$ export IMAGE_NAME=stock
$ export IMAGE_REVISION="v1"

$ cat knative-bookinfo/manifest/tekton/pipelinerun/pipelinerun.yaml | \
envsubst | kubectl create -f -
```

◎ Delivery のビルド

```
$ export SERVICE_NAME=src/delivery
$ export IMAGE_NAME=delivery
$ export IMAGE_REVISION="v1"

$ cat knative-bookinfo/manifest/tekton/pipelinerun/pipelinerun.yaml | \
envsubst | kubectl create -f -
```

パイプラインを実行したら、PipelineRun の状態を確認し STATUS 列が「Running」から「Succeeded」へ変化するまで待ちましょう。

```
$ tkn pipelinerun list -n bookinfo-builds
NAME                       STATUS
build-image-delivery       Succeeded
build-image-stock          Succeeded
build-image-order          Succeeded
build-image-reviews-v3     Succeeded
build-image-reviews-v2     Succeeded
build-image-reviews-v1     Succeeded
build-image-details        Succeeded
build-image-ratings        Succeeded
build-image-productpage    Succeeded
```

PipelineRun の実行結果が「Succeeded」にならない場合は、以下のコマンドでログを確認し問題の切り分けを行ってください。

```
$ tkn pipelinerun logs <PipelineRun名> -n bookinfo-builds
```

PipelineRun の状態がすべて「Succeeded」であることを確認したら、GitLab.com へアクセスし、コンテナレジストリにイメージが登録されたことを確認してください（Figure 2-38）。

Figure 2-38　コンテナレジストリの状態

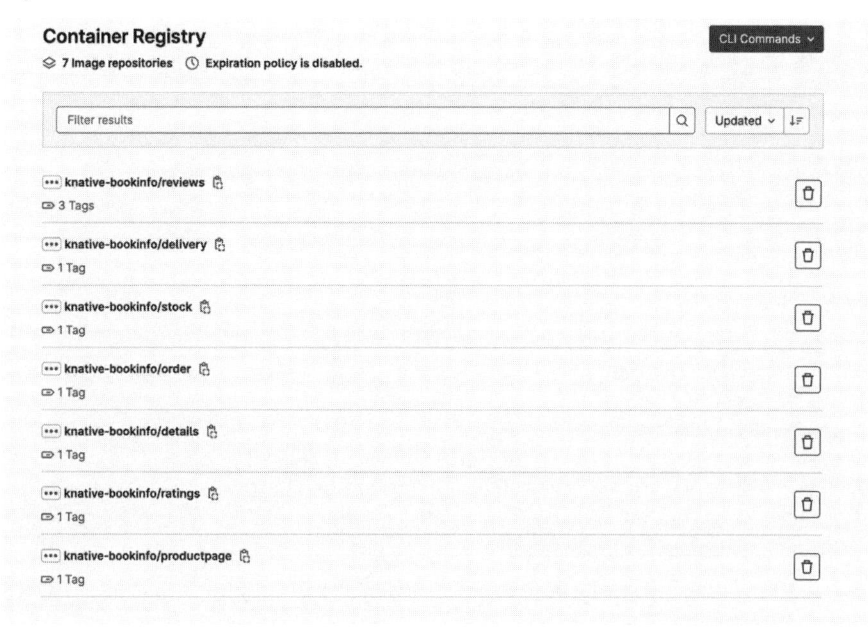


## 2-6　サンプルアプリケーションの動作確認

ここまでの手順でサンプルアプリケーションのコンテナイメージのビルドが完了しました。最後にビルドしたコンテナイメージを用いてBookinfoをKnativeの環境へデプロイしましょう。

まずは、以下のコマンドを実行し、「bookinfo」Namespaceを作成します。

```
$ kubectl apply -f \
knative-bookinfo/manifest/serving/namespace.yaml
```

次にKubernetesクラスタがGitLabのコンテナレジストリを使用できるように、コンテナレジストリの認証情報をSecretとして作成します。そして、そのSecretと関連付けられたService Accountを作成してください。

```
$ kubectl create secret docker-registry registry-token -n bookinfo \
--docker-server=registry.gitlab.com \
--docker-username=${GITLAB_USER} \
```

```
--docker-password=${GITLAB_TOKEN}

$ cat <<EOF | kubectl apply -f -
apiVersion: v1
kind: ServiceAccount
metadata:
  name: knative-deployer
  namespace: bookinfo
secrets:
  - name: registry-token
EOF
```

それでは、演習用のマニフェストを使用し、Bookinfo をデプロイしましょう。なお、Bookorder のデプロイは「第 4 章　Knative Eventing を用いたシステム構築の実践」で取り扱います。

◎　サンプルアプリケーションのデプロイ

```
## デプロイするバージョンを指定します。
$ export GITLAB_USER=<GitLabのユーザ名>
$ export IMAGE_REVISION=v1

## Bookinfo をデプロイします。
$ cat knative-bookinfo/manifest/serving/bookinfo/* | \
envsubst | kubectl apply -f -
```

Bookinfo の状態は以下のコマンドで確認できます。「CONDITIONS」が「3 OK / 3」、「READY」が「True」と表示されたら正常に起動できています。

```
$ kn service list -n bookinfo
NAME        ... CONDITIONS  READY
details     ... 3 OK / 3    True
productpage ... 3 OK / 3    True
ratings     ... 3 OK / 3    True
reviews     ... 3 OK / 3    True
```

Bookinfo が正常にデプロイできたら、Bookinfo へインターネット経由でアクセスできることを確認します。本書では、外部アクセス用ドメインとして「sslip.io」のドメインを使用します。sslip.io は、IP アドレスが埋め込まれたドメイン名を提供し、名前解決のリクエストに対してドメインに含まれる IP アドレスを応答する DNS サービスです。本番環境での使用は推奨されないため注意してください。sslip.io は、新規ドメインを取得せずに外部 DNS として利用できるため、試験用途としては有用です。

以下のコマンドを実行し、Knative の使用するドメインの設定を変更します。

```
## sslip.io のドメインを使用するように Knative を設定変更します。
$ export KNATIVE_VERSION=$(kubectl get knativeserving knative-serving \
-n knative-serving \
-o jsonpath={.items[*].status.version})
$ kubectl apply -f \
https://github.com/knative/serving/releases/download/knative-v${KNATIVE_VERSION}/serving
-default-domain.yaml

## Job が正常終了していることを確認します。
$ kubectl get job -n knative-serving
NAME             COMPLETIONS
default-domain   1/1
```

数分待つと、Productpage のドメインが「<IP アドレス >.sslip.io」を含むドメインへ変更されます。

```
$ kn service list -n bookinfo
NAME          URL
...
productpage   http://productpage.bookinfo.<IPアドレス>.sslip.io
...
```

ウェブブラウザを開き、Productpage のドメインへアクセスすると、Bookinfo の画面が表示されます（Figure 2-39）。これで準備は完了です。

◎ Productpage サービスの URL

`http://productpage.bookinfo.<IP アドレス>.sslip.io/productpage`

Figure 2-39　Bookinfo の画面

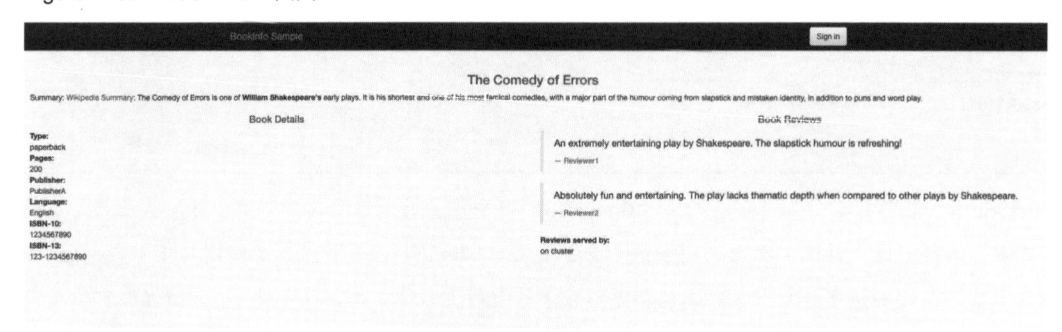

## 2-7 まとめ

本章では、Knativeを用いたシステム構築に向けて必要となる環境を準備しました。Knativeを用いてサーバレスのアプリケーションを開発するには、開発者と運用者のチームの責任分界の見直しと、運用者の運用負荷の軽減が重要です。運用負荷を軽減する方法としてマネージドサービスの利用を検討するのも選択肢の一つです。しかし、すべてのツールをパブリッククラウドやGitLab.comといったマネージドサービスに依存するのもリスクが伴います。マネージドサービスは、初めてソフトウェアを利用する際の運用障壁の低減には有効ですが、運用後にサービスレベルが見合わなかったり、ソフトウェアのカスタマイズの柔軟性や、利用できるクラウド環境がベンダーロックインされるといった問題が起こり得ます。まずはソフトウェアを触ってみて、本番運用でマネージドサービスを利用するのか、セルフマネージドで進めるのか判断するのが良いでしょう。

次の章からいよいよKnativeを用いたシステム構築を実践します。まずは、Knative Servingの提供する機能を学び、Bookinfoを元にサーバレスのアプリケーションライフサイクルの特徴を理解していきましょう。

# 第3章

# Knative Servingによるアプリケーション管理

それでは、第2章で準備した環境を用いてKnativeを深掘りしていきましょう。本章では、Knative Servingを取り扱います。Knative Servingは、Kubernetesのカスタムリソースとして提供され、宣言的なAPIを用いてサーバレスのアプリケーションライフサイクルを実現するソフトウェアです。特に、アプリケーションをデプロイする際のネットワーク設定の自動化とアプリケーションのデプロイ履歴を踏まえたトラフィック分割、デプロイ後のアプリケーションのオートスケールが特徴です。

本書で使用するサンプルアプリケーションのBookinfoには4つのマイクロサービスが含まれています。これらをKnative Servingを用いてデプロイし、BookinfoのReviewsの3つのバージョンを活用してトラフィック分割の動作を確認します。また、BookinfoへHTTPリクエストの負荷をかけ、オートスケールの挙動を確認し、Knative Servingの実現するサーバレスのアプリケーションライフサイクルを理解しましょう。

# 3-1 Knative Servingのアーキテクチャ概要

Knative Servingは、第1章で解説したサーバレスのアプリケーションライフサイクルを可能にするコンポーネントです。Knative Servingの各機能は、Figure 3-1に示されるカスタムリソース間の連携で実現されます。

Figure 3-1　Knative Servingの主要コンポーネント

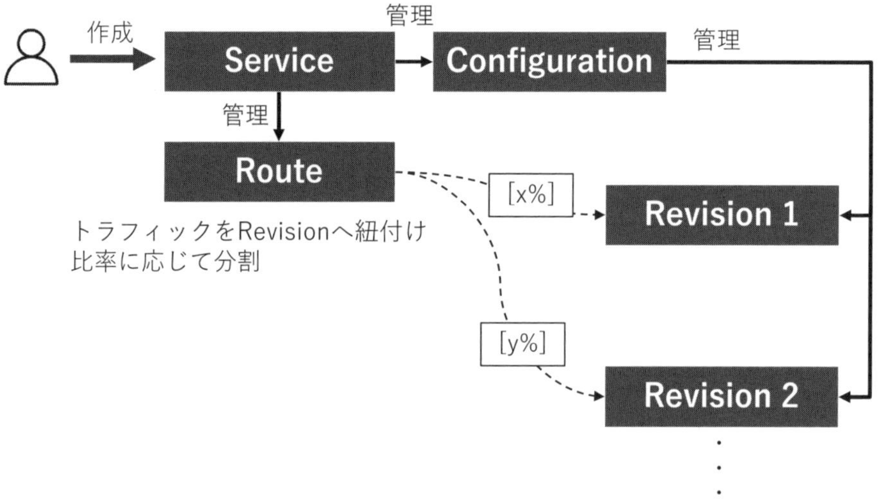

作成
Service
管理
Configuration
管理
管理
Route
[x%]
Revision 1
トラフィックをRevisionへ紐付け
比率に応じて分割
[y%]
Revision 2

- Service

  Serviceは、Knative Servingの最上位のカスタムリソースです。開発者はKnative Serviceの提供するAPIを利用してアプリケーションをデプロイします。

  そして、Serviceのリソースが作成されると自動的に後述のConfigurationやRevision、Routeのリソースが作成されます。

  なお、KnativeのServiceとKubernetesのServiceは名前が同じですが、まったく異なるリソースを表しますので注意してください。以降、KnativeのServiceは「Knative Service」、KubernetesのServiceは「Kubernetes Service」と記載します。

- Configuration

  Configurationは、デプロイするアプリケーションのコンテナイメージやポート番号といった構成情報を管理するカスタムリソースです。Knative Serviceのリソースが作成されるとKnative ServingのコントローラがConfigurationを自動作成します。そして、ConfigurationはRevisionの上位のカスタムリソースとして機能します。

- Revision

Revision は、アプリケーションのデプロイ履歴を管理するカスタムリソースです。

Revision は、Kubernetes の Deployment と Kubernetes Service をパッケージとして管理します。そして、Revision は Immutable（後から変更不可）な性質を持つ点がポイントです。つまり、開発者が Knative Service を更新すると、新たな別の Revision が自動作成され、過去の Revision が変更履歴として残存します。Revision の存在により、開発者はアップデート運用のしやすい単位でアプリケーションを実装することが求められ、Knative Serving を使用すると自然と運用性の高いマイクロサービスの設計を意識することになります。

- Route

Route は Revision のエンドポイント URL と Revision 間のトラフィック比率を管理するカスタムリソースです。開発者は Route のパラメータを調整して、Revision の単位でトラフィック分割を実行します。

ここで、Knative Serving の提供するカスタムリソースとカスタムコントローラを Table 3-1 と Table 3-2 にまとめます。

Table 3-1　Knative Serving のカスタムリソース

| カスタムリソース名 | API リソース名 | 役割 |
| --- | --- | --- |
| Certificate | certificates.networking.internal.knative.dev | TLS 証明書の状態管理 |
| DomainMapping | domainmappings.serving.knative.dev | Knative Service の単位で個別に使用するドメインの管理 |
| ClusterDomainClaim | clusterdomainclaims.networking.internal.knative.dev | DomainMapping が使用するドメインと Namespace の紐付けの管理 |
| Configuration | configurations.serving.knative.dev | アプリケーションのデプロイに必要なコンテナイメージや設定情報などの構成管理 |
| Image | images.caching.internal.knative.dev | Revision がデプロイするコンテナのイメージ情報の管理 |
| Ingress | ingresses.networking.internal.knative.dev | Ingress Gateway の設定の管理 |
| Metric | metrics.autoscaling.internal.knative.dev | オートスケールの実施判断で使用されるメトリクスの収集方法や収集先サービスの管理 |
| PodAutoscaler | podautoscalers.autoscaling.internal.knative.dev | オートスケール機能の設定の管理 |
| Revision | revisions.serving.knative.dev | アプリケーションの変更履歴の管理 |
| Route | routes.serving.knative.dev | アプリケーションの接続先となるエンドポイントと 1 つ以上の Revision との紐付けの管理 |

| | | |
|---|---|---|
| ServerlessService | serverlessservices.networking.internal.knative.dev | Activatorの動作モードの管理 |
| Service | services.serving.knative.dev | Knative Servingのアプリケーションのライフサイクル全般の管理 |

Table 3-2　Knative Servingの各Deploymentの役割

| Deployment名 | 役割 |
|---|---|
| controller | Knative Servingの主要機能を提供するカスタムコントローラ |
| webhook | Knative ServingのAdmission Webhook |
| activator | Podがゼロスケールしている際にHTTPリクエストをバッファし、autoscalerと連携してPodのスケールアウトをハンドリングするプロキシ |
| autoscaler | メトリクスの変化に応じてPodをオートスケールするカスタムコントローラ |
| autoscaler-hpa | Horizontal Pod Autoscaler（HPA）を提供するカスタムコントローラ |
| domain-mapping | カスタムドメインとKnative Serviceをマッピングするカスタムコントローラ |
| domainmapping-webhook | domain-mappingのAdmission Webhook |
| net-kourier-controller | Knative Ingressと連携してIngress Gatewayの設定を生成し、Ingress Gatewayへ設定を反映するIngressコントローラ |
| 3scale-kourier-gateway | Kourierの提供するIngress Gateway |

カスタムコントローラには、カスタムリソースを利用してオートスケールやトラフィック分割を実行するロジックが存在します。このロジックを「Reconciler」と呼び、KubernetesのReconciliationループの中核を担います。

Table 3-2に記載のDeploymentの中で、ControllerがKnative Servingの主要機能を提供するReconcilerです。Controllerに含まれるReconcilerをFigure 3-2に示します。

Figure 3-2　Controllerに含まれるReconciler

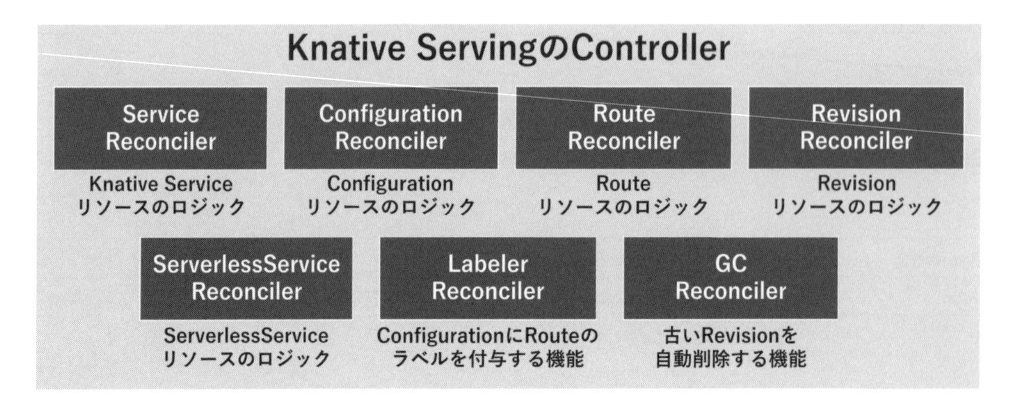

Controllerには、Knative Service、Configuration、Route、RevisionのReconcilerの他、オートスケール時のネットワークエンドポイントの切り替えを行うServerlessService、RouteとConfigurationを紐付けるラベルを管理するLabeler、古いRevisionを自動削除するガベージコレクション(GC)などの、Knative Servingの処理を補助する内部的なReconcilerが含まれます。Figure 3-2に示される以外のKnative Serviceへのドメインの紐付けやオートスケールの判断・実行は、Controllerとは別のカスタムコントローラが担い、Controllerと連携するように実装されています。

# 3-2 Ingress

Knative Servingを利用して外部ネットワークからHTTPリクエストを受信するにはIngressが必要です。KubernetesにもIngressが存在しますが、KnativeのIngressはConfigurationやRevisionといったKnative固有のリソースと連携してネットワーク設定が行えるように機能追加されています。以降より、Knative Servingの提供するIngressを「Knative Ingress」と記載します。Figure 3-3にKnative IngressとIngress Controllerの連携構成を示します。

Figure 3-3　Knative IngressとIngress Controllerの連携構成

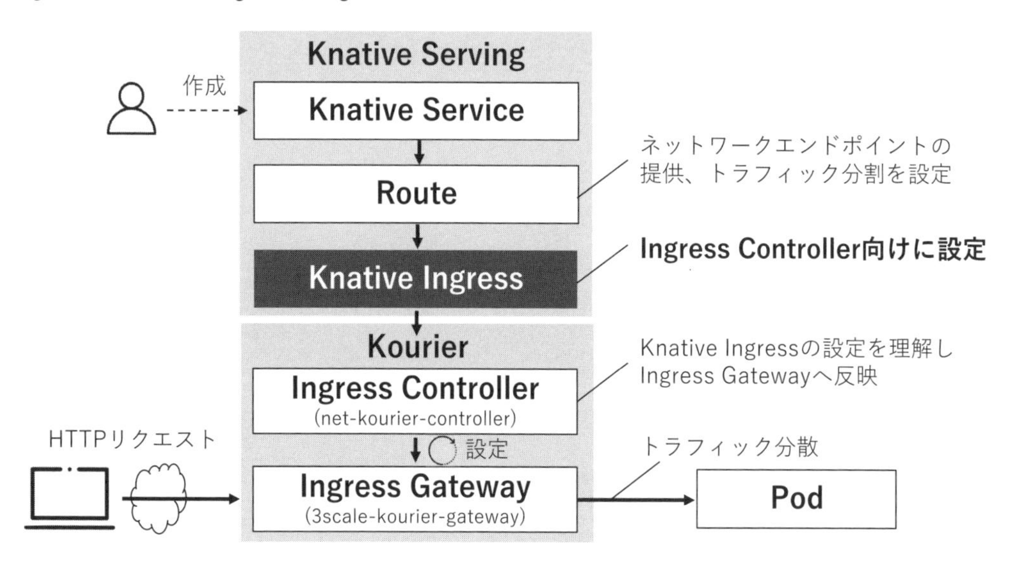


Knative Servingは、Knative Ingressへ宣言された設定値をサードパーティのIngressコントローラを通じて、トラフィック処理を担うIngress Gatewayへ反映する階層構造でネットワークを管理します。Knative ServingとしてIngressコントローラとIngress Gateway自体のソフトウェアは提供されず、

Knative Ingressと連携できるサードパーティのソフトウェアの選択が必要です。以前はIstioの採用が必須でしたが、現在はIstioへ依存しない仕様へ変更され、IngressコントローラとIngress Gatewayのソフトウェアの選択肢が広がりました。

第2章の環境準備にて、Ingress GatewayとしてKourierをデプロイしました。Kourierのコンポーネントは、以下のコマンドの結果が示すDeploymentの「net-kourier-controller」と「3scale-kourier-gateway」、Kubernetes Serviceの「kourier」が該当します。

```
## Ingress コントローラ
$ kubectl get deployment net-kourier-controller -n knative-serving
NAME                     READY   UP-TO-DATE   AVAILABLE
net-kourier-controller   1/1     1            1

## Ingress Gateway
$ kubectl get deployment 3scale-kourier-gateway -n knative-serving
NAME                     READY   UP-TO-DATE   AVAILABLE
3scale-kourier-gateway   1/1     1            1

## 3scale-kourier-gateway の Kubernetes Service
$ kubectl get service kourier -n knative-serving
NAME      TYPE           ... EXTERNAL-IP                           PORT(S)
kourier   LoadBalancer ... ...ap-northeast-1.elb.amazonaws.com   80:32381/TCP,443:30661/TCP
```

Ingress Gatewayのログを出力した状態で、ブラウザを開き、以下のURLへアクセスすると、HTTPのアクセスログが出力されます。

```
http://productpage.bookinfo.<IPアドレス>.sslip.io
```

Knative Servingでは、Ingress Gatewayが外部ネットワークからRevisionへアクセスするためのエンドポイントとなり、Ingress GatewayがRevisionへトラフィックを送信する役割を担います。

```
$ kubectl -n knative-serving logs \
3scale-kourier-gateway-xxxxxxxxxx-yyyyy -f
...
[YYYY-mm-ddThh:mm:ss.ZZZZ] "GET / HTTP/2" 200 ... "productpage.bookinfo.<IPアドレス>.sslip
.io" "<IPアドレス>:8012"
...
```

Knative ServingのサポートするIngressコントローラとIngress Gatewayは以下のとおりです。

## ■ Istio

Istio*1は、2022年9月よりCNCFのインキュベーションプロジェクトとして推進される、サービスメッシュを実現するオープンソースです。サービスメッシュとは、Pod間のトラフィックを制御する機能をアプリケーションのソースコードから分離し、Podへサイドカーコンテナとして挿入されるEnvoyで一括してトラフィックを制御する構成を表します。Istioを利用する場合、Istio自体の運用負担が大きい懸念も存在します。そのため、Knative Servingでは外部接続に使われるIstio Ingress Gatewayの利用が主で、PodへEnvoyを自動挿入するサイドカーインジェクションの利用は必須ではありません。また、Knative ServingでIstioを用いる場合、トラフィックルーティングの管理はKnativeではなく、あくまでIstioのコントロールプレーンが担い、Knative Servingとは別にIstioのカスタムリソースの導入が必要です。

## ■ Kourier

Kourier*2は、レッドハット社が開発を推進するKnative用のIngress Gatewayです。Istioと同様に、データプレーンにEnvoyを使用し、Knative向けに軽量化した実装がされています。Kourierは、レッドハット社の提供するKubernetes製品であるRed Hat OpenShiftの「OpenShift Serverless」を利用する際にレッドハットのサポートのもとで利用可能です。

他のIngress Gatewayと異なり、Knative以外のカスタムリソースを利用する必要がないことから、新たなソフトウェアの導入に伴う運用負担を低減してKnativeを利用できることが期待されます。

## ■ Contour

Contour*3は、HTTPProxyという固有のカスタムリソースを利用して、Istioでは表現しきれない設定を表現できるよう機能拡張したIngress Gatewayです。データプレーンはEnvoyが担います。KnativeでContourを利用する際は、ContourのコントローラがKnative Ingressのリソース変更を監視し、HTTPProxyの設定を自動更新する形で連携します。つまり、Istioと同様に、Knativeとは別にContourのカスタムリソースの導入が必要です。

＊1　https://knative.dev/docs/install/installing-istio/

＊2　https://github.com/knative-sandbox/net-kourier

＊3　https://github.com/knative-sandbox/net-contour

### ■ Ambassador

Ambassador[*4]はEnvoyをデータプレーンとして使用するクラウドネイティブAPIゲートウェイです。Istioや Kourier、Contourと異なり、AmbassadorはIngress Gatewayに特化したソフトウェアです。特に、開発したAPIの仕様や使用方法の検索、APIの試験、バージョン管理、開発者ポータルといったAPIマネージメントの機能を提供し、Knativeを用いて開発したAPIをサービスとして提供するために必要な機能を具備している点が特徴です。

### ■ Gloo

Gloo[*5]は、Solo.ioが開発を推進するクラウドネイティブAPIゲートウェイです。データプレーンはEnvoyが使用されます。Glooは、Ambassadorと同様に、Ingress Gatewayに特化したソフトウェアです。GlooとAmbassadorの違いは、APIゲートウェイとしてのアーキテクチャにあり、Glooは、コントロールプレーンとデータプレーンを分離したアーキテクチャを採用しています。そして、それぞれを個別にスケールアウトできる拡張性の高さと機能配置の柔軟性が強みです。

## 3-2-1 クラスタ共通設定

本書ではIngress GatewayとしてKourierを使用します。第2章の環境準備にて、次のコマンドを実行しKourierを有効化しました。

◎ Kourierの有効化

```
## Knative Servingをインストールします。
$ kn operator install \
--component serving \
-n knative-serving \
-v ${KNATIVE_VERSION} \
--kourier

## Knative Servingのネットワークコンポーネントを有効化します。
$ kn operator enable ingress --kourier -n knative-serving
```

クラスタ管理者がコマンドを実行すると、Knative Servingカスタムリソースの定義内容が変更され、Knative Servingの「config-network」というConfigMapへ設定が伝播します。

---

＊4 https://www.getambassador.io/docs/emissary/latest/howtos/knative/

＊5 https://docs.solo.io/gloo-edge/latest/installation/knative/

```
## Knative Serving カスタムリソースへ Ingress Class の設定が追加されます。
$ kubectl get knativeserving knative-serving -o yaml -n knative-serving
...
  spec:
    ingress:
      contour:
        enabled: false
      istio:
        enabled: false
      kourier:
        enabled: true #Kourierのみtrue
    config:
      network:
        ingress-class: kourier.ingress.networking.knative.dev
...

## Knative Serving カスタムリソースの更新に伴い、ConfigMap へ設定が伝播します。
$ kubectl describe configmap config-network -n knative-serving
Data
====
_example:
----
...
ingress-class:
----
kourier.ingress.networking.knative.dev
```

Ingress Gateway として利用するソフトウェアは Ingress Class で管理されます。Ingress Class を変更することで Kourier 以外の Ingress Gateway を使用することが可能です。

## 3-2-2 Knative Service 毎の設定

クラスタ利用者が Knative Service の単位で Ingress Gateway のソフトウェアを使い分けたいという場合は、Knative Service のマニフェストへ、「networking.knative.dev/ingress-class」のアノテーションを指定します。このアノテーションが付与された Knative Service は、クラスタ共通の Ingress Class が適用されません。ただし、公式ではクラスタ管理者の提供する共通の Ingress Class を使用することが推奨されています。

```
## Knative Service の単位で使用する Ingress Gateway を変更します。
$ kubectl annotate ksvc <Knative Serviceリソース名> networking.knative.dev/\
ingress-class=<Knative Service個別に使用したいIngress Class>
```

Note　Knative の ConfigMap リソースの変更

Knative Operator を用いて Knative Serving や Knative Eventing をインストールした場合、手動でそれぞれのコンポーネントの ConfigMap を変更すると、Knative のバージョンアップのタイミングで ConfigMap が上書きされ、設定消失のリスクが伴います。したがって、ConfigMap を変更したい場合は、直接 ConfigMap を上書きするのではなく、Knative Operator の設定を変更して ConfigMap へ反映するようにしてください。Knative の ConfigMap は、「config-< 設定名 >」の形式で登録され、この設定名が、Knative Serving カスタムリソースや Knative Eventing カスタムリソースの「spec.config」配下のフィールドに対応するようになっています。

# 3-3　ドメインの設定

Knative Serving では、Route が Knative Service のパブリックドメインを管理します。そのドメインの形式は、デフォルトで、「<Route 名 >.<Namespace 名 >.example.com」として構成されます。個別に取得したドメインを利用したい場合、ConfigMap へ設定を反映してクラスタ共通で利用するか、DomainMapping を使用して Knative Service 毎に使用するドメインを指定するか、いずれかの方法が可能です。

## 3-3-1　クラスタ共通設定

クラスタ共通設定は、「config-domain」という ConfigMap で管理されます。ConfigMap へ「< ドメイン名 >:""」の形式で使用するドメインを設定すると、クラスタ共通で使用するパブリックドメインとして反映されます。第 2 章にて Bookinfo へインターネット経由でアクセスするために、sslip.io の提供する DNS のドメインを Knative Serving へ設定しました。ConfigMap の設定内容を確認しましょう。

◎　ドメインのクラスタ共通設定

```
## 現在の ConfigMap の設定内容
$ kubectl describe configmap config-domain -n knative-serving
...
Data
====
<IPアドレス>.sslip.io:
----
...
```

## 3-3-2 Knative Service 毎の設定

クラスタ利用者がKnative Service毎に個別のドメインを利用したい場合は、Knative Serviceの単位で、DomainMappingを設定します。ここでは、Productpageへ新たに「productpage.bookinfo.impress.org」というドメインを追加する例を示します。

まずDomainMappingを設定する前に、「ClusterDomainClaim」を作成します。ClusterDomainClaimは、DomainMappingの指定対象をKnative ServiceとNamespaceへ紐付けるカスタムリソースです。

次の手順では、DomainMappingの作成に応じてClusterDomainClaimを自動作成するように設定します。

◎ ClusterDomainClaim の自動作成ポリシーを有効化

```
## Knative Serving カスタムリソースへ設定を追加します。
$ kubectl edit knativeserving knative-serving -n knative-serving
...
  spec:
    config:
      network:
        autocreate-cluster-domain-claims: "true" #この行を追加
...

## ConfigMap へ設定が反映されます。
$ kubectl describe configmap config-network -n knative-serving
...
Data
====
...
autocreate-cluster-domain-claims:
----
true
...
```

次に、DomainMappingを作成します。「kn domain create」コマンドを実行し、作成するDomainMapping名と、紐付けたいKnative Service、Namespaceの組み合わせを指定します。

◎ DomainMapping の作成

```
## DomainMapping の作成
$ kn domain create productpage.bookinfo.impress.org \
--ref productpage \
--namespace bookinfo
```

```
## DomainMapping が作成されたことを確認します。
$ kn domain list -n bookinfo
NAME                                URL                                         KSVC
productpage.bookinfo.impress.org http://productpage.bookinfo.impress.org productpage

## ClusterDomainClaim も自動作成されます。
$ kubectl get clusterdomainclaim -n bookinfo
NAME
productpage.bookinfo.impress.org
```

DomainMappingが作成されたら設定したドメインでBookinfoへ接続可能かテストしましょう。DomainMappingとして追加した「productpage.bookinfo.impress.org」をHTTPのHostヘッダへ設定し、BookinfoへHTTPリクエストすると、トップ画面のHTMLが出力されます。

```
## sslip.io のドメインから Productpage の IP アドレスを確認します。
$ dig productpage.bookinfo.<IPアドレス>.sslip.io
...
;; ANSWER SECTION:
productpage.bookinfo.<IPアドレス>.sslip.io. 604800 IN A <IPアドレス>

## 設定したドメインで Bookinfo へアクセスできることを確認します。
$ curl -H 'Host:productpage.bookinfo.impress.org' http://<IPアドレス>
<!DOCTYPE html>
<html>
  <head>
    <title>Simple Bookstore App</title>
...
```

このようにDomainMappingを利用することで、Knative Service毎に固有のドメインを紐付け、利用することが可能です。

次の演習のために、追加したDomainMappingのリソースを削除しましょう。

```
## 追加したドメインを削除します。
$ kn domain delete productpage.bookinfo.impress.org -n bookinfo
```

# 3-4 autoTLS

Knative Servingは、Kubernetes上でTLS証明書を管理するカスタムリソースの「Cert Manager」がインストールされた環境下で、「autoTLS」という機能を提供しTLS証明書の自動取得をサポートします。デフォルトで、Let's Encryptの認証局（CA）を使用でき、ACMEプロトコルによりCAから証明書の取得が可能です。ただし、Let's Encryptが発行する証明書の有効期間は90日間のため注意してください。

なお、本書でインストールするCert Managerのバージョンは本書執筆時点で最新のv1.11.0です[*6]。

## 3-4-1 Cert Managerのインストール

まずは、Cert Managerをインストールします。

◎ Cert Managerのインストール

```
## Cert Manager をインストールします。
$ export CERT_VERSION=v1.11.0
$ kubectl apply -f \
https://github.com/cert-manager/cert-manager/releases/download/\
${CERT_VERSION}/cert-manager.yaml
...

## Pod が Running となることを確認します。
$ kubectl get pods -n cert-manager
NAME                                      STATUS
cert-manager-84bc577876-vt7dv             Running
cert-manager-cainjector-99d4695d7-rjppv   Running
cert-manager-webhook-7bff7c658f-wcd8c     Running
```

TLS証明書の自動取得は、DNS-01チャレンジモードとHTTP-01チャレンジモードの2つのモードが存在します（Figure 3-4）。

DNS-01チャレンジモードは、使用したいドメインのDNSサーバが利用者の制御配下にあることを証明するモードです。Let's EncryptがACMEクライアントにトークンを与え、ACMEクライアントがそのトークンからアカウントキーを生成し、DNSサーバへTXTレコードを設定します。Let's EncryptがDNSサーバにそのTXTレコードの存在を確認することで、ACMEクライアントがDNSサーバの管理下にあることが証明され、TLS証明書を発行します。

一方、HTTP-01チャレンジモードは、Webサーバの制御をCAに証明することでTLS証明書を発行

＊6　https://cert-manager.io/docs/installation/

するモードです。ACMEクライアントがLet's Encryptの発行したトークンを以下のURLパスへ配置し、Let's EncryptがそのURLへトークンを取得することでTLS証明書を発行します。

```
http://<使用するドメイン>/.well-known/acme-challenge/<TOKEN>
```

Figure 3-4　DNS-01チャレンジとHTTP-01チャレンジ

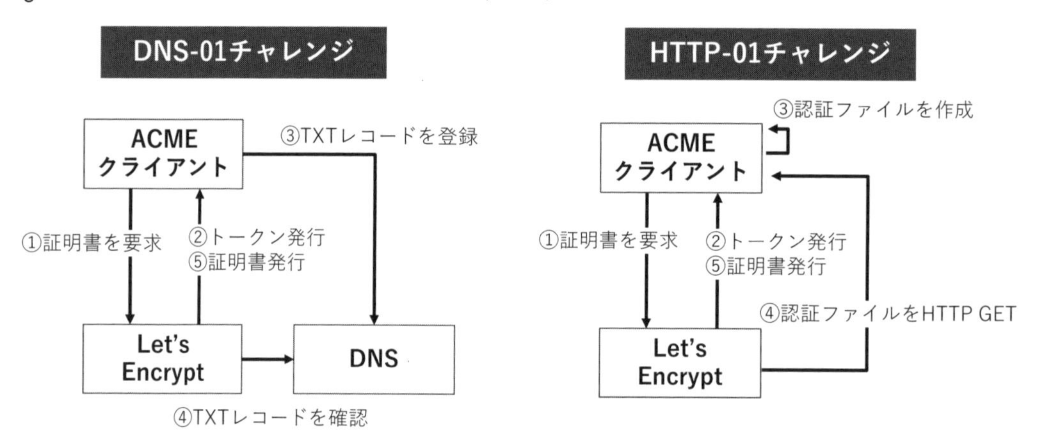


本書では、HTTP-01チャレンジモードを使用して設定を進めます。外部接続するIngress Gatewayを介して、ACMEクライアントがLet's Encryptとトークンをやり取りできるように、Cert ManagerのClusterIssuerリソースを作成します。

◎　ClusterIssuerの作成

```
## ClusterIssuerをapplyします。
$ cat <<EOF | kubectl apply -f -
apiVersion: cert-manager.io/v1
kind: ClusterIssuer
metadata:
  name: letsencrypt-http01-issuer
  namespace: bookinfo
spec:
  acme:
    privateKeySecretRef:
      name: letsencrypt
    server: https://acme-v02.api.letsencrypt.org/directory
    solvers:
    - http01:
        ingress:
```

```
        class: kourier.ingress.networking.knative.dev
    # ↑ Ingress Class へ kourier.ingress.networking.knative.dev を指定してください。

EOF

## ClusterIssuer が作成されたことを確認します。
$ kubectl get clusterissuer -n bookinfo
NAME                            READY
letsencrypt-http01-issuer       True
```

## 3-4-2 autoTLS の有効化

autoTLS を使用するには Knative Serving のサンドボックスプロジェクトで開発される「net-certmanager」が必要です。net-certmanager は、Knative Serving の Certificate リソースを通じて、Cert Manager の取得した TLS 証明書の状態を管理するカスタムコントローラです。インストールした Knative のバージョンに合わせて net-certmanager をインストールしてください。

◎　net-certmanager のインストール

```
## Knative Serving のバージョンを環境変数へ格納します。
$ export KNATIVE_VERSION=$(kubectl get knativeserving knative-serving \
-n knative-serving -o jsonpath={.items[*].status.version})

## Knative Serving のバージョンを指定して net-certmanager のマニフェストを apply します。
$ kubectl apply -f \
https://github.com/knative/net-certmanager/releases/download/\
knative-v${KNATIVE_VERSION}/release.yaml
...

## net-certmanager の Pod が起動していることを確認します。
$ kubectl get pods -n knative-serving | grep net-certmanager
net-certmanager-controller-6b66486985-4lp75   Running
net-certmanager-webhook-5cdd868b6b-k9h8q      Running
```

続いて、「config-certmanager」という ConfigMap を修正し、作成した Cert Manager の ClusterIssuer を指定します。config-certmanager は Knative Operator の管理の対象外のため、直接 ConfigMap を編集します。

◎ net-certmanager の設定

```
## ConfigMap を編集し、作成した ClusterIssuer を指定します。
$ kubectl edit configmap config-certmanager -n knative-serving
...
data:
  issuerRef: |
    kind: ClusterIssuer
    name: letsencrypt-http01-issuer
...

## 作成した ClusterIssuer が指定されていることを確認します。
$ kubectl describe configmap config-certmanager -n knative-serving
...
Data
====
issuerRef:
----
kind: ClusterIssuer
name: letsencrypt-http01-issuer
...

## Ready 状態であることを確認します。
$ kubectl get clusterissuer letsencrypt-http01-issuer -n bookinfo -o yaml
...
  status:
    acme:
      uri: https://acme-v02.api.letsencrypt.org/acme/acct/801248822
    conditions:
...
      message: The ACME account was registered with the ACME server
      observedGeneration: 1
      reason: ACMEAccountRegistered
      status: "True"
      type: Ready
...
```

最後に、Knative Serving リソースの設定を変更し、autoTLS を有効化します。

```
## Knative Serving リソースの設定を変更します。
## [+] の箇所を追加します。
$ kubectl edit knativeserving knative-serving -n knative-serving
...
spec:
  config:
    network:
[+]   auto-tls: Enabled
```

```
[+]   http-protocol: Enabled
...

## ConfigMap へ変更した設定が伝播していることを確認します。
$ kubectl describe configmap config-network -n knative-serving
...
http-protocol:
----
Enabled
...
auto-tls:
----
Enabled
...
```

「http-protocol: Enabled」のパラメータは、アプリケーションへのHTTPアクセスを許可するかどうかを表す設定です。デフォルトは「許可」されています（http-protocol: Enabled）。HTTPアクセスを拒否し、HTTPSアクセスのみに制限したい場合は、「http-protocol: Redirected」を指定することで、HTTPリクエスト発生時にHTTPSのURLへリダイレクトします。本書では、デフォルト設定を採用します。

ここまでの設定で、BookinfoのURLを確認すると、ProductpageのURLがHTTPSへ変化します。ブラウザを開き、HTTPSでアクセスできることを確認しましょう（Figure 3-5）。

```
## Productpage の URL のプロトコルが https に変わります。
$ kn service list -n bookinfo
NAME          URL
...
productpage   https://productpage.bookinfo.<IPアドレス>.sslip.io
```

Figure 3-5　Bookinfo へ HTTPS 接続

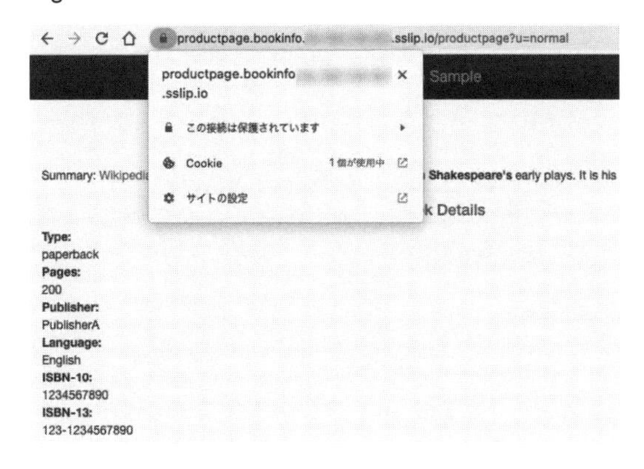

# 3-5 Knative Serviceの作成

それでは、いよいよ本題です。本節からKnative Servingを用いたサーバレスのアプリケーションライフサイクルを学びます。本節を読み進める前に、第2章の最後でデプロイしたBookinfoの各Knative Serviceを、以下のコマンドで一旦すべて削除してください。

```
## ここまでの演習でデプロイしたBookinfoをすべて削除します。
$ kn service delete productpage details ratings reviews -n bookinfo
$ kn service list -n bookinfo
No services found.
```

## 3-5-1 Knative CLIの利用

Knative CLIを使用すると1回のコマンドの実行でアプリケーションのデプロイが完結します。まずは、Knative CLIを用いてProductpageをデプロイしましょう。

◎ Knative CLIを用いたProductpageのデプロイ

```
## Productpageを作成します。
## コマンド形式：kn service create <Knative Service名> \
## --namespace <Namespace名> \
## --image <コンテナレジストリのパス> \
## --pull-secret <コンテナレジストリのSecret> \
## --port <Knative Serviceのポート番号>
## --env <環境変数名=値のキー/バリューペア>

$ kn service create productpage \
--namespace bookinfo \
--image registry.gitlab.com/${GITLAB_USER}/knative-bookinfo/productpage:v1 \
--pull-secret registry-token \
--port 9080 \
--env SERVICES_PORT=80 \
--env DETAILS_HOSTNAME=details.bookinfo.svc.cluster.local \
--env REVIEWS_HOSTNAME=reviews.bookinfo.svc.cluster.local \
--env RATINGS_HOSTNAME=ratings.bookinfo.svc.cluster.local

## ProductpageのURLを確認
$ kn service list -n bookinfo
NAME          URL                                            LATEST ...
productpage   https://productpage.bookinfo.<IPアドレス>.sslip.io   productpage-00001 ...
```

```
## インターネット経由で Productpage へアクセスできることを確認します。
$ curl https://productpage.bookinfo.<IPアドレス>.sslip.io
<!DOCTYPE html>
<html>
  <head>
    <title>Simple Bookstore App</title>
...
```

このように「kn service create」コマンドの実行のみでアプリケーションの起動とネットワーク公開が完了し、簡単にアプリケーションをデプロイできることが分かります。

## 3-5-2 マニフェストの利用

Knative CLI を利用する以外に、マニフェストを apply してアプリケーションをデプロイすることも、もちろん可能です。Knative が Kubernetes を抽象化することで、Knative Service のマニフェストは Kubernetes のマニフェストよりも少ない行数で記述できます。Kubernetes のマニフェストでアプリケーションをデプロイする場合は少なくとも Deployment と Kubernetes Service のマニフェストが必要です。Knative Service を利用した方が Kubernetes 単体よりもマニフェストの管理性を向上できます。

Knative Serving と Kubernetes のマニフェストの比較を Figure 3-6 に示します。

Figure 3-6　Kubernetes のマニフェストと Knative Serving のマニフェストの比較

Kubernetes

```
apiVersion: apps/v1
kind: Deployment
metadata:
  name: productpage
spec:
  selector:
    matchLabels:
      app: productpage
  replicas: 1
  template:
    metadata:
      labels:
        app: productpage
    spec:
      containers:
      - name: user-container
        image: …/productpage:v1
        ports:
        - containerPort: 9080
```

```
---
apiVersion: v1
kind: Service
metadata:
  name: productpage-svc
  labels:
    app: productpage
spec:
  ports:
  - port: 9080
    protocol: TCP
  selector:
    app: productpage
```

Knative Serving

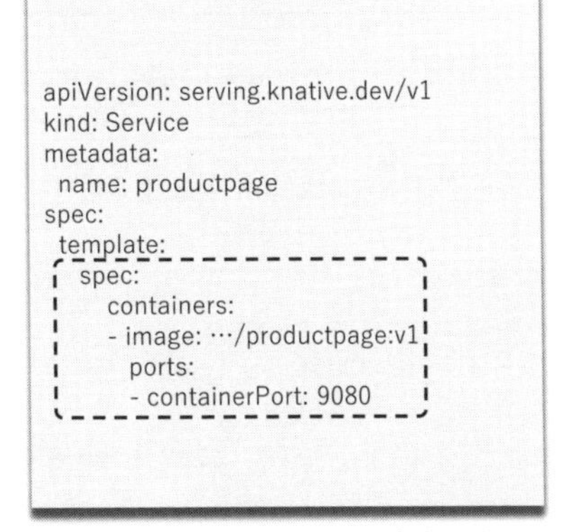


KubernetesのDeploymentとServiceに関する内容をコンパクトに記述できる

Bookinfo のマニフェストは演習用の Git リポジトリに格納されています。マニフェストを用いて Productpage をデプロイしましょう。

◎　Bookinfo のマニフェスト

```
## 第2章でクローンした Git リポジトリに格納されるサンプルマニフェストを使用して Bookinfo をデプロイします。
$ export GITLAB_USER=<GitLabのユーザ名>
$ export IMAGE_REVISION=v1
$ cat knative-bookinfo/manifest/serving/bookinfo/productpage.yaml | \
envsubst | kubectl apply -f -

$ kn service list -n bookinfo
NAME          URL                                                    ...
productpage   https://productpage.bookinfo.<IPアドレス>.sslip.io    ...
```

## 3-5-3　プライベートアクセスとパブリックアクセス

Knative Serving でデプロイされたアプリケーションは、デフォルトでパブリックアクセスが有効化されます。インターネットを介さずに Kubernetes クラスタ内部のドメインを使用し同一クラスタ内のアプリケーションを連携させたい場合、Knative Service を作成する際にプライベートアクセスを有効化します。

第2章にて Productpage 以外のサービスを、--cluster-local というオプション付きでデプロイしました。「cluster-local」オプションは、Knative Service を内部ドメインで公開するオプションです。このオプションを用いると、Knative Service の URL が以下の形式で設定されます。

```
<Route名>.<Namespace名>.svc.cluster.local
```

テストのため、cluster-local オプションを付与せずに Details を再度デプロイしてみましょう。

```
## Details が存在しないことを確認します。
$ kn service list -n bookinfo
NAME          URL                                                    ...
productpage   https://productpage.bookinfo.<IPアドレス>.sslip.io    ...

## cluster-local オプションなしで Details をデプロイします。
$ kn service create details \
--namespace bookinfo \
```

```
--image registry.gitlab.com/${GITLAB_USER}/knative-bookinfo/details:v1 \
--pull-secret registry-token \
--port 9080 \
--scale-init 1 --scale-min 1 \
--service-account knative-deployer
...

Service 'details' created to latest revision 'details-00001' is available at URL:
http://details.bookinfo.<IPアドレス>.sslip.io
```

Details のドメインが Productpage と同様に、sslip.io を用いたドメインへ変わりました。

```
$ kn service list -n bookinfo
NAME          URL                                                   ...
details       https://details.bookinfo.<IPアドレス>.sslip.io         ...
productpage   https://productpage.bookinfo.<IPアドレス>.sslip.io     ...
```

curl コマンドを用いて Details へインターネット経由でアクセスすると、書籍の詳細情報が JSON 形式で返却されます。

```
## Details へインターネット経由でアクセスします。
$ curl https://details.bookinfo.<IPアドレス>.sslip.io/details/0
{"id":0,"author":"William Shakespeare","year":1595,"type":"paperback","pages":200,"publish
er":"PublisherA","language":"English","ISBN-10":"1234567890","ISBN-13":"123-1234567890"}
```

プライベートアクセスの有効化は、kn コマンドだけではなくマニフェストへラベルを付与して apply する方法でも可能です。Knative Serving では、Knative Service、Route、Kubernetes Service のいずれかに、「networking.knative.dev/visibility=cluster-local」というラベルが付与されると、そのリソースをプライベートアクセスとみなします。

以下のコマンドを実行すると、Productpage はラベルがなく、Details にラベルが付与されていることが分かります。「kn service create」コマンドで「cluster-local」オプションを付与し Knative Service を作成すると、Knative Service のマニフェストへ自動的にラベルが付与されます。

```
## Details をいったん削除します。
$ kn service delete details -n bookinfo

## cluster-local オプション付きで Details をデプロイします。
```

```
$ kn service create details \
--namespace bookinfo \
--image registry.gitlab.com/${GITLAB_USER}/knative-bookinfo/details:v1 \
--pull-secret registry-token \
--port 9080 \
--scale-init 1 --scale-min 1 \
--service-account knative-deployer \
--cluster-local

## プライベートアクセスが有効化されているKnative Serviceには所定のラベルが付与されます。
$ kubectl get ksvc --show-labels -n bookinfo
NAME          ... LABELS
details       ... networking.knative.dev/visibility=cluster-local
productpage   ... <none>
```

## 3-5-4 Knative Service作成時の挙動

Knative Servingの各カスタムリソースとKubernetesの関係性はFigure 3-7に示される階層構造で構成されています。

Figure 3-7 Knative ServingとKubernetesのリソースの管理構造

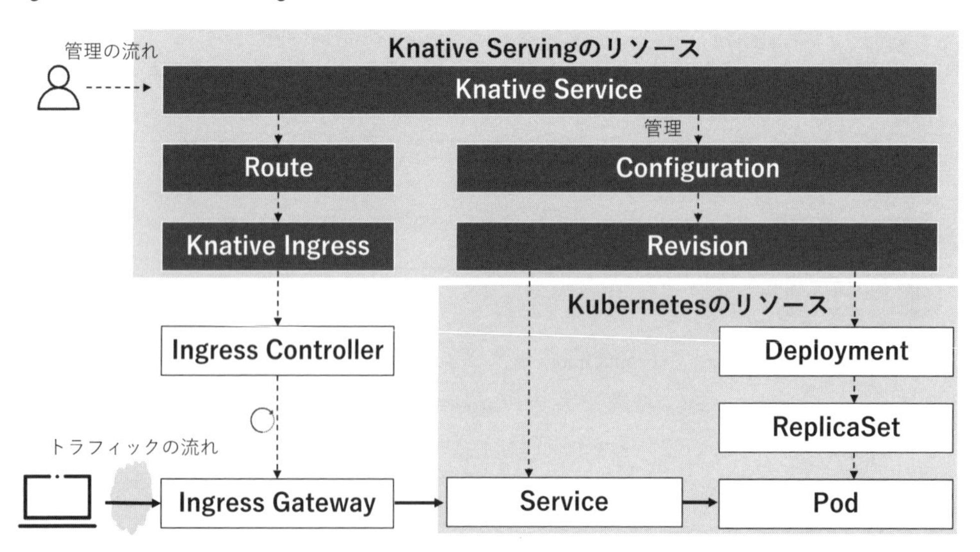


Knative ServingのController上で実行されるReconcilerは、Knative Serviceのリソースの定義状況を監視します。そして、リソースの作成を検知し、自動的に他の必要なリソースを順次作成していきま

す。本節にて、Knative Service 作成後の、Controller によるリソース作成の流れを確認しましょう。以下のコマンドを実行し、Knative Service 作成時の Controller のログを追跡してください。

◎ Knative Service 作成時の Controller のログ

```
$ export PODNAME=$(kubectl get pods \
-n knative-serving \
-l app.kubernetes.io/component=controller \
-o jsonpath='{.items[*].metadata.name}')

$ kubectl logs ${PODNAME} -n knative-serving -f | awk -F, '{print $5}'
...
"message":"Event(v1.ObjectReference{Kind:\Service\" …①
...
"message":"Marking bad traffic target: Configuration \"productpage\" not ready …②
...
"message":"Created Revision: &v1.Revision{TypeMeta:v1.TypeMeta{Kind:\"\" …③
...
"message":"Created deployment \"productpage-00001-deployment\"" …④
...
"message":"Created image cache \"productpage-00001-cache-user-container\"" …⑤
...
"message":"Created PA: productpage-00001" …⑥
...
"message":"Created private K8s service: productpage-00001-private" …⑦
...
"message":"Created public K8s service: productpage-00001" …⑧
...
"message":"SKS is in Proxy mode; has 1 endpoints in productpage-00001-private; 1 activator
 endpoints" …⑨
"message":"Revision \"productpage-00001\" of configuration is ready"
"message":"All referred targets are routable
...
"message":"Creating placeholder k8s services" …⑩
"message":"Created service productpage"
...
```

◎ Knative Service 作成時の Ingress コントローラの挙動

```
$ export PODNAME=$(kubectl get pods \
-n knative-serving \
-l app=net-kourier-controller \
-o jsonpath='{.items[*].metadata.name}')

$ kubectl logs ${PODNAME} -n knative-serving -f | \
```

```
awk -F, '{print $5}'
...
"message":"Updating Ingress" …⑪
"message":"Event(v1.ObjectReference{Kind:\"Ingress\"
"message":"Queuing probe for http://productpage.bookinfo/
"message":"Queuing probe for http://productpage.bookinfo.svc/
"message":"Queuing probe for http://productpage.bookinfo.svc.cluster.local/
"message":"Queuing probe for http://productpage.bookinfo.<IPアドレス>.sslip.io/
...
```

出力されたログを時系列順に確認すると、Figure 3-8 の流れでリソースが作成されていることが分かります。

Figure 3-8　リソース作成の流れ

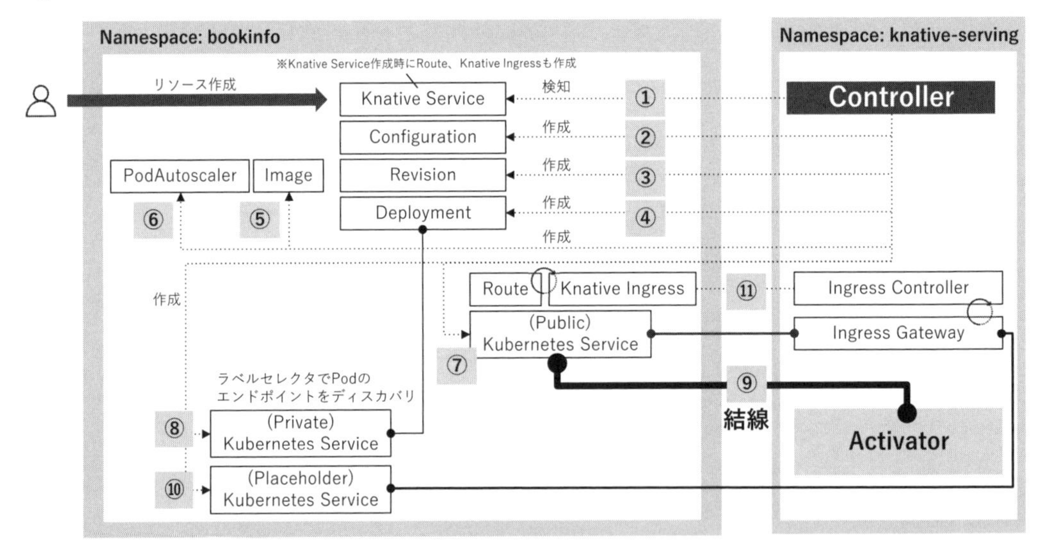


◎ リソース作成の流れ

① Controller が Knative Service の作成を検知します。
② Configuration が作成されますが、トラフィック送信先が存在せず、Not Ready の状態となります。
③ Revision が作成されます。
④ Deployment が作成されます。
⑤ Image にコンテナイメージの情報をキャッシュします。
⑥ PodAutoscaler(PA) が作成されます。
⑦ Private Kubernetes Service（productpage-00001-private）が作成されます。

⑧ Public Kubernetes Service（productpage-00001）が作成されます。

⑨ ServerlessService が Activator を Proxy モードとして動作します（詳細は「3-9　オートスケール発生時のデータ処理」参照）。また、Private Kubernetes Service を通じてアプリケーションが正常に起動したことを確認します。

⑩ アプリケーションがクラスタ内のドメイン（cluster.local）で通信する際に使用される ExternalName タイプの Placeholder Kubernetes Service（productpage）が作成されます。

⑪ Route を通じて Knative Ingress を更新します。

②から⑧と⑩は Controller によるリソース作成の流れを表します。Configuration、Revision、Deployment が順次作成され、Kubernetes Service として Revision 名の末尾に「-private」の付与された「Private Kubernetes Service」と、末尾に何も付与されていない「Public Kubernetes Service」が定義されます。単一の Deployment に対し複数の Kubernetes Service が作成され、構成が複雑に感じるかもしれません。参考として、Productpage デプロイ時点のネットワーク構成を Figure 3-9 に示します。

Figure 3-9　Productpage デプロイ時点のネットワーク構成

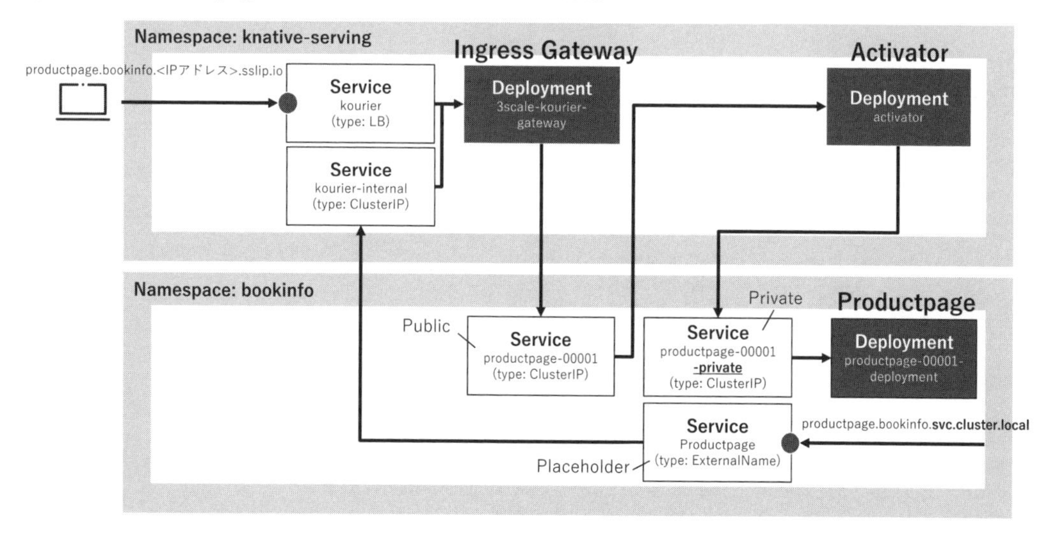


Knative Serving のネットワーク構成の特徴は、Ingress Gateway と Productpage との間に「Activator」が挿入されたネットワーク構成となる「場合がある」点です。Activator は Pod への HTTP リクエストをキューとして保持する役割で使用されます。⑨ のログに出力される「ServerlessService」が Activator の動作モードを管理し、一定の条件下で Activator を Ingress Gateway と Pod の間に挟む構成へ設定します。この動作はオートスケールに関するもので、詳細は「3-9　オートスケール発生時のデータ処理」にて解説します。

作成される各 Kubernetes Service の役割は、Public Kubernetes Service がアプリケーション接続用途、Private Kubernetes Service がアプリケーションの内部管理用途です。そして、Placeholder Kubernetes Service は ExternalName として Ingress Gateway の Kubernetes Service である「kourier-internal」が指定され、アプリケーションのクラスタ内ドメイン（末尾が「svc.cluster.local」）宛のリクエストを Ingress Gateway へ中継する用途で使用されます。

◎ 作成される Kubernetes Service

```
$ kubectl get service -n bookinfo
NAME                        TYPE          CLUSTER-IP  EXTERNAL-IP          PORT(S)
productpage                 ExternalName  <none>      kourier-internal...  80/TCP
productpage-00001           ClusterIP     10....      <none>               80/TCP,443/TCP
productpage-00001-private   ClusterIP     10....      <none>               80/TCP...8012/TCP
```

Controller は、⑨にて、Private Kubernetes Service を通じてアプリケーションが正常起動したことを把握します。そして、⑪の Knative Ingress のリソース定義内容の更新をもって、アプリケーションのデプロイが完了します。

## ■ Bookinfo の再デプロイ

次の演習のために Bookinfo を再デプロイしましょう。

```
$ export GITLAB_USER=<GitLabのユーザ名>
$ export IMAGE_REVISION=v1
$ cat knative-bookinfo/manifest/serving/bookinfo/* | envsubst | kubectl apply -f -

## Bookinfo の 4 つのマイクロサービスが起動します。
$ kn service list -n bookinfo
NAME         URL                                                 ... READY
details      http://details.bookinfo.svc.cluster.local           ... True
productpage  https://productpage.bookinfo.<IPアドレス>.sslip.io  ... True
ratings      http://ratings.bookinfo.svc.cluster.local           ... True
reviews      http://reviews.bookinfo.svc.cluster.local           ... True
```

Productpage の URL へアクセスすると、書籍の詳細情報とレビューが表示され、レビューの星が表示されないことを確認してください（Figure 3-10）。

Figure 3-10　Bookinfo の GUI の状態

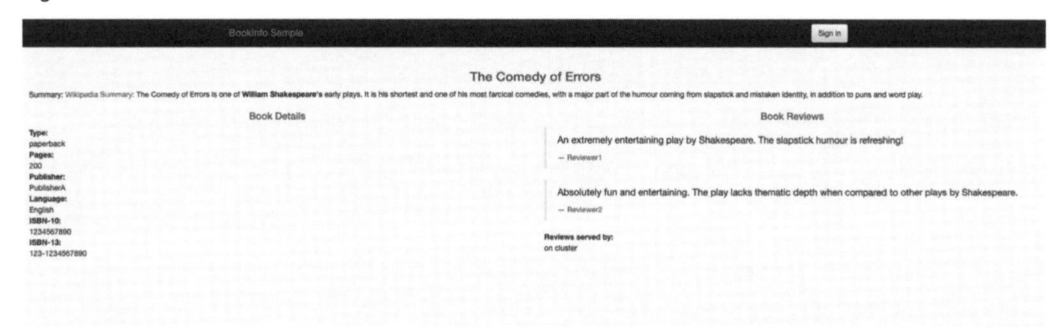


# 3-6　Knative Service の更新

Knative Service を更新するには、kn service update <Knative Service 名> コマンドを実行し、オプションで更新箇所を指定します。例として次のコマンドを実行し、Reviews を v1 から v2 へ更新しましょう。

◎　Reviews の更新

```
## Reviews を v1 から v2 へ更新します。
$ kn service update reviews \
--image registry.gitlab.com/${GITLAB_USER}/knative-bookinfo/reviews:v2 \
-n bookinfo
...
Service 'reviews' updated to latest revision 'reviews-00002' is available at URL:
http://reviews.bookinfo.svc.cluster.local
```

Knative Service の状態を確認すると、Reviews の「LATEST」列が reviews-00002 へ変化しました。Revision は reviews-00001 と reviews-00002 の 2 つが存在し、reviews-00002 の「TRAFFIC」列が 100%と表示されています。

```
## reviews-00002 Revision が LATEST として設定されています。
$ kn service list reviews -n bookinfo
NAME    URL                                        LATEST ...
reviews http://reviews.bookinfo.svc.cluster.local  reviews-00002 ...

## reviews の Revision は、reviews-00001 と reviews-00002 の 2 つが作成され、reviews-00002 の TRAFFIC が 100%へ変化しました。
$ kn revision list -n bookinfo
NAME             SERVICE  TRAFFIC   TAGS   GENERATION  CONDITIONS   READY
...
```

```
reviews-00002   reviews  100%              2           4 OK / 4     True
reviews-00001   reviews                    1           3 OK / 4     True
```

Deploymentの状態を確認すると、reviews-00001-deploymentとreviews-00002-deploymentの2つのDeploymentが存在します。そして、reviews-00002-deploymentのPodのみレプリカ数が1で設定されていることが分かります。

```
$ kubectl get deployment -n bookinfo
NAME                       READY   UP-TO-DATE  AVAILABLE
...
reviews-00001-deployment  0/0     0           0
reviews-00002-deployment  1/1     1           1
```

ここで、reviews-00002のRevisionを削除してみましょう。reviews-00002のRevisionが自動で再作成されるはずです。一方、トラフィックを受け入れていないreviews-00001のRevisionを削除すると、reviews-00002と異なり再作成されません。

```
## トラフィックが100%送信されているRevisionを削除します。
$ kn revision delete reviews-00002 -n bookinfo

## 削除したreviews-00002が再作成されます。
$ kn revision list -n bookinfo
NAME            SERVICE  TRAFFIC   TAGS   GENERATION  CONDITIONS   READY
...
reviews-00002   reviews  100%             2           4 OK / 4     True
reviews-00001   reviews                   1           3 OK / 4     True

## トラフィックが送信されていないreviews-00001を削除します。
$ kn revision delete reviews-00001 -n bookinfo

## reviews-00002と異なり、reviews-00001は再作成されません。
$ kn revision list -n bookinfo
NAME            SERVICE  TRAFFIC   TAGS   GENERATION  CONDITIONS   READY
...
reviews-00002   reviews  100%             2           4 OK / 4     True
```

このように、Knative Serviceの更新は、新規作成されたRevisionへのトラフィック切り替えにより行われます。トラフィックが送信されていないRevisionは履歴として残存し、古いRevisionへトラフィックを切り替えることで容易にロールバックすることも可能です。なお、トラフィック切り替え動作のデフォルトは、後述の「ブルーグリーンデプロイメント」です。つまり、新しく作成されたRevision

へ 100%のトラフィックが送信されます。

Knative Service が更新されるたびに、Revision 名の末尾の数字はインクリメントします。アプリケーションの更新頻度が多くなると、Revision 名だけでは、どの Revision がどのバージョンのアプリケーションを表しているのか判別が難しくなります。そのため、Revision へタグを付与して管理するように習慣づけましょう。

◎ Revision へのタグ付け

```
## reviews-00002 へ v2 というタグを付与します。
$ kn service update reviews --tag=reviews-00002=v2 -n bookinfo
Updating Service 'reviews' in namespace 'bookinfo':
...
Service 'reviews' with latest revision 'reviews-00002' (unchanged) is available at URL:
http://reviews.bookinfo.svc.cluster.local

## reviews-00002 へタグが付与されました。
$ kn revision list -n bookinfo
NAME            SERVICE  TRAFFIC   TAGS   GENERATION  CONDITIONS   READY
...
reviews-00002   reviews  100%      v2     2           4 OK / 4     True
```

## 3-6-1 Revision のガベージコレクション（GC）

Knative Serving を用いたアプリケーションの運用では、Revision の適切な管理が求められます。しかし、アプリケーションの更新頻度が高まると、多くの Revision が残存し、管理が煩雑化します。そこで Knative Serving は、未使用の Revision を自動的にクリーンアップする**ガベージコレクション**という機能を提供しています。

ガベージコレクションの設定はデフォルトで有効です。クラスタ利用者は、Revision のマニフェストのアノテーションへ「serving.knative.dev/no-gc: "true"」を付与することで、対象の Revision のガベージコレクションを無効化することができます。

```
$ kubectl edit revision <Revision名> -n bookinfo
apiVersion: serving.knative.dev/v1
kind: Revision
metadata:
  annotations:
    serving.knative.dev/no-gc: "true"
```

一方、クラスタ管理者は、クラスタ上のすべてのRevisionに対して、クラスタ共通のガベージコレクションの設定が可能です。設定は「config-gc」というConfigMapで管理され、Table 3-3に示される4つのパラメータを指定できます。

Table 3-3　ガベージコレクションのパラメータ

| パラメータ | 設定内容 |
|---|---|
| retain-since-create-time | Revisionが作成されてからガベージコレクションの対象と判断されるまでの経過時間（デフォルト: 48時間） |
| retain-since-last-active-time | Revisionが最後にアクティブになってから、ガベージコレクションの対象と判断されるまでの経過時間（デフォルト: 15時間） |
| min-non-active-revisions | 非アクティブなRevisionの最小保持数（デフォルト:20） |
| max-non-active-revisions | 非アクティブなRevisionの最大保持数（デフォルト:1000） |

たとえば、次のとおりガベージコレクションの設定を行うと、ガベージコレクションの設定が反映されて以降に作成されたRevisionを対象に、未使用のRevisionは直ちに削除されます。

```
$ kubectl edit knativeserving knative-serving -n knative-serving
...
spec:
  config:
    gc:
      min-non-active-revisions: "0"
      max-non-active-revisions: "0"
      retain-since-create-time: "disabled"
      retain-since-last-active-time: "disabled"
...
```

◎　ガベージコレクションの動作確認

```
## 現状はreviews-00002（Reviews v2）のみが存在します。
$ kn revision list -n bookinfo
NAME            SERVICE  TRAFFIC   TAGS   GENERATION  CONDITIONS   READY
...
reviews-00002   reviews  100%      v2     2           4 OK / 4     True

## Reviews（v3）をデプロイします。
$ kn service update reviews \
--image registry.gitlab.com/${GITLAB_USER}/knative-bookinfo/reviews:v3 \
-n bookinfo

## reviews-00002はガベージコレクションの設定変更前にデプロイされたRevisionのため削除されません。
```

```
$ kn revision list -n bookinfo
NAME            SERVICE  TRAFFIC   TAGS   GENERATION  CONDITIONS   READY
...
reviews-00003   reviews  100%             3           4 OK / 4     True
reviews-00002   reviews            v2     2           4 OK / 4     True

## Reviews（v1）をデプロイします。
$ kn service update reviews \
--image registry.gitlab.com/${GITLAB_USER}/knative-bookinfo/reviews:v1 \
-n bookinfo

## 新しく reviews-00004 が作成され、reviews-00003 が削除されました。
$ kn service list -n bookinfo
NAME            SERVICE  TRAFFIC   TAGS   GENERATION  CONDITIONS   READY
...
reviews-00004   reviews  100%             4           4 OK / 4     True
reviews-00002   reviews            v2     2           4 OK / 4     True
```

次の演習のために、以下のとおり、元の設定に戻してください。

```
## [-] の箇所を削除します。
$ kubectl edit knativeserving knative-serving -n knative-serving
...
spec:
  config:
[-] gc:
[-]   max-non-active-revisions: "0"
[-]   min-non-active-revisions: "0"
[-]   retain-since-create-time: disabled
[-]   retain-since-last-active-time: disabled
...

## Reviews を削除し、改めてデプロイします。
$ kubectl delete -f knative-bookinfo/manifest/serving/bookinfo/reviews.yaml
$ export GITLAB_USER=<GitLabのユーザ名>
$ export IMAGE_REVISION=v1
$ cat knative-bookinfo/manifest/serving/bookinfo/reviews.yaml | \
envsubst | kubectl apply -f -

$ kn service list -n bookinfo
NAME         LATEST              ... READY
details      details-00001       ... True
productpage  productpage-00001   ... True
ratings      ratings-00001       ... True
reviews      reviews-00001       ... True
```

# 3-7 トラフィック分割

Knative Servingのトラフィック分割は、Routeで管理される設定に基づき、Ingress Gatewayが実施します。Routeは、Revisionの単位でHTTPリクエストの比率を管理します。デフォルトは「100%」であり、最新のRevisionへ全リクエストが送信されます。トラフィック分割の実行は「kn service update」コマンドの「--traffic」オプションにて指定します。「--traffic」へ指定する値は合計で100となるように指定してください。以下に実行例を示します。

1つ目の例は、Revision名を直接指定する方法です。例では、reviews-00001とreviews-00002の2つのRevisionに対し、それぞれ「50:50」の比率でトラフィックを分割します。

◎ トラフィック分割のコマンド例1（Revision名を指定）

```
## Reviews（v2）をデプロイし、合わせてトラフィック比率を指定
$ kn service update reviews \
--image registry.gitlab.com/${GITLAB_USER}/knative-bookinfo/reviews:v2 \
--traffic=reviews-00001=50 --traffic=reviews-00002=50 \
-n bookinfo

## 50:50の比率でトラフィック分割されています。
$ kn revision list -n bookinfo
NAME            SERVICE  TRAFFIC   TAGS   GENERATION  CONDITIONS   READY
...
reviews-00002   reviews  50%              2           4 OK / 4     True
reviews-00001   reviews  50%              1           4 OK / 4     True
```

Revision名ではなくタグを指定してトラフィック分割を設定することも可能です。2つ目の例では、事前にreviews-00001とreviews-00002へそのリビジョンを表すタグ「v1」と「v2」を付与し、v1タグへ10%、v2タグへ90%のトラフィック比率を設定しています。

◎ トラフィック分割のコマンド例2（タグ指定）

```
## 事前にreviews-00001とreviews-00002へタグを付与します。
$ kn service update reviews --tag=reviews-00001=v1 -n bookinfo
$ kn service update reviews --tag=reviews-00002=v2 -n bookinfo
$ kn revision list -n bookinfo
NAME            SERVICE  TRAFFIC   TAGS   GENERATION  CONDITIONS   READY
...
reviews-00002   reviews  50%       v2     2           4 OK / 4     True
reviews-00001   reviews  50%       v1     1           4 OK / 4     True

## タグを指定してトラフィック分割を実行します。
```

```
$ kn service update reviews \
--traffic=v1=10 \
--traffic=v2=90 \
-n bookinfo

## 「10:90」の比率でトラフィックが分割されています。
$ kn revision list -n bookinfo
NAME              SERVICE  TRAFFIC   TAGS   GENERATION  CONDITIONS   READY
...
reviews-00002     reviews  90%       v2     2           4 OK / 4     True
reviews-00001     reviews  10%       v1     1           4 OK / 4     True
```

Revision名やタグを明示的に指定する方法の他に、最新のRevisionに関しては「@latest」を指定することでトラフィック分割を設定可能です。

◎ トラフィック分割のコマンド例3（最新リビジョンを指定）

```
## Reviewsの最新のRevision（reviews-00002）のトラフィック比率を30へ設定します。
$ kn service update reviews --traffic=@latest=30 -n bookinfo

## reviews-00002へ30%、reviews-00001へ残りの70%のトラフィック比率で設定されています。
$ kn revision list -n bookinfo
NAME              SERVICE  TRAFFIC   TAGS   GENERATION  CONDITIONS   READY
...
reviews-00002     reviews  30%       v2     2           4 OK / 4     True
reviews-00001     reviews  70%       v1     1           4 OK / 4     True
```

## 3-7-1 ブルーグリーンデプロイメント

ブルーグリーンデプロイメントは、古いバージョンのシステムをブルー、新しいバージョンのシステムをグリーンとしたときに、ブルーの構成からグリーンの構成へトラフィック全体を一気に切り替えるリリース戦略です。ブルーの環境へのアクセスを停止し、グリーンの環境へのアクセスを再開する形で、ネットワーク設定を切り替える必要のあるアプローチですが、KubernetesやKnativeを利用することでロードバランサの設定を自動化でき、ダウンタイムを減らして実現できるようになりました（Figure 3-11）。

Figure 3-11　ブルーグリーンデプロイメント

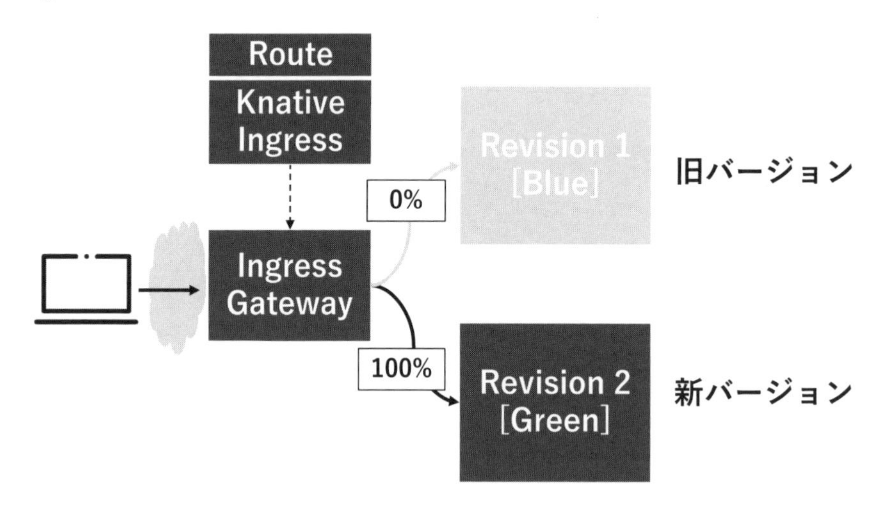


Knative Servingのトラフィック分割のデフォルトはブルーグリーンデプロイメントが適用されます。新たにReviews（v3）をグリーンの環境としてデプロイし、Reviews（v2）からReviews（v3）へ切り替えてみましょう。

まず、現在の最新Revisionを確認します。Configurationで管理される「latestCreatedRevisionName」が該当します。

◎　最新のRevisionの確認

```
$ kubectl get configurations reviews \
-o jsonpath='{.status.latestCreatedRevisionName}' \
-n bookinfo
reviews-00002
```

次に、Reviews（v3）をデプロイします。すでにReviewsはデプロイ済みのため「kn service update」を用いてReviews（v2）からReviews（v3）へKnative Serviceを更新します。その際に付与するtrafficオプションは、ここではあえてreviews-00002へ100%のトラフィックが送信されるように設定します。trafficオプションの指定を誤ると、Knative Serviceを更新したタイミングでReviews（v3）へトラフィックが送信されてしまうので注意してください。また、前述のとおり、trafficオプションの指定がない場合は、デフォルト設定が適用され、Reviews（v3）へ100%のトラフィックが送信されます。

◎ Reviews（v3）のデプロイ

```
## Knative Service を更新し、Reviews（v3）をデプロイします。
$ kn service update reviews \
--image registry.gitlab.com/${GITLAB_USER}/knative-bookinfo/reviews:v3 \
--traffic reviews-00002=100 \
-n bookinfo

## reviews-00002 へ 100 %のトラフィックが送信されています。
$ kn revision list -n bookinfo
NAME              SERVICE  TRAFFIC   TAGS   GENERATION  CONDITIONS   READY
...
reviews-00003   reviews                      3           4 OK / 4     True
reviews-00002   reviews   100%       v2     2           4 OK / 4     True
reviews-00001   reviews              v1     1           4 OK / 4     True
```

安全のためデプロイしたReviews（v3）へタグを付与します。

◎ Revision へのタグの付与

```
$ kn service update reviews --tag=reviews-00003=v3 -n bookinfo
$ kn revision list -n bookinfo
NAME              SERVICE  TRAFFIC   TAGS   GENERATION  CONDITIONS   READY
...
reviews-00003   reviews              v3     3           4 OK / 4     True
reviews-00002   reviews   100%       v2     2           4 OK / 4     True
reviews-00001   reviews              v1     1           4 OK / 4     True
```

これで、Reviews（v2）へ100%トラフィックが送信され、Reviews（v3）のRevisionが作成された状態を作ることができました。別のターミナルを開き、以下のコマンドを実行してProductpageの画面変化をモニタできるようにしましょう。現状はReviews（v2）へアクセスされるため、「<font color="black">」のみ出力されます。

◎ ターミナル1

```
$ while true [Enter]
do [Enter]
curl https://productpage.bookinfo.<IPアドレス>.sslip.io/productpage -s | \
grep "font color" [Enter]
sleep 1 [Enter]
done [Enter]
        <font color="black">
        <font color="black">
        <font color="black">
```

```
...
```

それではブルーグリーンデプロイメントを実行します。タグ「v3」へ100%のトラフィックが送信されるようにコマンドを実行します。

◎ ターミナル2

```
$ kn service update reviews --traffic v3=100 -n bookinfo
$ kn revision list -n bookinfo
NAME              SERVICE   TRAFFIC   TAGS   GENERATION   CONDITIONS   READY
...
reviews-00003     reviews   100%       v3     3            4 OK / 4     True
reviews-00002     reviews              v2     2            4 OK / 4     True
reviews-00001     reviews              v1     1            4 OK / 4     True
```

数秒待つと、ターミナル1で実行中のアクセス結果が「<font color="red">」へ変化します。

◎ ターミナル1

```
$ while true Enter
do Enter
curl https://productpage.bookinfo.<IPアドレス>.sslip.io/productpage -s | \
grep "font color" Enter
sleep 1 Enter
done Enter
...
        <font color="black">
        <font color="black">
        <font color="black">
        <font color="red">
        <font color="red">
...
```

このように、Knative Servingでは、トラフィック切り替えのオペレーションを簡素化できることで、ブルーグリーンデプロイメントを容易に実現することが可能です。

## 3-7-2 新しいRevisionへの段階的ロールアウト

ブルーグリーンデプロイメントは、一度に100%のHTTPリクエストを新しいRevisionへ送信します。そのため、新しいRevisionへ急激にHTTPリクエストが発生し、一時的なリクエストタイムアウトやアクセス拒否が発生する可能性があります。その問題の対策として、Knative Servingは、トラフィックを自動的に少しずつ最新の Revision へシフトさせていく、「段階的ロールアウト」を提供します。

段階的ロールアウトが有効化されると、最初に 1%分のトラフィックが最新の Revision へ送信されます。その後、残りの 99%分のトラフィックが「rollout-duration」に設定された期間内で均等に分割され、Revision へ順次送信されるように動作します。

クラスタ共通の設定は、以下のとおり、Knative Serving リソースの定義内容を変更します。

◎ クラスタ共通の設定

```
$ kubectl edit knativeserving knative-serving -n knative-serving
...
spec:
  config:
    network:
       rollout-duration: "10s" #デフォルトは0秒
...
```

Knative Service や Route の単位で設定する場合は、アノテーションへ「rollout-duration」を付与します。

以下は、Reviews（v1）から Reviews（v2）への更新の rollout-duration を 10 秒としたときの結果です。10 秒のロールアウト期間中に、一番最初に 1%のトラフィックが Reviews v2 へ切り替わり、その後、残りのトラフィックが均等に分割されて切り替わります。

ターミナルを 2 つ開き、「kn revision list」コマンドを while で繰り返し実行し、監視しながらロールアウトの様子を追ってみましょう。

◎ ターミナル 1

```
## 現在の Revision の状態を確認します。
$ kn revision list -n bookinfo
NAME            SERVICE  TRAFFIC  TAGS ... CONDITIONS   READY
...
reviews-00003   reviews  100%     v3   ...  4 OK / 4    True
reviews-00002   reviews           v2   ...  4 OK / 4    True
reviews-00001   reviews           v1   ...  4 OK / 4    True

## Reviews の rollout-duration を有効化します。
$ kn service update reviews \
--annotation serving.knative.dev/rollout-duration="10s" \
-n bookinfo
```

◎ ターミナル2

```
$ while true; do kn revision list -n bookinfo;echo "---"; done

## reviews-00004 Revision が新しくデプロイされます。
NAME            SERVICE   TRAFFIC  TAGS ... CONDITIONS  READY    REASON
...
reviews-00004   reviews                 ... 0 OK / 4    Unknown  Deploying
reviews-00003   reviews   100%     v3   ... 3 OK / 4    True

## 最初に 1%がロールアウトされます。
---
NAME            SERVICE   TRAFFIC  TAGS ... CONDITIONS  READY
...
reviews-00004   reviews   1%            ... 4 OK / 4    True
reviews-00003   reviews   99%      v3   ... 3 OK / 4    True

## この例では、残り 99%のトラフィックが 11%ずつ切り替わる様子を確認できます。
---
NAME            SERVICE   TRAFFIC  TAGS ... CONDITIONS  READY
...
reviews-00004   reviews   12%           ... 4 OK / 4    True
reviews-00003   reviews   88%      v3   ... 3 OK / 4    True
---
NAME            SERVICE   TRAFFIC  TAGS ... CONDITIONS  READY
...
reviews-00004   reviews   23%           ... 4 OK / 4    True
reviews-00003   reviews   77%      v3   ... 3 OK / 4    True
---
NAME            SERVICE   TRAFFIC  TAGS  ... CONDITIONS  READY
...
reviews-00004   reviews   34%            ... 4 OK / 4    True
reviews-00003   reviews   66%      v3    ... 3 OK / 4    True
...
## 最終的に reviews-00004 へトラフィックが切り替わります。
NAME            SERVICE   TRAFFIC  TAGS  ... CONDITIONS  READY
...
reviews-00004   reviews   100%           ... 4 OK / 4    True
reviews-00003   reviews            v3    ... 4 OK / 4    True
```

既存の Knative Service の rollout-duration の設定を更新すると、新しい Revision が作成され、トラフィックが切り替わるため注意してください。なお、先ほどの例で rollout-duration の設定更新に伴い新規作成された reviews-00004 のコンテナイメージは reviews-00003 で使用される Reviews（v3）が踏襲されます。

```
$ kn revision list reviews-00004 \
-o jsonpath='{.items[*].spec.containers[*].image}' \
-n bookinfo
      image: registry.gitlab.com/${GITLAB_USER}/knative-bookinfo/reviews:v3
```

## 3-7-3 カナリアリリース

カナリアリリースは、小さいサイズのグリーンの環境をサンプルとしてデプロイし、一部のトラフィックのみを処理する形でブルーの環境とグリーンの環境を並行運用するリリース戦略です（Figure 3-12）。カナリアリリースを採用することで、新しいバージョンのアプリケーションに問題が発生した際のサービス影響の範囲を、一部のトラフィックのみに限定することができます。

Figure 3-12　カナリアリリース

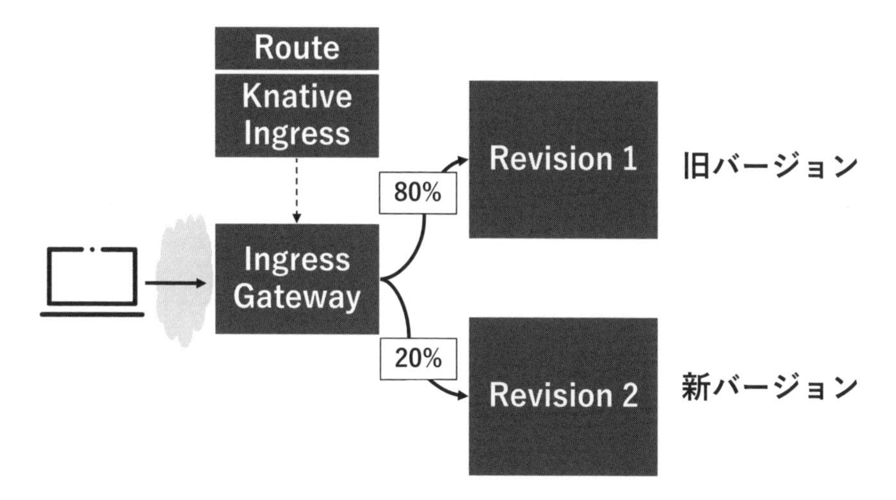


Knative Servingにおけるカナリアリリースの方法は、「kn service update」を実行する際に指定するtrafficオプションの比率を調整することです。例として、Reviews（v3）とReviews（v2）のトラフィック比率が90:10となるように、Knative Serviceを更新しましょう。

まずは、ブルーグリーンデプロイメントのときと同様に、ターミナルを2つ開いて、ProductpageのURLへ定期的にアクセスします。

◎　ターミナル1

```
$ while true [Enter]
do [Enter]
curl https://productpage.bookinfo.<IPアドレス>.sslip.io/productpage -s | \
grep "font color" [Enter]
sleep 1 [Enter]
done [Enter]
        <font color="red">
        <font color="red">
        <font color="red">
...
```

ブルーグリーンデプロイメントの演習後の場合は、実行結果が「<font color="red">」となり、Reviews（v3）へ100%のトラフィックが送信されます。次に、もう一方のターミナル上で「kn service update」コマンドを実行し、Reviews（v2）のトラフィックを10%増やします。

> 段階的ロールアウトの演習後のため、reviews-00004がReviews（v3）を表します。

◎　ターミナル2

```
$ kn service update reviews \
--traffic reviews-00004=90 \
--traffic v2=10 \
-n bookinfo
...

$ kn revision list -n bookinfo
NAME                SERVICE       TRAFFIC    TAGS    GENERATION CONDITIONS    READY
...
reviews-00004       reviews       90%                4          4 OK / 4      True
reviews-00003       reviews                  v3      3          4 OK / 4      True
reviews-00002       reviews       10%        v2      2          4 OK / 4      True
reviews-00001       reviews                  v1      1          3 OK / 4      True
```

すると、ターミナル1は、約10回に1回の比率で「<font color="black">」が出力されるように変化します。このように、Knative Servingでは、Revision間のトラフィック比率を変更することで柔軟にアプリケーションのリリース戦略を選択できます。

◎ ターミナル1

```
$ while true; do curl https://productpage.bookinfo.<IPアドレス>.sslip.io/productpage -s |
 grep "font color"; sleep 1; done
...
        <font color="black">
        <font color="red">
        <font color="red">
        <font color="red">
        <font color="red">
        <font color="red">
...
```

## 3-7-4 次の演習の準備

次の演習のためにReviewsをいったん削除し、再作成してください。

```
$ kn service delete reviews -n bookinfo
Service 'reviews' successfully deleted in namespace 'bookinfo'.

$ export GITLAB_USER=<GitLabのユーザ名>
$ export IMAGE_REVISION=v1
$ cat knative-bookinfo/manifest/serving/bookinfo/reviews.yaml | \
envsubst | kubectl apply -f -
$ kn service list -n bookinfo
NAME        URL                                                ... READY
details     http://details.bookinfo.svc.cluster.local          ... True
productpage https://productpage.bookinfo.<IPアドレス>.sslip.io  ... True
ratings     http://ratings.bookinfo.svc.cluster.local          ... True
reviews     http://reviews.bookinfo.svc.cluster.local          ... True
```

# 3-8 オートスケールの動作試験環境の準備

オートスケールの目的は、リソースの需要と供給の不一致を減らすことです。オートスケールが未適用の環境を運用する場合、開発者は予測できない需要に対し安全を見てコンピューティングリソースを余分に確保する方法しかありませんでした。このようなオーバープロビジョニングはリソース管理コストが非効率です。そして、予測以上の突発的な需要が発生した際は、迅速な対処が難しい問題がありました。

Kubernetesのオートスケール機能として知られるHorizontal Pod Autoscaler（HPA）は、デフォルトでCPU使用量に基づきオートスケールを実行します。しかし一般に、CPU使用量とサービスの需要はタイムリーに紐付きません。CPU負荷が上昇する頃には、処理しきれない規模のHTTPリクエストが発生している事態が起こり得ます。HPAは仕様を理解しやすい一方で、オートスケールの判断の俊敏性に欠けます。

Knative ServingのオートスケールKnative Pod Autoscaler（KPA）は、HTTPリクエストに基づきオートスケールを実行します。そして、HTTPリクエスト停止時にアプリケーションの起動台数を0台まで減らす**ゼロスケール**をサポートします。KPAの実現するオートスケールはサーバレスのアプリケーションライフサイクルを支え、開発者からアプリケーションのリソース運用を解放すると共に、アプリケーションのリソース使用効率の向上を両立します。

ここからはKPAの動作試験を行い、KPAのオートスケールの仕組みを理解します。

## 3-8-1 heyコマンドの導入

本書ではHTTPの負荷試験に、Go言語で実装されたベンチマークツールであるheyコマンド[*7]を使用します。みなさんの環境に合わせて、公式ドキュメントで公開されるバイナリをインストールしてください。ここでは、Linux環境へのインストール方法を記載します。

◎ Linux環境へのheyコマンドのインストール

```
## heyコマンドのバイナリをダウンロードします。
$ wget https://hey-release.s3.us-east-2.amazonaws.com/hey_linux_amd64

## ダウンロードしたファイルのファイル名を変更します。
$ mv hey_linux_amd64 hey

## heyコマンドへ実行権限を付与します。
$ chmod +x hey

## 環境変数PATHの通ったディレクトリへheyコマンドを格納します。
$ mv hey /usr/local/bin/

## 正常にインストールできていれば、以下のとおり、ヘルプが表示されます。
$ hey
Usage: hey [options...] <url>
...
```

＊7　https://github.com/rakyll/hey

## 3-8-2 オートスケールの簡易動作試験

hey コマンドを実行し、Productpage へ HTTP リクエストを送信しましょう。ターミナルを 2 つ開き、ターミナル 1 で 10 秒間に 700 リクエストを同時送信します。もう一方のターミナル 2 では、Pod の作成状況をモニタします。

Note　Productpage の Pod が Pending となる場合

クラスタリソースの不足により、Pending の Pod が発生する可能性があります。その場合は以下のコマンドを実行して EKS の Worker ノードを追加してから、再度 hey コマンドを実行してください。

```
$ eksctl scale nodegroup --cluster=${CLUSTER_NAME} --nodes=7 --name=${NODE_GROUP_NAME}
```

◎　ターミナル 1

```
## 参考: -z 実行時間、-c 同時に実行するワーカー数
$ hey -z 10s -c 700 https://productpage.bookinfo.<IPアドレス>.sslip.io

## HTTP リクエストの送信結果のサマリー
Summary:
  Total:        10.6142 secs ## 実行時間
  Slowest:      1.5381 sec    ## 最も遅い応答時間
  Fastest:      0.1052 secs   ## 最も早い応答時間
  Average:      0.3408 secs   ## 平均応答時間
  Requests/sec: 1960.5738     ## 秒間リクエスト数

  Total data:   37145850 bytes ## 送信データの合計
  Size/request: 1785 bytes      ## リクエスト当たりのデータサイズ

## 応答時間のヒストグラム
Response time histogram:
  0.105 [1]     |
  0.248 [3324]  |■■■■■■■■■
  0.392 [15084] |■■■■■■■■■■■■■...
  0.535 [1575]  |■■■■
  0.678 [83]    |
  0.822 [20]    |
  0.965 [89]    |
  1.108 [243]   |■
  1.252 [15]    |
  1.395 [13]    |
```

```
  1.538 [363]    |■

## 遅延時間の分布
Latency distribution:
  10% in 0.2305 secs
  25% in 0.2663 secs
  50% in 0.3061 secs
  75% in 0.3535 secs
  90% in 0.3994 secs
  95% in 0.4633 secs
  99% in 1.4723 secs

## 応答時間の内訳
Details (average, fastest, slowest):
  DNS+dialup:   0.0151 secs, 0.1052 secs, 1.5381 secs
  DNS-lookup:   0.0002 secs, 0.0000 secs, 0.0104 secs
  req write:    0.0000 secs, 0.0000 secs, 0.0006 secs
  resp wait:    0.3250 secs, 0.1051 secs, 1.3321 secs
  resp read:    0.0000 secs, 0.0000 secs, 0.0013 secs

## レスポンスコードの分布
Status code distribution:
  [200] 20810 responses
```

◎ ターミナル2

```
## Productpage が合計 10 台起動します。
$ watch 'kubectl get pods -n bookinfo'
NAME                                           STATUS
productpage-00001-deployment-6bdc4bb96d-55q8k  Running
productpage-00001-deployment-6bdc4bb96d-7dszb  Running
productpage-00001-deployment-6bdc4bb96d-7fg8g  Running
productpage-00001-deployment-6bdc4bb96d-98t8g  Running
productpage-00001-deployment-6bdc4bb96d-bl8rm  Running
productpage-00001-deployment-6bdc4bb96d-bmgxp  Running
productpage-00001-deployment-6bdc4bb96d-n64wg  Running
productpage-00001-deployment-6bdc4bb96d-nkq5f  Running
productpage-00001-deployment-6bdc4bb96d-qghsh  Running
productpage-00001-deployment-6bdc4bb96d-zb5bx  Running
```

Productpage が合計 10 台起動するはずです。そして、一定期間経過すると、Productpage が自動で削除されます。

```
## Productpageが自動削除されます。
$ kubectl get pods productpage -n bookinfo
Error from server (NotFound): pods "productpage" not found
```

Productpageが削除された状態で、以下のコマンドを実行し、ProductpageへHTTPリクエストを1回送信しましょう。応答まで少し時間がかかりますが、特にエラー応答なくProductpageのHTMLのタイトルが出力されます。

```
$ curl https://productpage.bookinfo.<IPアドレス>.sslip.io -s | grep title
    <title>Simple Bookstore App</title>
```

まとめると、KPAは次の2つの仕組みを提供することが分かります。

- クライアントがPodの停止を意識しない仕組み
- HTTPリクエスト数を監視し、その増減でPodの台数を調整する仕組み

以降の節より、オートスケールの仕組みを深掘りしましょう。

# 3-9 オートスケール発生時のデータ処理

Podがゼロスケールされると、当然、HTTPリクエストの送信先のPodが存在しない状態に陥ります。しかし、読者のみなさんがすでに体験したように、ゼロスケールが実行された状態でPodへアクセスしてもエラー応答は発生しませんでした。

本節では、KPAがオートスケール実行時に「クライアントがPodの停止を意識しない仕組み」をどのように実現するのかを解説します。

## 3-9-1 Activator

「クライアントがPodの停止を意識しない」という状態を実現するコンポーネントがActivatorです。Activatorは、簡単に言うと「ゼロスケール時のHTTPリクエストの宛先を担い、Podが起動するまでHTTPリクエストを保持するプロキシ」です。Figure 3-13にて、ゼロスケール時のActivatorの処理の流れを確認しましょう。

Figure 3-13　ゼロスケール時の Activator の処理の流れ

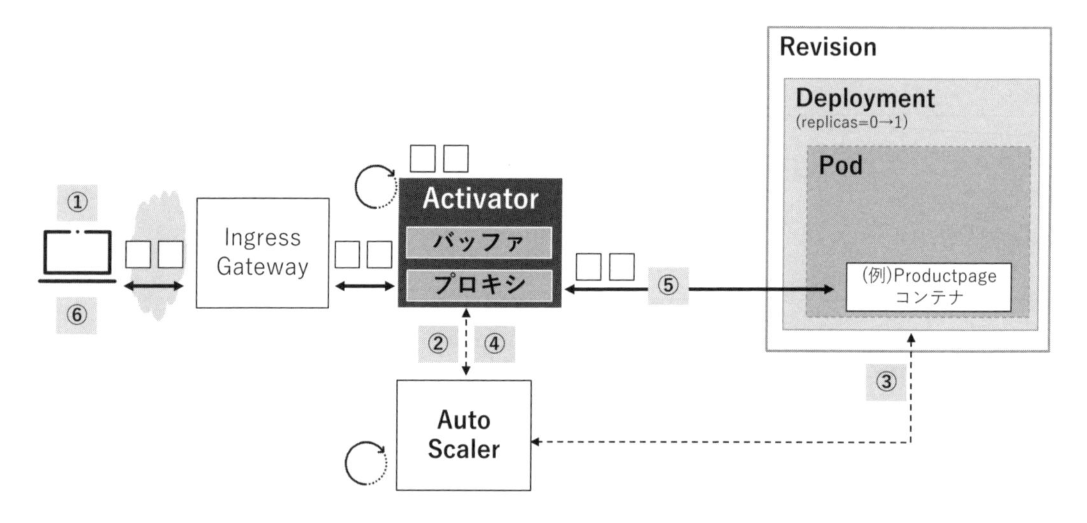


① クライアントがHTTPリクエストを送信すると、Ingress Gatewayがリクエストを受信します。

② Ingress Gateway は Activator へリクエストを送信し、Activator がリクエストを一時的にバッファします。そして、Pod が起動していない場合に、Auto Scaler へオートスケールの指示を出します。

③ Auto Scaler が Pod の必要な起動台数を判断し、Deployment のレプリカ数を変更します。

④ Activator は、Pod がネットワーク疎通可能となったことを把握します。

⑤ Activator は、バッファ上の HTTP リクエストを Pod へ送信し、Pod がレスポンスを返します。

⑥ レスポンスは、Activator 経由で Ingress Gateway へ渡り、クライアントへ返ります。

③の Auto Scaler は KPA の頭脳のようなコンポーネントと理解してください。HTTP リクエスト数に基づいて必要な Pod の台数を算出し、関連するコンポーネントへ指示を出すコントローラです。詳細は後述します。

このように、クライアントと Pod の間に Activator を挟むことで、Pod が削除された状態で HTTP リクエストが発生しても、クライアントへ即エラー応答せずに、Pod の起動まで猶予を持たせることができます。

しかし、Activator によって通信経路上にホップが 1 つ増え、性能劣化や障害点の増加に繋がるのではないか？と疑問が生じます。そのとおり、このソリューションは通常時において完璧ではありません。

Activator は、HTTP リクエストが安定して発生する状況下で、自動的に通信経路から除外されます。つまり、Ingress Gateway から Pod へ直接 HTTP リクエストが送信される構成へ変化します。Activator は、「ServerlessService（以降、SKS と記載します）」というカスタムリソースにより「動作モード」が管理され、SKSがHTTPリクエストの発生状況を鑑みて、動作モードを切り替えます。

## 3-9-2 ServerlessService (SKS)

SKSは、オートスケール実行時のデータフローを制御するカスタムリソースです。主に、Activatorの挿入要否を切り替える役割を担います。そして、SKSの制御では、Knative Servicc作成時に作成された2つのKubernetes Serviceが利用されます。1つは、「<Revision名>」の名前で作成されるPublic Kubernetes Service、もう1つは「<Revision名>-private」という名前で作成されるPrivate Kubernetes Serviceです。

Kubernetes Serviceは、通常、ラベルセレクタにより対象のPodを特定し、Podのエンドポイントを自動取得します。Private Kubernetes Serviceは、この標準の仕組みによりRevisionに対応するPodを特定します。一方、Public Kubernetes Serviceは、ラベルセレクタが設定されず、Podのエンドポイントを自動取得しません。Public Kubernetes ServiceのエンドポイントをあえてKubernetesで管理不能な状態とし、SKSがPublic Kubernetes ServiceのエンドポイントをActivator宛とPod宛とで切り替える役割を担います。

SKSには、ProxyモードとServeモードの2つのモードが存在します。

- Proxyモード

  Knative Service作成直後やゼロスケール時、またはHTTPリクエストのバーストが発生した際に遷移するモードです。Public Kubernetes Serviceのエンドポイントとして、ActivatorのIPアドレスが設定されます。

- Serveモード

  HTTPリクエストが安定したときに遷移するモードです。現在のReady状態のPod台数が、HTTPリクエストを処理する上で十分であると判断された場合に、SKSはServeモードへ遷移します。そして、Public Kubernetes Serviceのエンドポイントが宛先のPodのIPアドレスに書き変わります。

ここではProductpageへHTTP負荷をかけ、SKSがServeモードへ遷移することを確認しましょう。Productpageがゼロスケールされた状態で、SKSのモードと、Public Kubernetes Serviceのエンドポイントを確認します。

◎　SKSの動作モードとPublic Kubernetes Serviceのエンドポイントの確認

```
## SKSの動作モードを確認します。
$ kubectl get sks -n bookinfo
NAME              MODE   ACTIVATORS ... PRIVATESERVICENAME          ...
...
productpage-00001  Proxy  3          ... productpage-00001-private ...
...

$ kubectl get endpoints -n bookinfo
NAME                       ENDPOINTS
...
productpage-00001          192.168.72.202:8012,192.168.72.202:8112
productpage-00001-private  <none>
...
$  kubectl get pods -o wide -n knative-serving | grep 192.168.72.202
activator-...  ... 192.168.72.202 ...
```

Private Kubernetes Service「productpage-00001-private」のエンドポイントは、Podがゼロスケールされ起動していないため、存在しません。一方、Public Kubernetes Service「productpage-00001」のエンドポイントは「192.168.72.202」が設定されています。このIPアドレスを調べると、ActivatorのPodのIPアドレスであることが分かります。

この状態で、次のコマンドを実行し、ProductpageへHTTP負荷をかけましょう。

◎　ProductpageへのHTTP負荷の発生

```
## 10秒間に700リクエストを同時発生
$ hey -z 10s -c 700 https://productpage.bookinfo.<IPアドレス>.sslip.io
```

SKSの状態を確認すると、動作モードが「Serve」モードへ遷移しました。そして、Public Kubernetes Serviceのエンドポイントが「192.168.19.241」、つまりProductpageのPodのIPアドレスへ書き換わったことが確認できます。

◎　SKSの状態確認

```
## SKSの動作モードがServeモードへ変化
$ kubectl get sks -n bookinfo
...
NAME               MODE    ACTIVATORS ... PRIVATESERVICENAME          ...
productpage-00001  Serve   13         ... productpage-00001-private ...

## Public Kubernetes Serviceのエンドポイントが変化
```

```
$ kubectl get endpoints -n bookinfo
productpage-00001          192.168.19.241:8012,192.168.20.92:8012,192.168.3.60:8012...
productpage-00001-private  192.168.19.241:9091,192.168.20.92:9091,192.168.3.60:9091...

$  kubectl get pods -n bookinfo -o wide | grep 192.168.19.241
productpage-... ... ... 192.168.19.241 ...
```

## ■ SKSによる動作モードの判断

SKSによるActivatorのモード切り替えは、後述のAuto Scalerの判断のもとで実施されます。Auto Scalerは自身の設定値の「target-burst-capacity」に基づき算出された「ExcessBCF（余剰なバースト容量）」によりActivatorの動作モードを判断します。

target-burst-capacityとは、アプリケーションがActivatorなしで処理できるトラフィックバーストのサイズを表します。このパラメータは、HTTPリクエストのバースト発生時に、Podの処理が追いつかないリスクを回避する目的のパラメータです。target-burst-capacityが「0」の場合は、アプリケーションがゼロスケールされた場合にのみActivatorを使用することを意味し、「-1」の場合は、常にProxyモードで動作します。

ProductpageへHTTP負荷をかけた上で、Auto Scalerのログを確認しましょう。

◎　ターミナル1: ProductpageへHTTPリクエストを送信

```
## 10秒間に700リクエストを同時発生
$ hey -z 10s -c 700 https://productpage.bookinfo.<IPアドレス>.sslip.io
```

◎　ターミナル2: Auto Scalerのログを確認

```
## Auto ScalerのPod名を確認します。
$ export PODNAME=$(kubectl get pods \
-n knative-serving \
-l app.kubernetes.io/component=autoscaler \
-o jsonpath='{.items[*].metadata.name}')

## Auto Scalerのログを確認すると、モード切り替えが発生していることを確認できます。
$ kubectl logs ${PODNAME} -n knative-serving -f | grep ebc
...
## Serveモードへの切り替わり
{..."logger":"autoscaler",...,
```

```
"message":"SKS should be in Serve mode:
want = 10, ebc = 347", #act's = 13 PA Inactive? = false",
...,"knative.dev/key":"bookinfo/productpage-00001"}
...

## Proxyモードへの切り替わり
{..."logger":"autoscaler",...,
"message":"SKS should be in Proxy mode:
want = 1, ebc = -11, #act's = 5 PA Inactive? = false",
...,"knative.dev/key":"bookinfo/productpage-00001"}
...
```

ログ上の「ebc」がExcessBCFに該当し、SKSはExcessBCFが正の値であればServeモード、負の値であればProxyモードと判断します。なお、ExcessBCFは次の式で算出されます[*8]。

```
ExcessBCF = [Ready状態のPod数] × [Podの処理能力] - [target-burst-capacity]
  - [後述のPanicウインドウにおける平均同時実行数]
```

式内の「Podの処理能力」は、Auto Scalerの設定値により変わります。デフォルトは「Pod 1台が同時に処理できるHTTPリクエスト数（container-concurrency-target-default）」が適用されます。つまり、ExcessBCFとは、**現在稼働中のPodで処理できるHTTPリクエスト数([Ready状態のPod数] × [Podの処理能力])が、アプリケーションとして処理できるトラフィックバーストの容量([target-burst-capacity])と現在処理中のHTTPリクエスト数の合計**よりも多く存在するかどうかを判断するための指標です。

参考までに、「Podの処理能力」として使用されるAuto Scalerの設定を以下に示します。各設定の詳細は「付録B Auto Scalerの設定パラメータ」を参照してください。

- デフォルト：

  Pod 1台が同時に処理できるHTTPリクエスト数（container-concurrency-target-default）

- container-concurrency-target-defaultとcontainerConcurrencyの両方が設定される場合：

  container-concurrency-target-defaultとcontainerConcurrencyの小さい方の値

  container-concurrency-target-defaultとcontainerConcurrencyは共に「Pod 1台が同時に処理できるHTTPリクエスト数」を表すパラメータです。それぞれ同じメトリクスを対象としますが、前者がソフトリミット、後者がハードリミットを表します。

＊8 https://github.com/knative/serving/blob/bb043fa122fcbf57ae083c31948d166a7e2a7f1d/pkg/autoscaler/scaling/autoscaler.go#L269

- container-concurrency-target-default が設定されていない、かつ

  KPA のスケール判断に使用するメトリクスが「秒間 HTTP リクエスト数（RPS: Request Per Second)」の場合：

  RPS のしきい値 (requests-per-second-target-default)

## 3-9-3 Queue Proxy

Queue Proxy は、Knative Service 単位で Pod のサイドカーコンテナとしてデプロイされるプロキシです。Knative Service を作成すると、Queue Proxy のマニフェストが Pod のマニフェストの spec 以下へ自動挿入されます。

Queue Proxy を含めた構成を Figure 3-14 に示します。

Figure 3-14　Queue Proxy

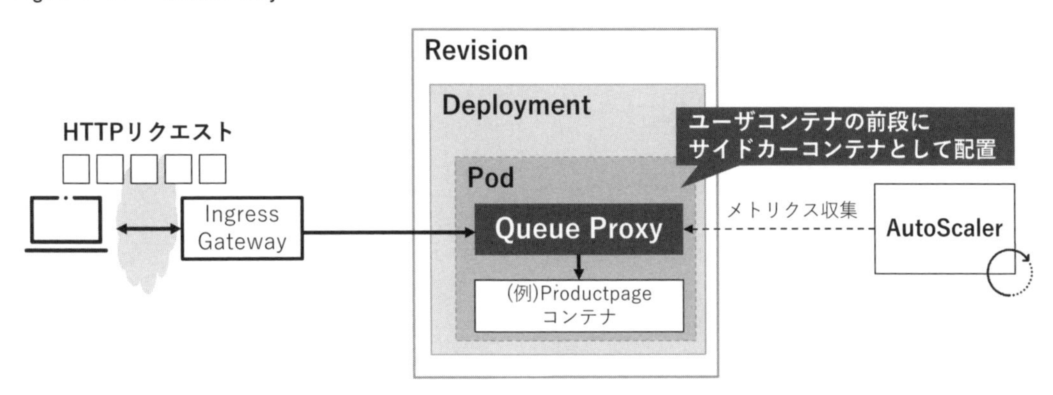


Figure 3-14 の構成を見ると、Queue Proxy の役割が Activator と重複すると思うかもしれません。確かに、Queue Proxy と Activator は、HTTP リクエストをバッファする点で役割が重複する側面はあります。では、なぜ Activator に加えて Queue Proxy が必要になるのでしょうか？それには、以下の 2 つの目的があります。

### ■ HTTP 処理時間の健全化

1 つは、HTTP リクエストからレスポンスまでの合計時間を健全な状態に維持することです。Knative Serving は、HTTP リクエストの送信先の Revision が決定された後に、別の Revision へ再送する、ということはできません。仮に送信先の Revision の Queue Proxy のバッファが蓄積されると、レスポンス

タイムが延びタイムアウトエラーが増加する恐れがあります。

正常なアプリケーションのHTTPリクエストの処理時間は迅速です。通常時にQueue Proxyのバッファがオーバーフローすることは考えづらいですが、アプリケーションの性能が低速、もしくは異常の場合に、急速にQueue Proxyのバッファ上のキューがスタックする可能性があります。したがって、全体の処理時間の大部分は、異常なアプリケーションの存在によるものが大きいと言えます。Queue Proxyは、アプリケーションの処理遅延が発生し、キューのスタックの原因となるアプリケーションを検知して除外することで、HTTPリクエストからレスポンスまでの処理時間を健全な状態へ維持することを目的に提供されています。

## ■ Serveモード時のメトリクス収集

2つ目の目的は、ActivatorがServeモードへ遷移し、通信経路上に介在しない際のメトリクス情報の収集です。Serveモードの状態においてQueue Proxyは唯一のバッファとなります。そのため、Auto Scalerのメトリクスの収集先が必要であり、Queue Proxyがその役割を担います。

### Column　Container Freezer

Queue Proxyは、HTTPリクエストの停止や、Pod 0台からのスケールアウトを契機に、所定のAPIエンドポイントを実行するContainer Freezerという機能を提供します。この機能は、Knativeのサンドボックスプロジェクトにより提供されます。Container Freezerのユースケースは、たとえば、HTTPリクエスト停止時にコンテナを一時停止しアイドル状態（凍結）とすることで、HTTPリクエスト再開時のPodの起動時間（コールドスタート）を早める用途が提案されています*9。また、Container Freezerを応用すると、HTTPリクエストの発生を契機に課金を再開する、といった要件へも対応可能です。

Container Freezerを利用するには「config-deployment」というConfigMapへ、連携するAPIのエンドポイントURLを設定することで有効化します。

◎　Container Freezerの設定

```
$ kubectl edit knativeserving knative-serving -n knative-serving
...
spec:
  config:
    deployment:
      concurrency-state-endpoint: http://<APIのドメイン>
...
```

## 3-9-4 コンポーネント間の連携フロー

最後に以下の3つの状態におけるコンポーネント間の連携を確認しましょう。

① 通常状態（Figure 3-15）
② ゼロスケールが発生した状態（Figure 3-16）
③ ゼロスケール後にHTTPリクエストが再開した状態（Figure 3-17）

### ■ ① 通常状態

- Auto ScalerがQueue Proxy経由でメトリクスを取得し、Pod台数を調整します。
- ActivatorはServeモードで動作し、HTTPリクエストはIngress Gatewayから直接Queue Proxyへ送信されます。
- 並行して、SKSがPrivate Kubernetes Service経由でPodの状態を監視します。

Figure 3-15　通常のデータフロー

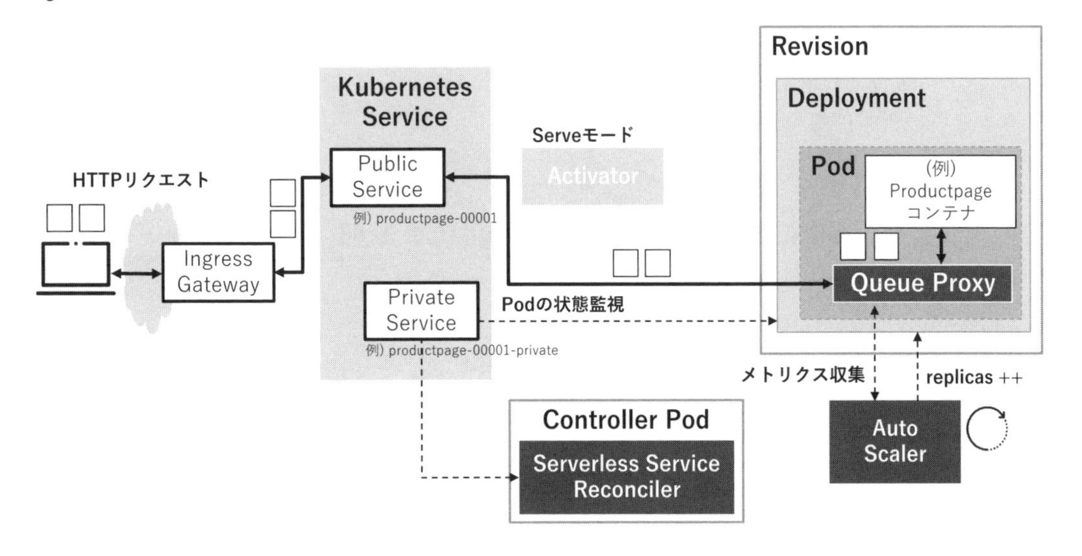


＊9　https://github.com/knative-sandbox/container-freezer

## ■ ② ゼロスケールが発生した状態

Figure 3-16　Podのゼロスケール発生時のデータフロー

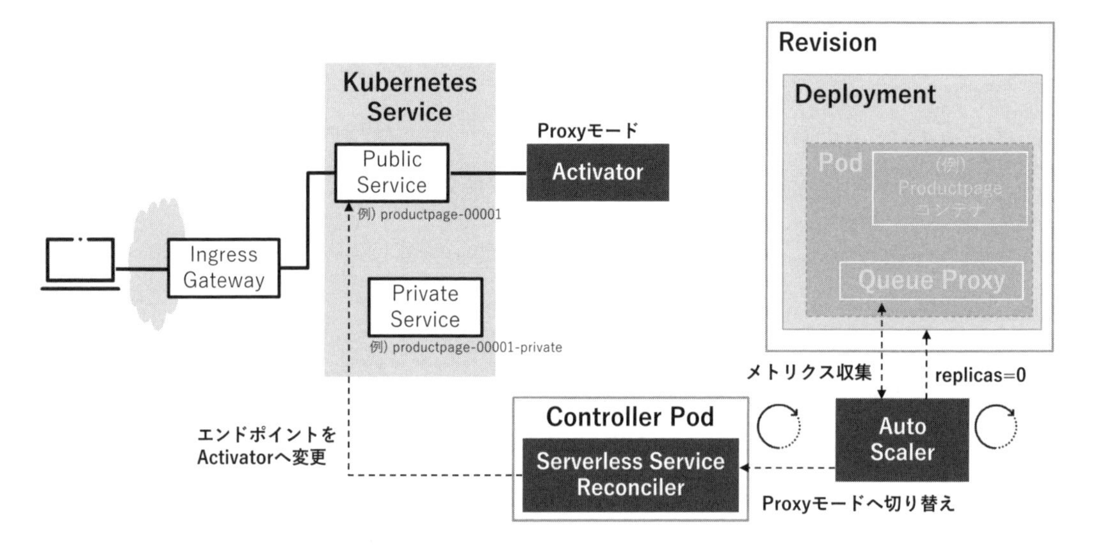


- Auto Scalerは、収集したメトリクスからHTTPリクエストの停止を認識し、Deploymentのレプリカ数を変更してPodを停止します。
- Auto Scalerは、SKSへProxyモードへの変更を指示します。
- SKSがPublic Kubernetes ServiceのエンドポイントをActivatorのIPアドレスへ書き換え、HTTPリクエストの再開に備えます。

## ■ ③ ゼロスケール後にHTTPリクエストが再開した状態

- HTTPリクエストが再開すると、ActivatorがHTTPリクエストを受信し、Auto Scalerへメトリクスを報告します。
- Auto ScalerはDeploymentのレプリカ数を増やし、Podを起動します。
- HTTPリクエストが続き、Auto ScalerがHTTPリクエストに耐えられるPod台数と判断すると、SKSへServeモードへの変更指示を出します。
- SKSはPublic Kubernetes ServiceのエンドポイントをPodのIPアドレスへ書き換えます。それ以降は、通常時のデータフローです。

Figure 3-17 ゼロスケール後の HTTP リクエスト再開時のデータフロー

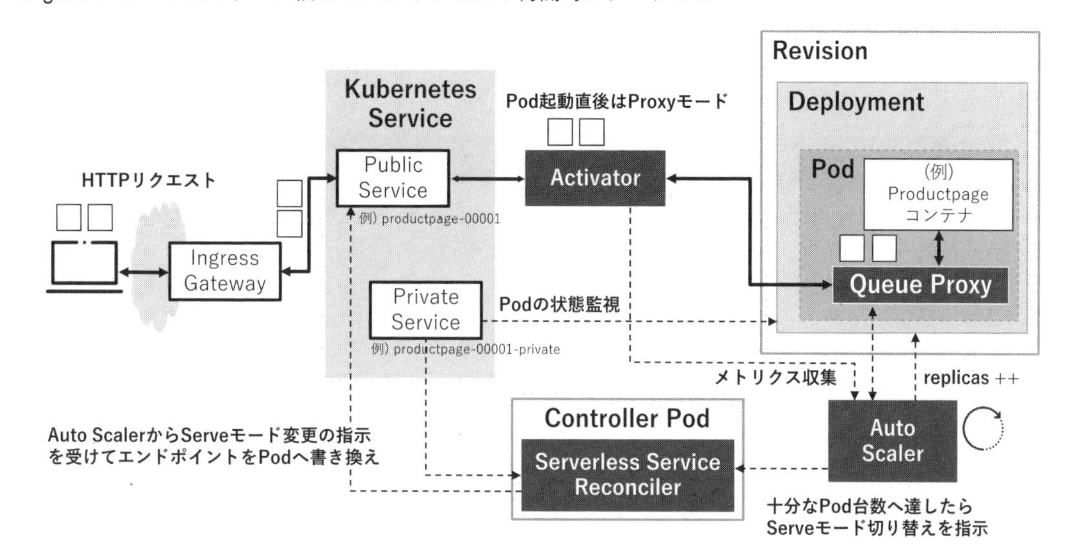


## 3-10 オートスケールの判断ロジック

KPA によるオートスケールの判断は Auto Scaler が担います。Auto Scaler は現在の HTTP リクエスト数を収集し、Pod のレプリカ数を算出して関連するコンポーネントへ指示を出すコントローラです。

本節では、Auto Scaler のオートスケールの判断ロジックを解説します。KPA が「HTTP リクエスト数を監視し、その増減で Pod の台数を調整する仕組み」をどのように実現するのか理解しましょう。

### 3-10-1 オートスケールの判断で使用する対象メトリクス

Auto Scaler のオートスケール判断は、「Pod 1 台が同時に処理できる HTTP リクエスト数（同時実行数）」または「秒間の HTTP リクエスト数（RPS: Request Per Second)」に基づきます。デフォルトは同時実行数が使用され、RPS を利用するには設定変更が必要です。RPS の設定方法の詳細は、公式ドキュメント*10を参照してください。同時実行数と RPS でオートスケールのロジックは大差ないため、以降より、特に断りがない限り「同時実行数」を前提に解説します（Figure 3-18)。

Auto Scaler は、観測された同時実行数または RPS と、Auto Scaler に設定されたしきい値を比較しオートスケールを判断します。Auto Scaler の設定は「config-autoscaler」という ConfigMap で管理されます。設定パラメータの全体像は「付録 B　Auto Scaler の設定パラメータ」へまとめ、ここでは同時

＊10 https://knative.dev/docs/serving/autoscaling/rps-target/

実行数とRPSに関連する設定を抜粋し、Table 3-4に示します。

Figure 3-18　同時実行数とRPS

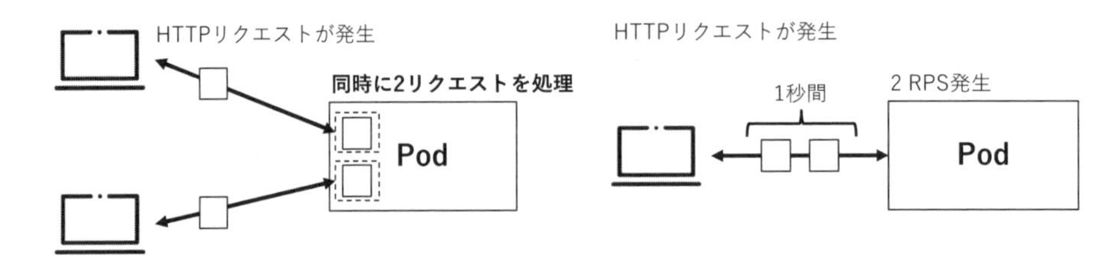


Table 3-4　同時実行数とRPSに関するAuto Scalerの設定

| 設定パラメータ | 内容 | デフォルト |
|---|---|---|
| container-concurrency-target-default | Pod当たりで処理可能な同時実行数 | 100 |
| container-concurrency-target-percentage | オートスケール判定の目安とする container-concurrency-target-default に対する割合 | 70[%] |
| requests-per-second-target-default | オートスケール判定の目安とするRPSのしきい値 | 200 |

Note　同時実行数の設定

同時実行数を表す「container-concurrency-target-default」の設定は、実際にPodが処理できる容量を表すのではなく、アプリケーション設計として定める「ソフトリミット」に該当します。ソフトリミットとは、強制された制限ではなく、状況により超過する可能性のある設定です。

一方、強制力のある制限を表すハードリミットの設定は「config-defaults」というConfigMapの「containerConcurrency」が該当します。containerConcurrencyのデフォルトは「0」です。ハードリミットは、リクエストのバッファやキューイングなどのAuto Scaler以外の動作に影響するため、Auto ScalerのConfigMapでは設定できません。

containerConcurrencyとcontainer-concurrency-target-defaultの両方が指定された場合、値の小さい方が選択されます。containerConcurrencyは、アプリケーションの処理性能が明らかで、明示的に制限を設けたい場合のみ設定することが推奨されます*11。

Table 3-4 のパラメータを参照し、Pod の起動台数は以下の計算式で算出されます。

```
Podの起動台数 =
  [観測された平均同時実行数] ÷ ([container-concurrency-target-percentage] ×
  [container-concurrency-target-default])
```

たとえば、観測された平均同時実行数が 700 リクエストの場合、「700 ÷ ( 70% × 100 ) = 10」となり、「3-8-2　オートスケールの簡易動作試験」の結果と一致します。「container-concurrency-target-default」と「container-concurrency-target-percentage」の積は、「Pod 当たりで処理可能な同時実行数」を表すことから、観測された平均同時実行数との除が、Pod の起動台数に該当します。また、「平均」とあるように、Auto Scaler は一定の期間内に収集された同時実行数をサンプルにその平均値を算出します。この期間は「Stable ウインドウ」と「Panic ウインドウ」の 2 種類が存在します。

Note　Horizontal Pod Autoscaler の使用

オートスケールの種類として KPA ではなく HPA を使用することも可能です*12。ただし、HPA はゼロスケールをサポートしません。HPA は Pod の CPU やメモリ使用量を元にオートスケールを判定します。ゼロスケール時は Pod が存在しないため、オートスケールの判定に必要なメトリクスを収集できない、ということが理由です。

## 3-10-2 平均同時実行数の算出期間

Auto Scaler は、「tick-interval」と呼ばれる間隔でオートスケールを判断します。tick-interval は、オートスケールの判断に必要なデータが十分蓄積するまでの待機時間です。ハードコーディングされたパラメータで、2 秒が設定されています。

Auto Scaler は、この 2 秒間隔で Stable モードと Panic モードという 2 つのモードを使い分けて、平均同時実行数を算出します。

- Stable モード

  Stable モードは、定常状態を表し、デフォルトで 60 秒のウインドウサイズで平均同時実行数を計算するモードです。Stable モードのウインドウサイズを以降、Stable ウインドウと記載します。

＊11 https://knative.dev/docs/serving/autoscaling/concurrency/

＊12 https://knative.dev/docs/serving/autoscaling/autoscaler-types/

- Panic モード

　Panic モードは、Stable モードよりも短い **6 秒のウインドウサイズ**をデフォルトとし、平均同時実行数を計算します。Panic モードのウインドウサイズを以降、Panic ウインドウと記載します。

　Panic モードは、Stable モードよりもオートスケールの感度が高く、**バーストトラフィックへ対応**するために設けられたモードです。Stable モードよりも短時間でオートスケールを判断できる特別な状態を設けることで、HTTP リクエストの特性の変化を考慮したオートスケールが可能となります。また、Panic モードが適用された期間、Auto Scaler はスケールインの決定を無視し、Pod をスケールアウトし続けるように動作します。これにより、Pod のスケールアウトとスケールインが短期間に頻発することを防止します。

## ■ Stable モードと Panic モードの移行ロジック

Stable モードから Panic モードへの移行条件は、**Panic モードにおける必要な Pod 台数が現在の Pod 台数の 2 倍に到達する**ことです。Auto Scaler は常時、Stable ウインドウと Panic ウインドウの平均同時実行数を計算し、それぞれの必要な Pod 台数を把握します。そして、**Panic ウインドウの平均同時実行数から計算された Pod 台数を元に**モード切り替えを判断します。Panic モードから Stable モードへの復帰条件も同様です。この場合は、条件が 60 秒間満たされない場合に Stable モードへ復帰します（Figure 3-19）。

Figure 3-19　Stable モードと Panic モード

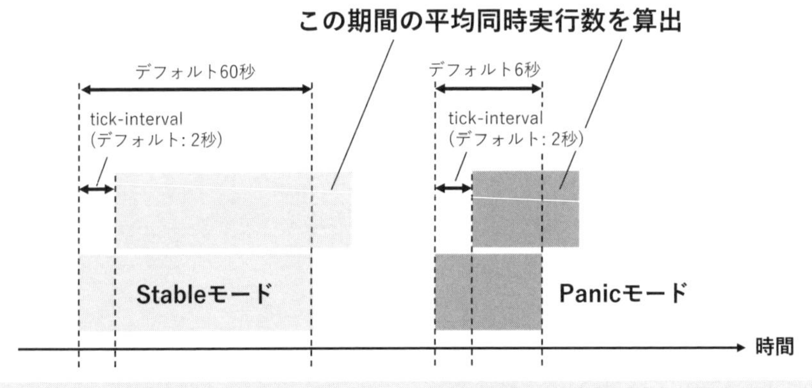

Stable モードと Panic モードに関する Auto Scaler の設定（config-autoscaler）を Table 3-5 に示します。

Table 3-5　Stable モードと Panic モードに関する Auto Scaler の設定

| 設定パラメータ | 内容 | デフォルト |
|---|---|---|
| stable-window | Stable モードで動作する際のメトリクス算出期間<br>6 秒から 1 時間の範囲で設定可能 | 60s |
| panic-window-percentage | Panic モードで動作する際のメトリクス算出期間<br>stable-window に対する割合を設定 | 10.0[%] |
| panic-threshold-percentage | Stable モードから Panic モードへ移行するしきい値 | 200.0[%] |

Panic モードのウインドウサイズは、Stable モードのウインドウサイズの比率で定義し、期間を直接指定できません。Panic ウインドウは、Stable ウインドウよりも短いのが一般的です。Panic ウインドウの期間が短すぎると、オートスケールの判断に必要なデータの不足が起こり得ます。そのため、Panic ウインドウの設定変更は、Stable ウインドウの設定値がデフォルトよりも遥かに高いか、遥かに低い場合のみに留めるようにしてください。

## 3-10-3 オートスケールの判断フロー

さて、ここまでの内容を踏まえて、オートスケールの判断フローを確認しましょう（Figure 3-20）。

Figure 3-20　オートスケールの判断フロー

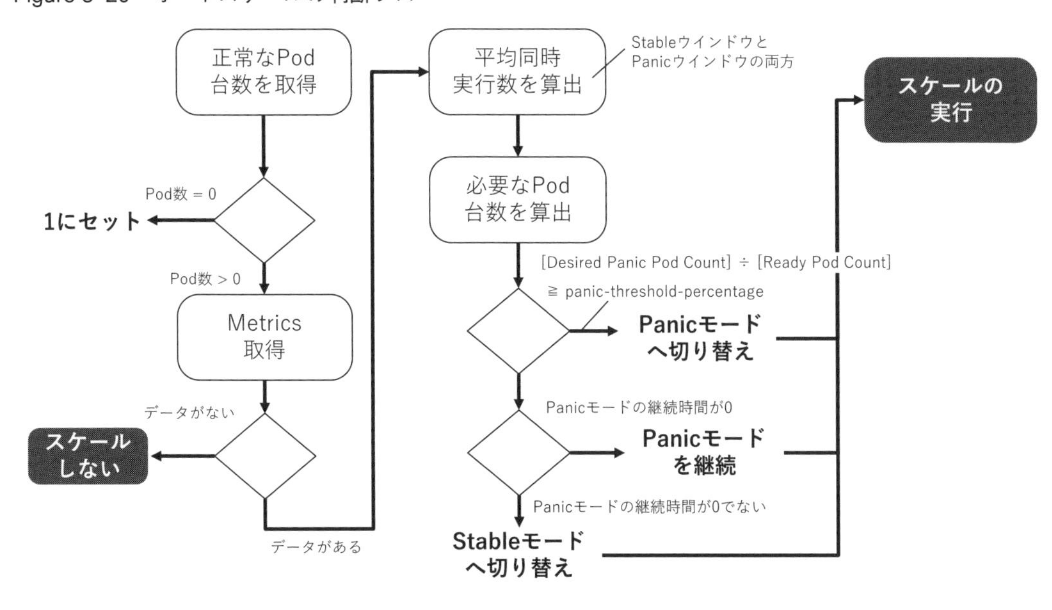

◎ 判断フローの詳細

STEP 1　Auto Scalerは正常なPod台数を取得します。Podの正常性はKubernetesのReadinessプローブの結果に基づきます。

STEP 2　正常なPod台数が「0」の場合、Auto Scalerはその数を「1」として管理します。

これは、Auto Scalerのプログラム上、ゼロ除算エラーを防ぐことと、この1をActivatorとして管理するためです[*13]。

STEP 3　Auto Scalerは、メトリクスデータの収集状況を確認します。データが存在する場合は「STEP 5」へ進みます。

STEP 4　データが存在しない場合、オートスケール判断不可とみなされ処理を終了します。

STEP 5　Auto Scalerは、StableウインドウとPanicウインドウのそれぞれの期間内に収集した同時実行数を取得します。

STEP 6　Auto Scalerは、StableウインドウとPanicウインドウのそれぞれの平均同時実行数を計算します。

STEP 7　Auto Scalerは、平均同時実行数を元に、必要なPod台数を算出します。

STEP 8　panic-threshold-percentageの超過を確認します。

STEP 9　超過する場合は、StableモードからPanicモードへ移行します[*14]。

STEP 10　すでにPanicモードの場合、panic-threshold-percentageの超過状況とPanicモードの継続期間からStableモードへの復帰を判断します。

STEP 11　Panicモードの継続期間が短い、またはpanic-threshold-percentageを超過する場合、Panicモードを継続します。

STEP 12　Panicモードが継続し、かつpanic-threshold-percentageを下回る場合、Stableモードへ復帰します[*15]。

STEP 13　必要なPodの台数へオートスケールします（Panicモードの場合はスケールアウトのみ実行されます）。

---

＊13 https://github.com/knative/serving/blob/bb043fa122fcbf57ae083c31948d166a7e2a7f1d/pkg/autoscaler/scaling/autoscaler.go#L152

＊14 https://github.com/knative/serving/blob/main/pkg/autoscaler/scaling/autoscaler.go#L211

＊15 https://github.com/knative/serving/blob/bb043fa122fcbf57ae083c31948d166a7e2a7f1d/pkg/autoscaler/scaling/autoscaler.go#L213

Note　削除対象の Pod の選択

スケールイン時の削除対象の Pod は ReplicaSet が選択します。ReplicaSet はレプリカ数を調整するのみで、Pod の処理が実行中であるかどうかを考慮しません。したがって、Knative Serving は少なくとも Stable ウインドウのデフォルト 60 秒の間に処理が完了しないようなユースケースでの利用は不向きと言えます。

## 3-10-4 ゼロスケールの猶予期間

ゼロスケールは、Stable ウインドウの全期間に渡り HTTP リクエストが停止した場合に、Auto Scaler が実行を判断します。Auto Scaler は、ゼロスケールの実行時に Table 3-6 に示される 2 つのパラメータを参照し、残り 1 台の Pod を削除するまでの猶予期間を設けます。

Table 3-6　ゼロスケール時の残り 1 台の Pod を削除する猶予期間に関するパラメータ

| 設定パラメータ | 内容 | デフォルト |
|---|---|---|
| scale-to-zero-grace-period | ゼロスケール実行時の最後の Pod を削除するまでの猶予期間 | 30s |
| scale-to-zero-pod-retention-period | 最後の Pod を Running のまま維持する期間 | 0s |

Kubernetes では、Pod の設定値として、Pod が Terminating の状態へ遷移してから完全に削除されるまでの猶予期間を表す「TerminationGracePeriod」を設定できます。一方、Knative Service では TerminationGracePeriod の設定変更をサポートしていません*16。代わりに、クラスタレベルの設定として「scale-to-zero-grace-period」と「scale-to-zero-pod-retention-period」の 2 つの設定が存在します。

scale-to-zero-grace-period は、Activator のネットワーク設定のための時間稼ぎの設定です。Activator が Proxy モードへ正常に切り替わるまで、残り 1 台の Pod を削除せずに待機する猶予期間を表します。また、scale-to-zero-pod-retention-period は、残り 1 台の Pod を Running 状態で維持する期間です。この 2 つのパラメータを踏まえて、Figure 3-21 に示される流れでゼロスケールが実行されます。

Stable ウインドウの期間内に観測される HTTP リクエストがなくなると、Auto Scaler の状態は「In Active」へ遷移します。そして、並行して scale-to-zero-grace-period と scale-to-zero-pod-retention-period の大きい方の値を「残り 1 台の Pod の最大タイムアウト時間（lastPodMaxTimeout）」と定義します*17。

＊16 https://github.com/knative/serving/blob/main/pkg/apis/serving/fieldmask.go#L234

その上で、以下のいずれかの条件に合致した場合に、残り 1 台の Pod の状態が Terminating へ遷移します。

- Auto Scaler の In Active の期間が、lastPodMaxTimeout よりも長い
- Activator の Proxy モードの期間が scale-to-zero-grace-period より長い[*18]

Figure 3-21　ゼロスケールの時間経過

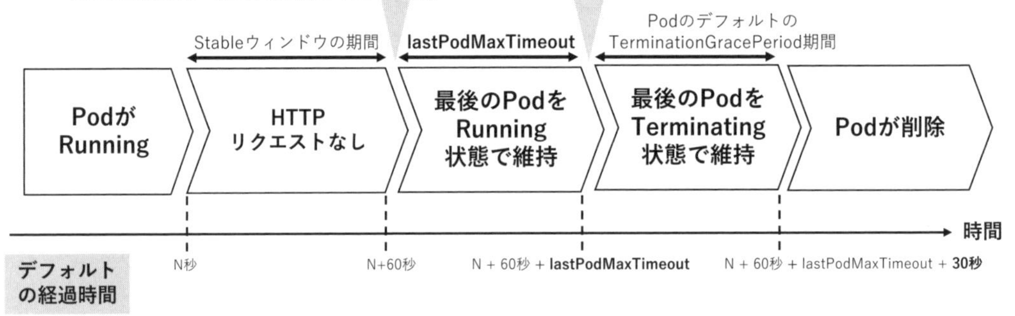


デフォルト設定では、以下の流れでゼロスケールが行われます。

① HTTP リクエスト停止後、Stable ウインドウの約 60 秒が経過すると Pod のスケールインが開始
② 残り 1 台の Pod が約 30 秒間「Running」状態を維持 (lastPodMaxTimeout として scale-to-zero-grace-period が適用)
③ 残り 1 台の Pod が「Terminating」へ遷移
④ 残り 1 台の Pod が約 30 秒間「Terminating」状態を維持 (TerminationGracePeriod)
⑤ 残り 1 台の Pod が削除

参考として、以下にデフォルト設定時のゼロスケールの動作確認結果を示します。この結果は、Productpage へ 10 秒間に 700 リクエストを同時送信し、並行して Pod の稼働状態の遷移を確認したものです。以下の結果の、特に「AGE」列に着目し、Pod のスケールイン開始から残り 1 台の Pod が削

*18 https://github.com/knative/serving/blob/45f7c054f69448695d4e9bc11f5a451b3c9f1eff/pkg/reconciler/autoscaling/kpa/scaler.go#L271

除されるまでの時間経過を確認しましょう。

◎ Productpage へ HTTP リクエスト送信

```
$ hey -z 10s -c 700 https://productpage.bookinfo.<IPアドレス>.sslip.io
```

◎ Pod の稼働状態の遷移

```
$ while true Enter
do Enter
date Enter
kubectl get pods -n bookinfo Enter
echo '---' Enter
done Enter
...
## HTTP 負荷をかけると Pod が 10 台起動します。
YYYY年 MM月 DD日 X曜日 hh時mm分31秒 JST
NAME                     STATUS    AGE
productpage-...-74j2d    Running   2s
productpage-...-f5ff7    Running   4s
productpage-...-mt7rk    Running   4s
productpage-...-r4qdr    Running   4s
productpage-...-rm5b2    Running   5s
productpage-...-rqkjn    Running   5s
productpage-...-tjwzh    Running   2s
productpage-...-vt6qw    Running   2s
productpage-...-w9tjm    Running   2s
productpage-...-wrrzz    Running   6s
---
...
---
## 約 60 秒後に Pod のスケールインが始まります（①）。
YYYY年 MM月 DD日 X曜日 hh時mm+1分36秒 JST
NAME                       STATUS        AGE
productpage-.....-74j2d    Terminating   64s
productpage-.....-f5ff7    Terminating   68s
productpage-.....-mt7rk    Terminating   68s
productpage-.....-r4qdr    Terminating   68s
productpage-.....-rm5b2    Terminating   69s
productpage-.....-rqkjn    Terminating   69s
productpage-.....-tjwzh    Terminating   66s
productpage-....-vt6qw     Running       66s ## 最後の Pod
productpage-.....-w9tjm    Terminating   64s
productpage-.....-wrrzz    Terminating   70s
---
...
```

```
---
## 約 30 秒後に最後の Pod の状態が Terminating へ遷移します（② ③）。
YYYY年 MM月 DD日 X曜日 hh時mm+2分05秒 JST
NAME                  STATUS        AGE
productpage-...-vt6qw  Terminating  95s ## 最後の Pod
productpage-...-w9tjm  Terminating  93s
---
...
---
## 約 30 秒後に最後の Pod が削除されます（④ ⑤）。
YYYY年 MM月 DD日 X曜日 hh時mm+2分36秒 JST
No resources found in bookinfo namespace.
```

## 3-11 まとめ

本章では、サンプルアプリケーションを通じて Knative Serving によるサーバレスのアプリケーションライフサイクルを体験しました。アプリケーションのデプロイ履歴を踏まえたトラフィック分割や HTTP リクエスト駆動のオートスケールが、Knative Serving の提供するアプリケーション開発体験の中核です。また、Knative Serving による Kubernetes API の抽象化が、Kubernetes 上へのアプリケーションデプロイの容易性を高めます。アプリケーションのデプロイとネットワーク設定が自動化されることで、Kubernetes の深い知識が求められず、Knative Serving が Kubernetes の利便性を高めるツールとしても機能します。

しかし、第 1 章でも述べたとおり、サーバレスは万能ではありません。サービスやワークロードの特性に見合う場合に受けられる恩恵が大きい一方、多くのユースケースではリスク受容が求められます。特にゼロスケールに伴うアプリケーションの強制停止の可能性や、リクエスト再開時のコールドスタートをどこまで許容できるかが採用時の判断のポイントとなるでしょう。また、Knative が Kubernetes を抽象化する故に、仕様がブラックボックスになりやすい点も注意してください。開発チームへ Kubernetes クラスタを提供するチームは、本番利用に向けて適切にシステムを運用する上でも、特に本章で解説した Knative Serving のオートスケールの動作原理をしっかりと理解しておきましょう。

# 第4章

# Knative Eventingを用いたシステム構築の実践

本章では、Knativeのもう１つのプロジェクトの Knative Eventing を解説します。Knative Eventing はイベント駆動型アーキテクチャのシステム構築の基盤を提供するコンポーネントです。Knative Eventing は、Knative Serving と同様、Kubernetes のカスタムリソースとして実装され、Kubernetes の宣言的な API を用いたシステム構築を可能にします。また、CNCF の推進するイベントの標準仕様である CloudEvents を採用し、ベンダーロックインを防ぎます。

Knative Eventing の学習には、実際にシステム構築を経験することが一番の近道です。そこで本章では、第３章で使用した Bookinfo と、本の注文業務を提供する「Bookorder」というシステムを Knative Eventing を使用して連携させる演習を行います。

## 4-1 イベント駆動型アーキテクチャのシステム設計

本書では、書籍の注文業務を提供するサンプルアプリケーションの「Bookorder」を元に、Bookinfo と Bookorder の連携を通じて、イベント駆動型アーキテクチャのシステム構築を体験します。まずはマイクロサービス間のデータ連携手法を確認し、Bookorder を参考にイベント駆動型アーキテクチャのシステム設計の考え方を理解しましょう。

### 4-1-1 マイクロサービス間のデータ連携の実装

第 3 章までの演習で使用した Bookinfo は、単純に書籍の情報を HTTP GET で参照するのみのシステムでした。このシステムへ書籍の注文業務を追加する際、どのようなマイクロサービス間の連携方法が考えられるでしょうか？

ここで、書籍の注文業務として Figure 4-1 のシンプルな仕組みを考えます。

Figure 4-1 書籍の注文の流れ

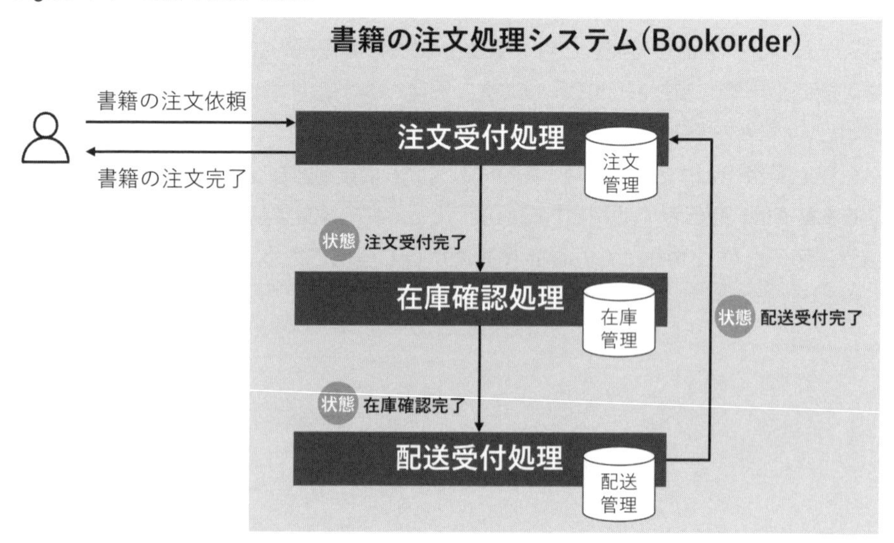


ユーザがシステムへ書籍を注文すると、システムは注文依頼を受け付け、書籍の在庫確認、配送受付を経て、最終的に注文処理を完了します。このとき、注文処理の状態は、各工程の処理に応じて変化します。この注文処理をマイクロサービスアーキテクチャで実装することを考えると、各マイクロ

サービスが他のマイクロサービスの処理状態を把握し、自身の管理データが注文処理の状態と矛盾しないように調整する必要があります（Figure 4-2）。

Figure 4-2　マイクロサービス間のデータ連携

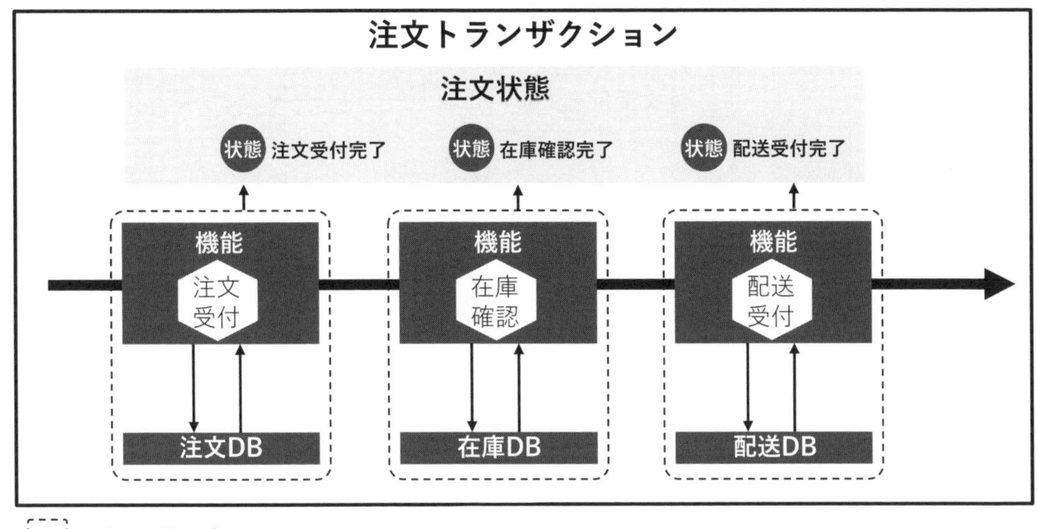


## 4-1-2　リクエスト・リプライ方式のデータ連携

第1章で解説したマイクロサービスアーキテクチャのメリットを得るには、各マイクロサービスを疎結合に連携する設計がポイントです。その原則を踏まえてマイクロサービス間のデータ連携を実装するには、マイクロサービス間の依存性を排除しつつ、各マイクロサービスの管理データの整合性を担保するデータ連携の実現が鍵となります。その実現方法の一つが「リクエスト・リプライ方式」です（Figure 4-3）。

リクエスト・リプライ方式は、中央のオーケストレータが連携先のマイクロサービスを選択し、適切な順序でリクエストを送出する**オーケストレーション構成**が基本です。この方式は、オーケストレータがトランザクション管理の頭脳となり、シンプルな構成でデータを整合することが可能です。一方で、Figure 4-4 に示されるように、オーケストレータと連携するマイクロサービスが増えるたびに、オーケストレータ上のマイクロサービス間連携の調整ロジックを改修する必要があります。つまり、オーケストレータと連携先のマイクロサービスとの依存性が高い状態と言えます。

Figure 4-3　リクエスト・リプライ方式のデータ連携

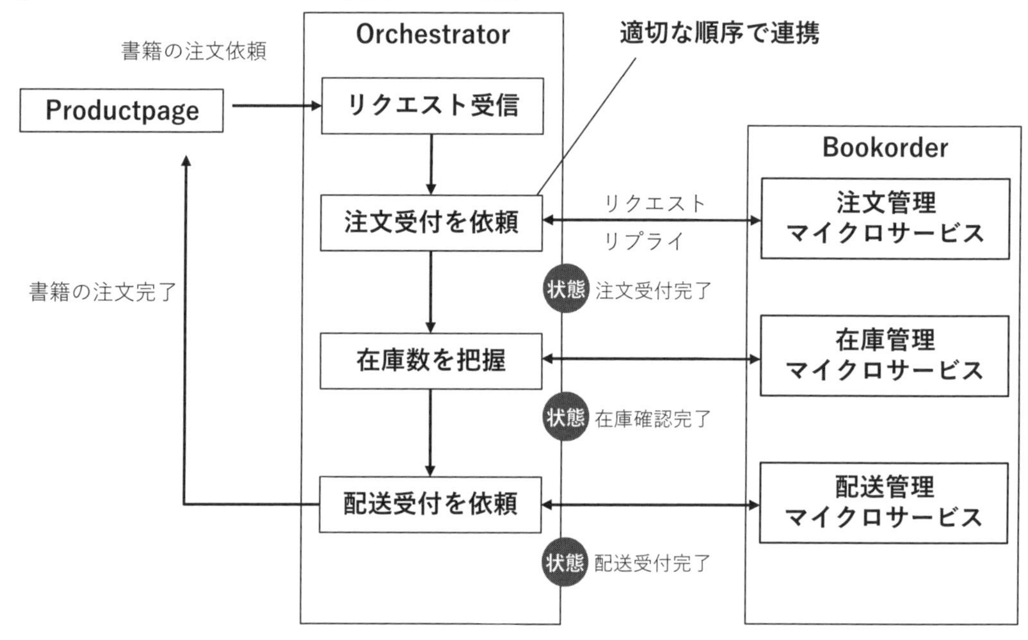


Figure 4-4　リクエスト・リプライ方式のデータ連携の課題

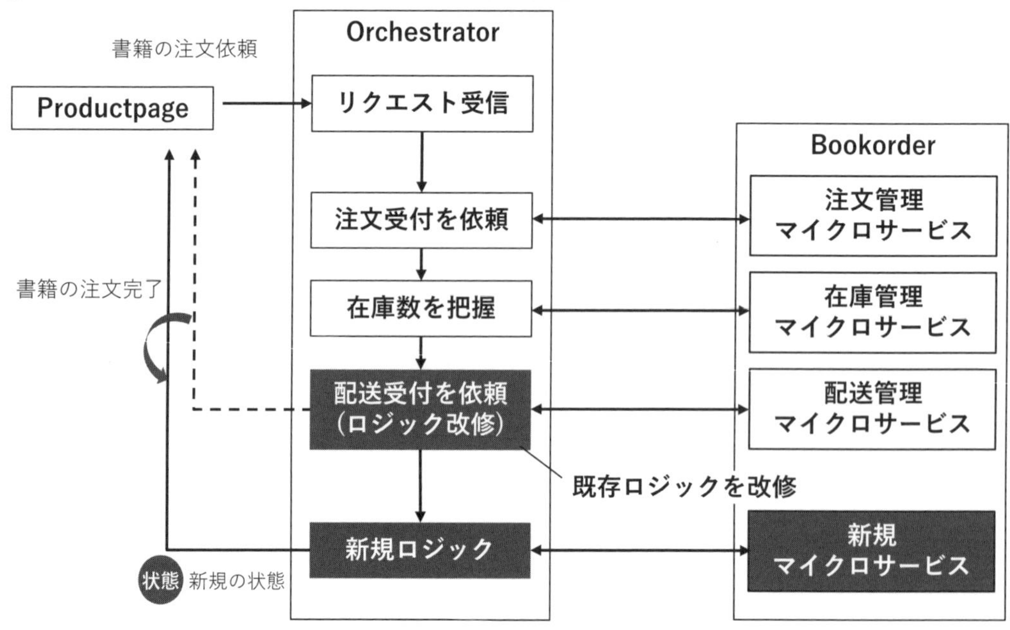

## 4-1-3 イベント駆動方式のデータ連携

マイクロサービス間の依存性を排除するソフトウェア設計パターンとして、イベント駆動方式のデータ連携が用いられます。イベント駆動、とは、マイクロサービスの処理状態やデータ変更の履歴を「イベント」として管理し、そのイベントを仲介してマイクロサービスが自律的に処理を進める方式です。イベントがマイクロサービス間の直接の連携を防ぐ役割を担うことで、新たなマイクロサービスを追加しても、既存のマイクロサービスへの影響を軽減することが可能となります。イベント駆動方式によるデータ連携を行うシステムアーキテクチャを**イベント駆動型アーキテクチャ**と呼びます。

リクエスト・リプライ方式とイベント駆動方式は、**同期か非同期か**という点でデータ連携方式が異なります。リクエスト・リプライ方式は、同期型のデータ連携方式です。クライアントからのリクエストに対し、オーケストレータがすぐに依頼された処理を実行します。そして、クライアントはオーケストレータからの応答を待ち、処理結果をすぐに受信できます。一方で、イベント駆動方式は、非同期型のデータ連携方式です。そして、マイクロサービス間のデータ連携において、**強い整合性を求めないことを許容する**という考え方がポイントです。

ここで書籍の注文業務を提供するサンプルアプリケーションである「Bookorder」のデータ連携の方法を確認しましょう（Figure 4-5）。

Figure 4-5　Bookorder のデータ連携

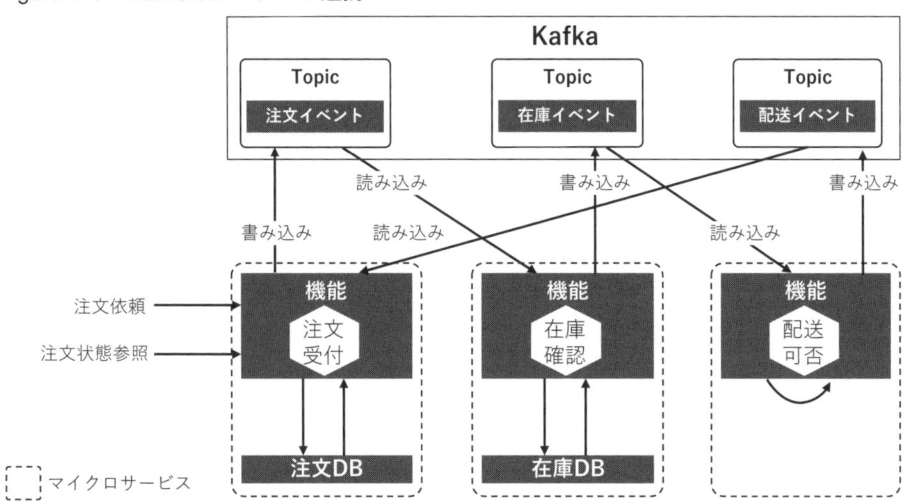


Bookorder は、書籍の注文依頼を受けると、在庫の確認や配送処理を担う各マイクロサービスの API

を直接実行するのでなく、Apache Kafka（以降、Kafkaと記載します）へ書き込まれたイベントを介して注文状態を管理します。Bookorderを構成する各マイクロサービスは、イベントの発生を契機に自身の処理を開始し、イベントを介して他のマイクロサービスの処理状況を把握します。Kafkaは、イベントを効率的に流通させ、管理するためのハブの役割を担います。

このアーキテクチャにおいて、各マイクロサービスの処理の監督者は存在しません。マイクロサービスが自律して処理を行い、イベントはそのきっかけを与える役割に過ぎません。マイクロサービスの自律した処理によりデータが更新されるということは、各データは非同期で更新されるということです。つまり、注文処理の過程で一時的に古いデータを参照できてしまう状態が発生します。すべてのマイクロサービスの処理が完了すると、最終的にデータは整合した状態へ収束します。このような整合性モデルを**結果整合性**と呼びます。

### Column Apache Kafka

Kafkaは、高速でスケーラブルなPub/Sub型の分散メッセージングシステムです。Kafkaを用いたシステムの基本構成をFigure 4-6に示します。

Figure 4-6 Kafkaの構成

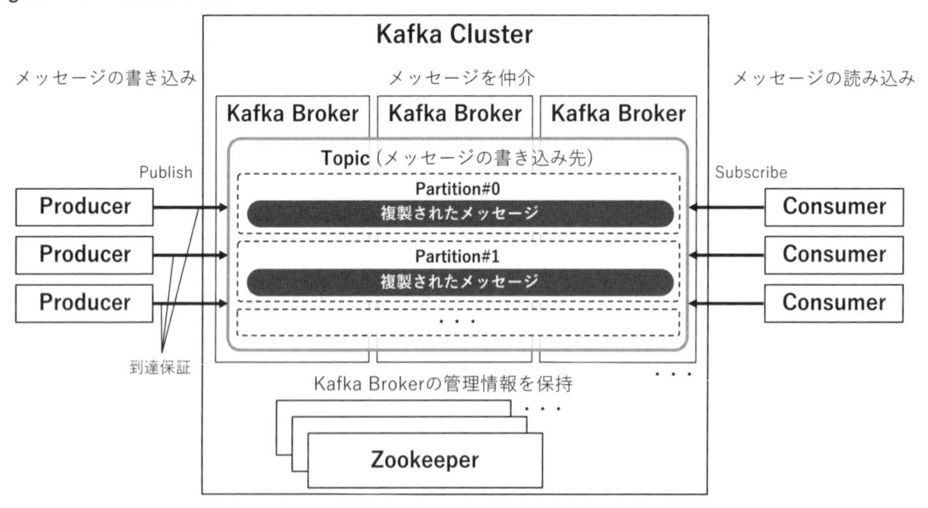


Kafkaを使用するアプリケーションは、「トピック」と呼ばれる宛先へ、メッセージの書き込み（パブリッシュ）とメッセージの読み込み(サブスクライブ)を行います。メッセージを書き込むアプリケーションを「プロデューサ」、メッセージを読み込むアプリケーションを「コンシューマ」と呼びます。そして、「Kafka Broker」がメッセージを仲介する役割を担い、1つ以上のKafka BrokerでKafkaクラスタを構成します。また、Kafka Broker間の協調制御は「Apache Zookeeper（以降、

Zookeeper と記載)」というオープンソースが利用されます。Zookeeper は、Kafka Broker やコンシューマの状態、既存のトピックの設定や更新、Kafka クラスタへのアクセス制御リストといった Kafka クラスタの管理情報を保持する役割を担います。

Kafka をイベントの管理先として使用することで、イベントの永続化と到達保証が可能です。Kafka の各トピックはファイルとして保存され、かつクラスタ内で「パーティション」と呼ばれる単位でレプリカを作成し、データ損失を防ぎます。イベントの到達保証は、Table 4-1 に示される 3 つの保証レベルが提供され、求められるサービスレベルに応じた設計が可能です。なお、デフォルトは「At least once(最低 1 回の到達を保証)」が適用されます。これらの特徴から、Knative Eventing を本番環境で利用する際は、Kafka と組み合わせて利用することが現実解と言えるでしょう。

Table 4-1　Kafka のイベントの到達保証

| 到達保証の種類 | 意味 | 注意事項 |
|---|---|---|
| At least once | 最低 1 回イベントを送信 | イベントの損失はないが重複が発生する可能性がある |
| At most once | 最大 1 回イベントを送信 | イベントが再送されず、損失が発生する可能性がある |
| Exactly once | 確実に 1 回イベントを送信 | イベントの損失も重複も起こらない |

## 4-1-4 Bookorder のアーキテクチャ

Bookorder は Figure 4-7 に示される、Order、Stock、Delivery の 3 つのマイクロサービスで構成されるシステムです。

Figure 4-7　Bookorder のアーキテクチャ

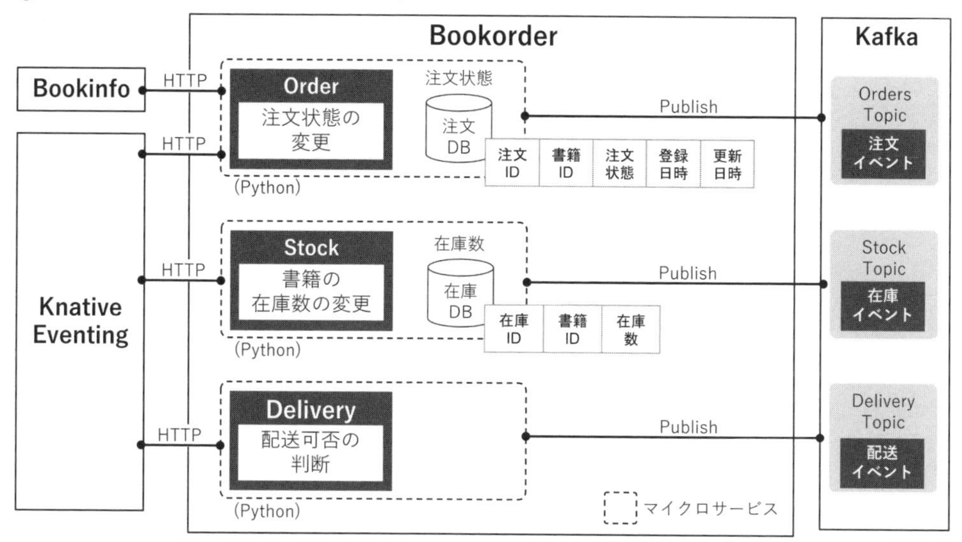

OrderとStockはデータベース（以降、DBと記載します）を持ち、それぞれ書籍の注文状態や在庫数を管理します。Deliveryは書籍の配送可否を判定するマイクロサービスで、DBを持たない構成で実装されています。

Bookorderには、KafkaとHTTPの2つの連携インタフェースが存在します。Kafkaのインタフェースは、各マイクロサービスの処理状態をKafkaトピックへイベントとして記録する用途です。各マイクロサービスはKafkaトピック上のイベントを読み込むことで、他のマイクロサービスの処理状況を把握します。HTTPのインタフェースは、Orderが注文依頼を受け付ける用途と、Knative Eventingの送信したイベントを受信する用途で使用されます。

## 4-1-5　Bookorderのデータ連携フロー

ここでFigure 4-8に示されるBookorderのデータ連携フローを確認しましょう。

Figure 4-8　Bookorderのデータ連携フロー

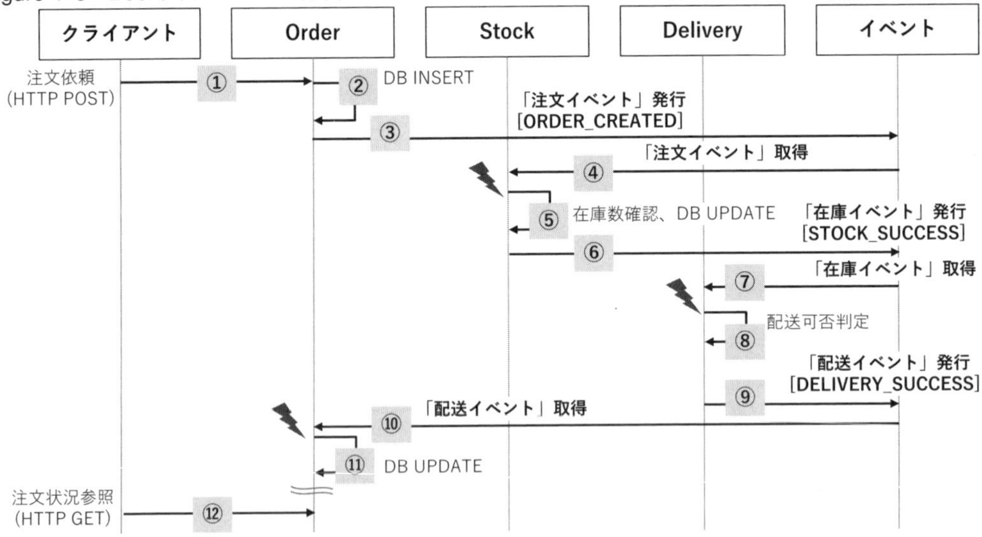

① Orderは、HTTPクライアントから「/orders/< 書籍 ID>」のURLパスでHTTP POSTリクエストを受信します。

② Orderは、注文状態を注文DBへINSERTします。

③ Orderは注文IDと書籍ID、注文状態、ログインユーザ名を「注文イベント」として記録します。

```
注文状態 = ORDER_CREATED
```

④ Stockが注文イベントを取得します。

⑤ Stockは、注文イベントから書籍IDを取得し、その書籍の在庫数を在庫DBからSELECTします。そして、在庫数が0より大きい場合、在庫数を1つ減らして在庫DBをUPDATEします。

⑥ Stockは、注文IDと書籍ID、注文状態、ログインユーザ名を「在庫イベント」として記録します。

```
if 在庫数 > 0
注文状態 = STOCK_SUCCESS

else if 在庫数 = 0
注文状態 = NO_STOCK
```

⑦ Deliveryが在庫イベントを取得します。

⑧ Deliveryは、在庫イベントからログインユーザ名を取得し、ログインユーザの有無を確認します。

⑨ Deliveryは、注文IDと書籍ID、注文状態、ログインユーザ名を「配送イベント」として記録します。

```
if ログインユーザあり
注文状態 = DELIVERY_SUCCESS

else if ログインユーザなし
注文状態 = DELIVERY_FAILED
```

⑩ Orderが配送イベントを取得します。

⑪ Orderは、配送イベントから注文IDと注文状態を取得し、注文DBをUPDATEします。

⑫ HTTPクライアントは、注文DBのデータをHTTP GETリクエストで取得し、注文処理の状況を把握します。

このように、各マイクロサービスは、他のマイクロサービスと直接連携せずに、イベントの取得を契機に、自身の管理データの更新や処理を進めます。しかし、このデータ連携フローを実現するには、イベントを適切なマイクロサービスへ送信する仕組みが求められます。一からその仕組みを実装することは決して容易ではありません。貴重な開発リソースはビジネスのコアとなるアプリケーションの実装に割り当てるべきです。この点にKnative Eventingの価値が見出されます。

次の節より、Knative Eventingの提供する機能を確認しましょう。

# 4-2 Knative Eventing

Knative Eventingは、イベント駆動型アーキテクチャのシステム構築の基盤を提供するソフトウェアです。本節では、Knative Eventingの役割と提供するカスタムリソース、そして、そのカスタムリソースを用いて構築できるアーキテクチャパターンを解説します。

## 4-2-1 Knative Eventingを使用しないシステム構築

イベント駆動型アーキテクチャのシステム構築において、Knative Eventingの使用は必ずしも必須ではありません。たとえば、Kafkaといったpub/Sub型のメッセージングシステムをイベント管理用のメッセージバスとしてマイクロサービス間に介在させ、イベント駆動型アーキテクチャを実現することも可能です。

しかし、この構成は、イベントを中心に非同期でデータ連携できる一方、イベント読み込み側のアプリケーション（イベントコンシューマ）の実装が**特定のイベント生成元システム（イベントプロデューサ）との連携に限定**されます。連携対象が特定のシステム内に閉じている場合は問題にならないでしょう。しかし、他部門が開発したシステムとの連携や外部のクラウドサービスと連携したいケースでは、イベントプロデューサ毎に個別に連携仕様を検討し、実装する必要が出てきます（Figure 4-9）。

Figure 4-9　Knative Eventingを使用しないシステム構築

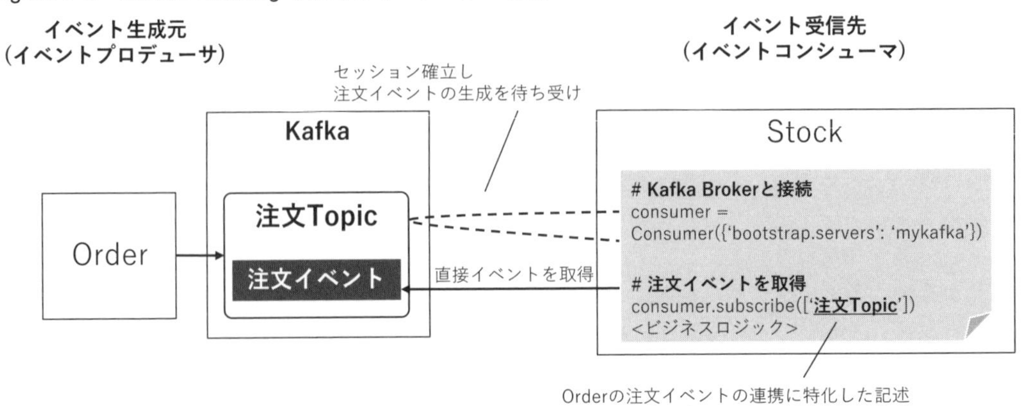

## 4-2-2 Knative Eventing の役割

Knative Eventing の目指す姿は、「イベントの送信」を通じて、異なるイベントプロデューサを利用しても「共通の方法」でイベント駆動型アーキテクチャのシステム構築を可能にすることです。その実現に向け、Knative Eventing の担う役割は、**イベントプロデューサ毎のイベント取得方法を隠蔽し、イベントの送信に基づいてアプリケーション間連携を記述する**、ことです。(Figure 4-10)

Figure 4-10 Knative Eventing の役割

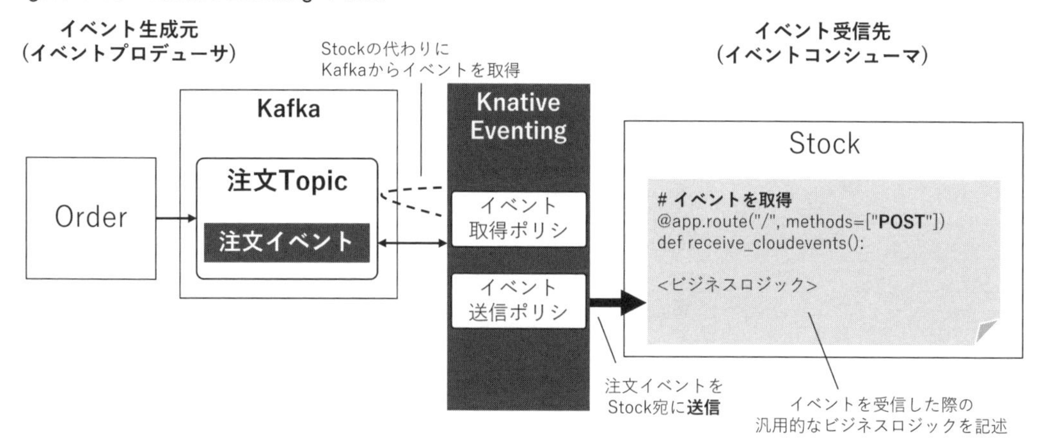


「イベントの送信」によって、イベントコンシューマは、特定のイベントの生成状況をモニタリングしたり、生成されたイベントを能動的に取得しにいくといった処理の実装が不要になります。Knative Eventing は、イベントコンシューマの代わりにイベントプロデューサと連携します。そして、取得したイベントを「CloudEvents」と呼ばれるフォーマットへ変換し、HTTP POST リクエストによりイベントコンシューマへイベントを送信（イベントルーティング）します。イベントコンシューマは、自身の処理を開始するきっかけを Knative Eventing に「教えてもらう」イメージで動作でき、自らのコアとなる処理に注力した実装が可能になります。イベントの取得と送信を Knative Eventing が担い、その設定を Kubernetes の宣言的な API で定義できることで、アプリケーション間連携の実装を効率化します。なお、CloudEvents については「4-3　CloudEvents」にて解説します。

## 4-2-3 Knative Eventing のカスタムリソース

Knative Eventing は、第 1 章で触れたようにイベント駆動型アーキテクチャの実装に必要となる「イベントソースとの連携」、「イベントのフィルタリング」、「イベントの送信」の大きく 3 つの仕組みを

Kubernetesのカスタムリソースとして提供します。これらの機能をKnative Servingと組み合わせて利用することで、イベントの発生を契機にアプリケーションを起動するサーバレスのアプリケーションライフサイクルを実現可能です。

Knative EventingのカスタムリソースをTable 4-2に示します。

Table 4-2　Knative Eventingのカスタムリソース

| カスタムリソース名 | APIリソース名 | 役割 |
| --- | --- | --- |
| Source | sources.knative.dev | イベントの発生を待ち受け、指定された宛先へイベントを送信するカスタムリソース |
| Channel | channels.messaging.knative.dev | イベントの保管場所を定義するカスタムリソース |
| Subscription | subscriptions.messaging.knative.dev | Channel上のイベントの送信先を管理するカスタムリソース |
| Broker | brokers.eventing.knative.dev | 複数のイベントを集約して管理するカスタムリソース |
| Trigger | triggers.eventing.knative.dev | Broker上のイベントのフィルタリング条件を管理するカスタムリソース |
| EventType | eventtypes.eventing.knative.dev | Brokerから消費できるイベントの種類を管理するカスタムリソース |

Table 4-2のカスタムリソースを駆使することで、Kubernetesの宣言的なオペレーションでイベントルーティングを定義できます。イベントを受信したマイクロサービスは、自身の処理を開始するきっかけとしてイベントを扱います。イベントがまるでマイクロサービス同士を繋ぐケーブルとなり、その配線を設計するイメージです。

イベントの配線の仕方によって、Source、Channel、Brokerの3つのアーキテクチャパターンが存在します。それぞれの特徴を確認しましょう。

### 4-2-4　Sourceを使用したアーキテクチャ

SourceはKnative Eventingの中心となるコンポーネントです。イベントプロデューサの生成したイベントを検知し、Knative EventingのサポートするCloudEvents形式のイベントフォーマットへ変換した上で、適切な宛先へイベントを送信する機能を提供します。

## ■ Source の種類

Source には、ApiServerSource や ContainerSource、PingSource といったデフォルトでインストールされるものの他、さまざまなオープンソースやクラウドサービスと連携可能な Source が存在します。ここでは、その一部を Table 4-3 にまとめます。その他の Source については公式ドキュメント*1を参照してください。なお、本書では、「Kafka Source」を使用します。

Table 4-3　Source の種類（一部）

| カスタムリソース名 | API リソース名 | 役割 |
|---|---|---|
| ApiServerSource | apiserversources.sources.knative.dev | Kubernetes API が実行されたことをイベントとして扱うカスタムリソース |
| ContainerSource | containersources.sources.knative.dev | 指定されたコンテナをイベントプロデューサとしてデプロイし、固有のイベントを生成するカスタムリソース |
| PingSource | pingsources.sources.knative.dev | 指定された Cron スケジュールで定期的にイベントを生成するカスタムリソース |
| KafkaSource | kafkasources.sources.knative.dev | 既存の Kafka トピックに保存されるメッセージをイベントとして扱うカスタムリソース |
| GitLab | gitlabsources.sources.knative.dev | GitLab Webhook をイベントとして扱うカスタムリソース |
| GCP Pub/Sub | googlecloudpubsubtargets.targets.triggermesh.io | GCP Pub/Sub のトピックに保存されるメッセージをイベントとして扱うカスタムリソース（トリガーメッシュ社の提供） |
| AWS S3 | awss3sources.sources.triggermesh.io | AWS S3 から通知されたメッセージをイベントとして扱うカスタムリソース（トリガーメッシュ社の提供） |
| SinkBinding | sinkbindings.sources.knative.dev | Deployment や CronJob などの Pod 関連の Kubernetes リソースや Knative Service をイベントプロデューサとするカスタムリソース |

## ■ Source を構成するコンポーネント

Source は、イベントの送受信を行う**データプレーン**とデータプレーンのライフサイクル管理を担う**コントロールプレーン**の 2 つのコンポーネントで構成されます。Source の種類毎に専用のデータプレーンとコントロールプレーンのデプロイが必要です。たとえば Kafka Source では、データプレーンとして Kafka トピックからイベントを読み込み、CloudEvents 形式へ変換してイベントを送信する「Dispatcher」

＊1　https://knative.dev/docs/eventing/sources/#knative-sources

と、データプレーンのライフサイクル管理を担う「Controller」で構成されます（Figure 4-11）。

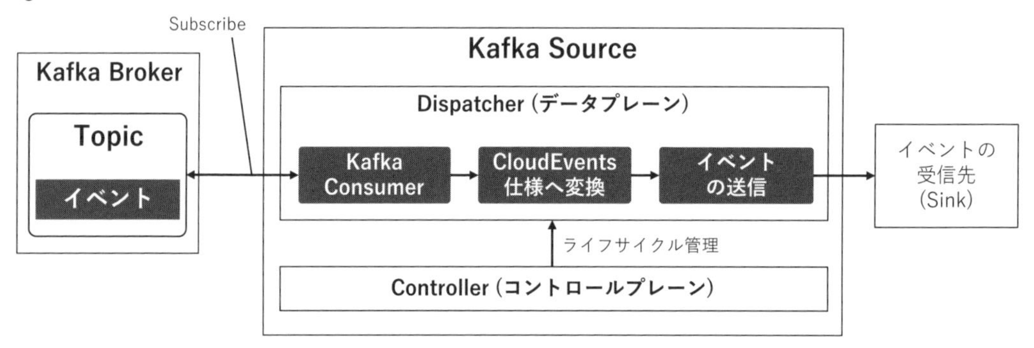

Figure 4-11　Kafka Source のコンポーネント構成

## ■ Source を使用したイベント駆動型アーキテクチャ

Source では、イベントの送信先を Sink と呼びます。Sink には、Kubernetes や Knative Service の各リソース、後述の Channel や Broker の他、URL を直接指定して Kubernetes クラスタ外のシステムも対象とできます。ただし、単一の Source へ設定できる Sink は 1 つのみです。

Source を使用したイベント駆動型アーキテクチャを実装する場合は、Figure 4-12 のとおり、Source 毎に Sink を定義していくアーキテクチャとなります。

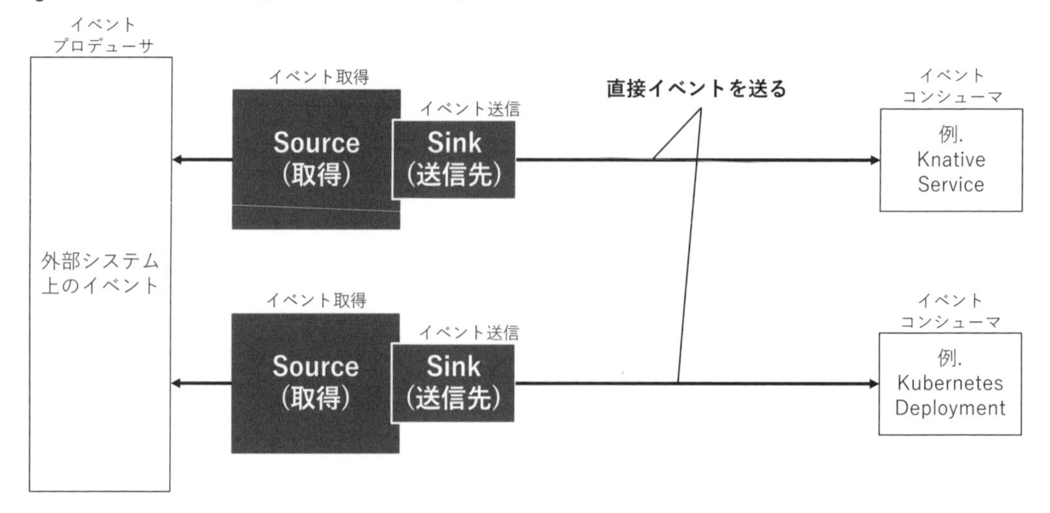

Figure 4-12　Source を使用したイベント駆動型アーキテクチャ

## 4-2-5 Channelを使用したアーキテクチャ

### ■ Channelの種類

イベント駆動型アーキテクチャのシステム信頼性の向上には、イベント送信失敗時のリトライやイベント損失の対策が必要です。

Channelは、Sourceで検知したイベントの保管場所を管理するカスタムリソースです。イベントの送信先は、Channelに紐付く「Subscription」が管理し、イベント送信に失敗した際の再送ポリシーをイベントコンシューマ毎に記述できます。なお、Subscription使用時のイベント送信先のアプリケーションを「Subscriber」と呼びます。

Knative Eventingでは、本書執筆時点で、Table 4-4に示されるChannelがサポートされています。なお、本書では「Kafka Channel」を使用します。

Table 4-4 Channelの種類（一部）

| カスタムリソース名 | 役割 |
|---|---|
| In Memory Channel | 専用のPodをイベント保管場所として使用するカスタムリソース（イベントの永続化はされず、本番環境での使用は非推奨） |
| KafkaChannel | Kafkaクラスタをイベントの保管場所とするカスタムリソース |
| NatssChannel | CNCFのクラウドネイティブメッセージングシステムであるNATSクラスタをイベントの保管場所とするカスタムリソース |

### ■ Channelの構成

Channelは、オブジェクト間の接続に基づきイベントをメッセージルーティングするコンセプトで実装されています。Channelがイベントの流れる土管となり、イベントをSubscriberまで届けるイメージです。

Channelは、Sourceと同様、データプレーンとコントロールプレーンで構成されます。たとえば、本書で使用するKafka Channelは、データプレーンとしてKafkaトピックからイベントを読み込み、Subscriptionへ送信する前にCloudEvents形式へ変換するDispatcher、CloudEvents形式のイベントを受信し、Kafka形式へ変換して適切なKafkaトピックへパブリッシュするReceiver、また、コントロールプレーンとして、データプレーンのライフサイクル管理を担うControllerで構成されます（Figure 4-13）。

Figure 4-13　Kafka Channelのコンポーネント構成

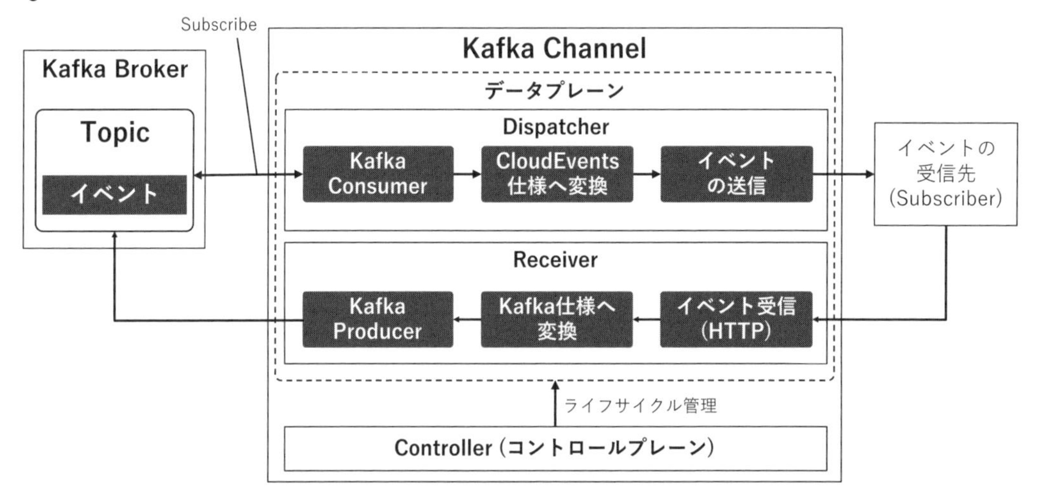


## ■ Channelを使用したイベント駆動型アーキテクチャ

Channelを用いたイベント駆動型アーキテクチャのシステム構築では、SourceとChannelのセットに対し、Subscriptionでイベントの送信先を指定します。SourceのSinkがChannelとなり、Channel上のイベント送信先の設定をSubscriptionで定義します。SubscriptionとしてChannelを指定することも可能です。また、Subscriptionは、SubscriberのHTTPレスポンスのデータがCloudEvents形式の場合、それを新たなイベントとして他のSubscriberへ中継する機能（Reply）を提供します。

このように、Channelを使用することでイベントを流通する土管を柔軟に設計することが可能です(Figure 4-14)。

# 4-2-6　Brokerを使用したアーキテクチャ

## ■ Brokerの種類

Brokerは、複数のイベントを集約し、イベントプールとして管理するカスタムリソースです。Broker内のイベントに対し、Triggerを定義することでイベントをフィルタリングし、条件に合致したイベントを指定されたSubscriberへ送信します。

Knative Eventingをインストールすると、デフォルトでMulti-Tenant(MT) Channel-based Brokerが提供されますが、このBrokerのバックエンドはIn Memory Channelが使用され、イベントの永続化がで

Figure 4-14　Channel を使用したイベント駆動型アーキテクチャ

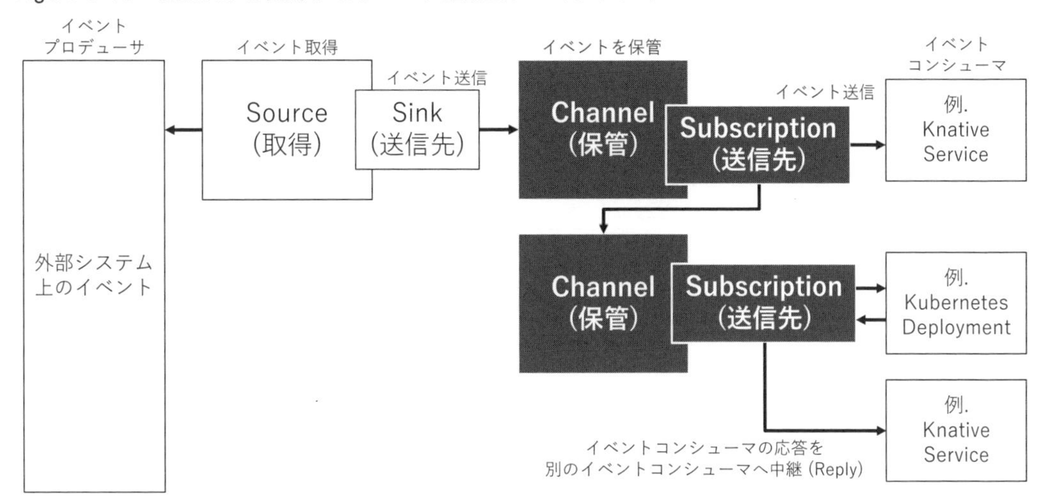


きません。したがって、Broker を本番環境で使用する場合は、Table 4-5 に示される、Knative Kafka Broker や RabbitMQ Broker の使用を検討してください。なお、本書では「Knative Kafka Broker」を使用します。

また、以降、Apache Kafka の Broker を「Kafka Broker」、Knative の Broker リソース全般を「Broker」、Kafka と連携する Knative Broker を「Knative Kafka Broker」、と記載します。

Table 4-5　Broker の種類（一部）

| カスタムリソース名 | 役割 |
|---|---|
| MT Channel-based Broker | In Memory Channel をバックエンドとするカスタムリソース（イベントが永続化されないため、本番環境での使用は非推奨） |
| Knative Kafka Broker | Kafka クラスタを Broker のバックエンドとするカスタムリソース |
| RabbitMQ Broker | RabbitMQ を Broker のバックエンドとするカスタムリソース |

## ■ Broker の構成

Broker は Channel と同様、データプレーンとコントロールプレーンの 2 種類で構成されます。たとえば、Knative Kafka Broker は、データプレーンとして、指定された条件に合致するイベントを Knative Kafka Broker から取り出し、HTTP POST リクエストでイベントを送信する Dispatcher、CloudEvents 形式のイベントを受信し、適切な Kafka トピックへイベントを書き込む Receiver、また、コントロールプレーンとしてデータプレーンのライフサイクル管理を担う Controller、で構成されます（Figure 4-15）。

Figure 4-15　Knative Kafka Broker のコンポーネント構成

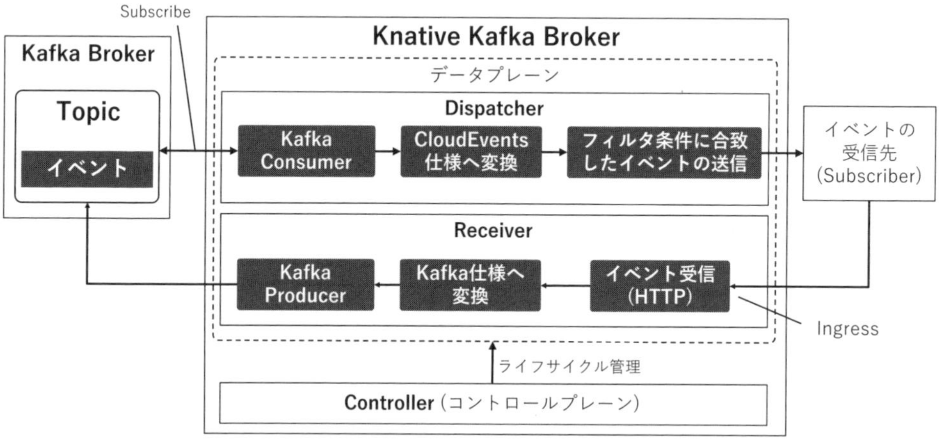

Subscribe
Kafka Broker
Topic
イベント
Knative Kafka Broker
データプレーン
Dispatcher
Kafka Consumer
CloudEvents 仕様へ変換
フィルタ条件に合致したイベントの送信
イベントの受信先 (Subscriber)
Receiver
Kafka Producer
Kafka仕様へ変換
イベント受信 (HTTP)
Ingress
ライフサイクル管理
Controller（コントロールプレーン）

## ■ Brokerを使用したイベント駆動型アーキテクチャ

Broker と Channel は互いに類似した構成に見えますが、ソフトウェアのコンセプトが異なります。Broker はイベントの属性に基づくルーティング、いわゆるコンテンツ・ベースド・ルーティングをコンセプトにしています。Channel がイベントを流す土管を作るイメージに対し、Broker は、イベントをベルトコンベアに並べ、条件に応じてイベントを振り分けるイメージです。

Broker を使用したイベント駆動型アーキテクチャは、Broker 上に集約されたイベントを Trigger で定義した条件で仕分けする、シンプルな構成を実現できる点がメリットです（Figure 4-16）。

Figure 4-16　Broker を使用したイベント駆動型アーキテクチャ

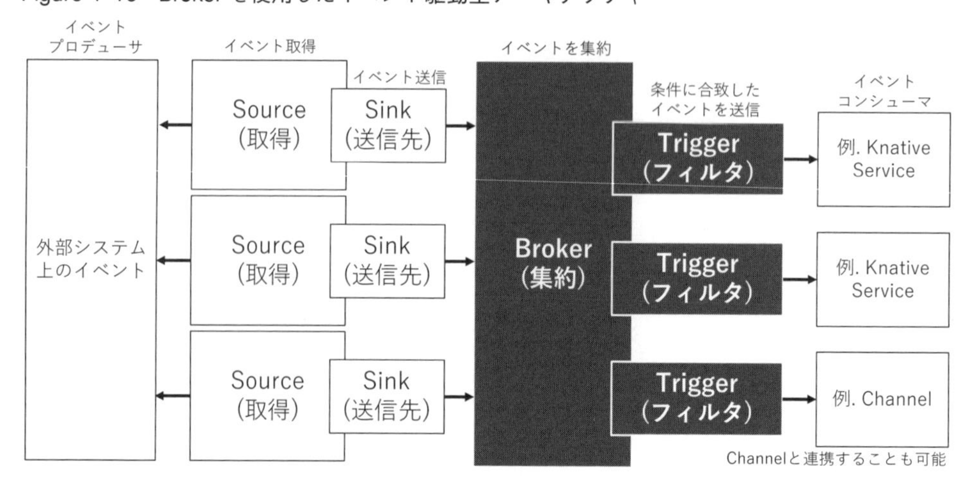

# 4-3 CloudEvents

Knative Eventing は、管理対象のイベント仕様として CloudEvents を採用しています。CloudEvents は、イベントを汎用的な方法で記述するための仕様です。CloudEvents は、2019 年に CNCF のインキュベーションプロジェクトへ昇格すると共に、v1.0 の仕様がリリースされ、さまざまなソフトウェアやクラウドサービスが CloudEvents を採用しています。

CloudEvents は、属性とイベントデータの 2 つでデータモデルが定義され、属性には必須属性、オプション属性、拡張属性の 3 種類が存在します。

## 4-3-1 必須属性

必須属性は、イベントとして必ず含む必要がある属性です。必須属性が欠落したリクエストは CloudEvents として扱われません。

必須属性には次の 4 つが存在します。

### ■ id

イベントの一意の識別子を表します。一意であることを示すためにバージョン 4 の UUID を使用することが一般的です。

### ■ specversion

イベントに使用された CloudEvents 仕様のバージョンを示します。本書執筆時点で許可される値は 1.0 のみです。

### ■ type

イベントの種類を表します。「dev.knative.eventing」のように逆ドメイン表記が使用され、特定のサービスをスコープにする使い方が一般的です。

### ■ source

イベントの発生元を表します。たとえば、URL の絶対パスや相対パスが使用されます。

## 4-3-2　オプション属性

オプション属性はイベントとして含めることが必須ではない属性です。オプション属性をサポートしていないシステムへオプション属性を含むイベントが通知された場合、そのシステムはオプション属性の存在を無視することが推奨されます。オプション属性は次の4つが存在します。

### ■ datacontenttype

「application/json」などのペイロードデータの種類を表します。

### ■ dataschema

イベントデータが遵守すべきスキーマです。イベントデータの検証に使用できます。

### ■ subject

source上に存在する一意のオブジェクトを表します。たとえば、sourceで指定されたURLパスがストレージの場合、そのストレージ上に作成されたblobファイル名などが該当します。

### ■ time

イベントの発生日時です。

## 4-3-3　拡張属性

拡張属性は、一般的に使用されるものではないものの、特定のシステム同士で相互運用性を確保することを期待して規定された属性です。本書執筆時点で5種類の属性が存在します。

なお、拡張属性は追加や削除の頻度が高いため、最新情報は公式ドキュメント[*2]を参照してください。

### ■ dataref

イベントのペイロードデータが保存されている場所を表します。データサイズが大きい場合や、データの改ざんの検証、暗号化されたデータの取得などに利用できます。

---

＊2　https://cloudevents.io

イベントデータは64KBを上限とし、基本的にはJSON形式の構造化データです。64KB以上のデータを扱いたい場合、datarefを使用してデータの参照先のリンクを格納し、ペイロードへ大きなサイズのデータを含めないことが推奨されます。

### ■ traceparent / tracestate

2つともZipkinやJaegerといった分散トレーシングシステムで扱われる属性です。traceparentは、分散トレーシングシステムが着信したリクエストを識別するための属性で、バージョンやトレースID、スパンID、トレースオプションが含まれます。

また、tracestateは、分散トレーシングシステムがトレース情報を送信するために使用される属性です。ベンダー固有のトレース識別情報がキー/バリューの形式で含まれます。

### ■ partitionkey

イベントのパーティショニングを行い、処理を分割するために使用されるキー情報です。

### ■ samplerate

観測されたイベント数のうち、実際に送信したイベント数を表します。たとえば、発生したイベント数が30件のうち、1件のイベントを送信した場合、samplerateは30が指定されます。

### ■ sequence

一意のイベントプロデューサが連続して生成したイベントの順序を表す属性です。

## 4-3-4 バインディング

バインディングとは、CloudEvents形式のイベントの送信プロトコル毎に、どのようにイベントデータをエンコードすべきかを規定したものです。たとえば、HTTPバインディング、Kafkaバインディング、MQTTバインディングが存在します。なお、Knative EventingはHTTPバインディングを採用し、CloudEvents形式のイベントをHTTP POSTリクエストで送信します。

バインディングによってサポートされるコンテンツ形式は異なりますが、共通してStructuredモードとBinaryモードの2つがサポートされます。

## ■ Structured モード

Structured モードは、属性とイベントデータを、ペイロードにまとめて格納する方式です。一般的にはJSON を使用してデータをエンコードします。Structured モードは、異なる送信プロトコルでも容易な転送が可能な一方で、ペイロードのデータサイズの増加に繋がり、転送効率の劣化やペイロードに含められるデータ制約が高い点が懸念されます。

◎ HTTP バインディングの Structured モードのリクエストデータの例

```
POST / HTTP/1.1
Host: knative.example.com
## イベントの受信者が、Content-Type ヘッダからモードを判別できるようにします。
## Structured モードでは、「application/cloudevents」を指定します。
Content-Type: application/cloudevents+json; charset=utf-8
Content-Length: xxxx

## 属性とデータがまとめてペイロードデータとして送信されます。
{
    "specversion" : "1.0",
    "type" : "dev.knative.kafka.event",
    "source" : "/apis/v1/namespaces/bookinfo/kafkasources/test#orders",
    "id" : "partition:0/offset:0",

    "data" : {
        {"created_at": "YYYY/MM/DD hh:mm:ss", "id": 1, "product_id": 0, "status": "ORDER_
CREATED", "user": "test-user"}
    }
}
```

## ■ Binary モード

Binary モードは、ヘッダへ属性を格納する方法です。たとえばHTTP バインディングでは、HTTP POST リクエストのHTTP ヘッダへ各属性の値を格納し、ペイロードにイベントデータを格納します。イベントの効率的な転送とエンコードが可能な点で一般的にはBinary モードが使用されますが、イベントの送信プロトコルによって採用可否が依存します。

なお、本書では、Binary モードを使用しイベントを送信します。

◎ HTTP バインディングの Binary モードのリクエストデータの例

```
POST / HTTP/1.1
Host: order.bookinfo.svc.cluster.local
## CloudEvents の属性を HTTP ヘッダへ含めます。
ce-specversion: 1.0
ce-type: dev.knative.kafka.event
ce-time: YYYY/MM/DD hh:mm:ss...
ce-id: partition:0/offset:0
ce-source: /apis/v1/namespaces/bookinfo/kafkasources/stock-source#orders
 ...
Content-Type: application/json; charset=utf-8

## イベントデータのみがペイロードに格納されます。
Content-Length: xxxx
{
     {"created_at": "YYYY/MM/DD hh:mm:ss", "id": 1, "product_id": 0, "status": "ORDER_CREA
TED", "user": "test-user"}
}
```

# 4-4 イベント駆動型アーキテクチャのアプリケーション実装

Knative Eventing は、前述のとおり、CloudEvents 形式のイベントを宣言された宛先のマイクロサービスへ HTTP POST で送信することで、イベント駆動型アーキテクチャを実現します。アプリケーションは、基本的にこの要件さえ満たせば、Knative Eventing とのインテグレーションが可能です。

本書で使用するサンプルアプリケーションの Bookorder は、Knative Eventing を使用する上で必要最低限のコードで実装されています。また、利用障壁の低さから、Python をベースに Web アプリケーションフレームワークとして Flask を使用し、HTTP リクエストを処理します。

本節では、Bookorder を構成する各マイクロサービスのソースコードを参考に、Knative Eventing を使用するアプリケーションの実装方法を確認しましょう。

## 4-4-1 Order の実装

Order は、Bookorder の処理の起点となるマイクロサービスです。MySQL の注文 DB 上で書籍の注文状態を管理し、Table 4-6 に示される 3 つのインタフェースを提供します。

Table 4-6　Order のインタフェース

| インタフェース | URL パス | 処理概要 |
|---|---|---|
| 注文状態参照 | /orders/< 書籍 ID> | HTTP GET リクエストを受信すると、注文 DB から注文状態を SELECT する |
| 注文受付 | /orders/< 書籍 ID> | HTTP POST リクエストを受信すると、注文 DB へ注文情報を INSERT し、注文イベントを Kafka トピックに書き込む |
| イベント受信 | / | HTTP POST リクエストを受信すると、注文 DB の注文状態を UPDATE する |

Order は、Stock、Delivery と直接 API 連携せず、イベント受信インタフェースを介して非同期で注文状態を把握します。

Order のイベント受信インタフェースの実装は次のとおりです。

◎　Order のイベント受信インタフェース（抜粋）（knative-bookinfo/src/order/order.py）

```
 1: ①  # ルーティング
 2: @app.route("/", methods=["POST"])
 3: def receive_cloudevents():
 4: ...
 5: ②  # 受信したイベントデータの取得
 6:      event = json.loads( request.data )
 7:      _order_id = int(event["id"])
 8:      _product_id = int(event["product_id"])
 9:      _state = str(event["status"])
10:      _user = str(event["user"])
11:
12: ③  # 受信したイベントに応じた処理ロジック
13:      update_db(_order_id, _product_id, _state)
14:
15: ④  # HTTP POST リクエストに対するレスポンス
16:      if PRODUCER_MODE:
17:    # Kafka トピックへイベントデータを直接パブリッシュ
18:          produce(_order_id, _product_id, _state, _user)
19:    # PRODUCER_MODE が True の場合、HTTP レスポンスでイベントデータを返さない
20:          return "", 200
21:      else:
22:    # PRODUCER_MODE が False の場合、新たなイベントとして HTTP レスポンス
23:          event_time = datetime.now().strftime('%Y/%m/%d %H:%M:%S')
24:          value = { 'created_at': event_time, 'id': _order_id, 'product_id': _produ
25: ct_id, 'status': _state, 'user': _user }
26:          response = make_response( json.dumps(value).encode('utf-8') )
27:          response.headers["Ce-Id"] = str(uuid.uuid4())
28:          response.headers["Ce-Source"] = "dev.knative.serving#order"
```

```
29:          response.headers["Ce-specversion"] = "1.0"
30:          response.headers["Ce-Type"] = "cloudevent.event.type"
31:          return response, 200
```

① ルーティング

Order はルートパスでイベントを受信します。Knative Eventing は、イベントの送信先を URL パス単位で指定でき、デフォルトの URL パスはルートパスが選択されます。

② 受信したイベントデータの取得

リクエストデータから、注文 ID、書籍 ID、注文状態、ログインユーザ名を取得します。

③ 受信したイベントに応じた処理ロジック

注文 DB で管理する注文状態を、受信したイベントデータを元に更新します。

④ HTTP POST リクエストに対するレスポンス

注文イベントを応答します。

④ に関して、Knative Eventing は、Channel または Broker を使用した際に、HTTP レスポンスに CloudEvents の必須属性が含まれると、そのレスポンスを新たなイベントとして扱います。つまり、HTTP レスポンスをイベントの生成処理として扱い、アプリケーションが直接 Kafka と連携せずとも、イベントを発生させることが可能です。

そこで Bookorder は、演習のために「PRODUCER_MODE」という環境変数の値から、Kafka トピックへイベントをパブリッシュするか否かを切り替えられるように実装されています。PRODUCER_MODE が True の場合、Kafka トピックへイベントを直接パブリッシュし、HTTP レスポンスへ CloudEvents の属性を含めません。PRODURER_MODE が False の場合は、Kafka トピックへイベントを直接パブリッシュせず、HTTP レスポンスのヘッダへ CloudEvents の属性を含めます。

## 4-4-2 Stock の実装

Stock は MySQL の在庫 DB 上で書籍の在庫数を管理するマイクロサービスです。Table 4-7 に示される 2 つのインタフェースが提供されます。

Table 4-7 Stock のインタフェース

| インタフェース | URL パス | 処理概要 |
|---|---|---|
| 在庫数参照 | /stock/< 書籍 ID> | HTTP GET リクエストを受信すると、在庫 DB から在庫数を SELECT する |
| イベントの受信 | / | HTTP POST リクエストを受信すると、在庫 DB の在庫数を確認し、UPDATE する |

Stock はイベント受信インタフェースを通じてイベントを受信します。そして、現在の在庫数を確認の上、その状態をイベントとして記録します。

ソースコードは以下のとおりです。

◎ Stock のイベント受信インタフェース（抜粋）（knative-bookinfo/src/stock/stock.py）

```
 1: ①  # ルーティング
 2: @app.route("/", methods=["POST"])
 3: def receive_cloudevents():
 4: ...
 5: ②  # 受信したイベントデータの取得
 6:     event = json.loads( request.data )
 7:     _order_id = int(event["id"])
 8:     _product_id = int(event["product_id"])
 9:     _state = str(event["status"])
10:     _user = str(event["user"])
11:
12: ③  # 受信したイベントに応じた処理ロジック
13:     _state, status_code = update_db(_product_id, _state)
14:
15: ④  # HTTP POST リクエストに対するレスポンス
16:     if PRODUCER_MODE:
17:     # Kafka トピックへイベントデータを直接パブリッシュ
18:         produce(_order_id, _product_id, _state, _user)
19:     # PRODUCER_MODE が True の場合、HTTP レスポンスでイベントデータを返さない
20:         return "", status_code
21:     else:
22:     # PRODUCER_MODE が False の場合、新たなイベントとして HTTP レスポンス
23:         event_time = datetime.now().strftime('%Y/%m/%d %H:%M:%S')
```

```
24:         value = { 'created_at': event_time, 'id': _order_id, 'product_id': _produ
25: ct_id, 'status': _state, 'user': _user }
26:         response = make_response( json.dumps(value).encode('utf-8') )
27:         response.headers["Ce-Id"] = str(uuid.uuid4())
28:         response.headers["Ce-Source"] = "dev.knative.serving#stock"
29:         response.headers["Ce-specversion"] = "1.0"
30:         response.headers["Ce-Type"] = "cloudevent.event.type"
31:         return response, status_code
```

① ルーティング

Stock はルートパスでイベントを受信します。

② 受信したイベントデータの取得

リクエストデータから、注文 ID、書籍 ID、注文状態、ログインユーザ名を取得します。

③ 受信したイベントに応じた処理ロジック

在庫 DB で管理する在庫数を確認します。そして、在庫数が 0 より大きい場合は在庫 DB を更新し、在庫数を一つ減らします。

④ HTTP POST リクエストに対するレスポンス

在庫イベントを応答します。

Stock のソースコードを確認すると、注文イベントに特化したロジックの記述は見受けられません。たとえば、書籍の注文処理に加えて、予約処理の要件が追加されたとしましょう。このとき、予約処理に関連するイベントを Stock へ送信さえすれば、予約処理へ容易に在庫数の確認機能を追加することが可能です。このように、Knative Eventing を利用してイベントルーティングをソースコードから分離できることで、汎用的なロジックの記述に注力でき、アプリケーションの再利用性の向上に繋がります。

また、在庫 DB を更新する関数の「update_db()」は、戻り値として注文状態と HTTP のステータスコードを返します。Knative Eventing は、イベントを送信する HTTP POST の応答がエラーコードの場合に、イベントの送信に失敗したとみなし、イベント再送信のロジックが動作します。エラーコードを含む HTTP レスポンスは、HTTP ヘッダに CloudEvents の属性が含まれていたとしてもイベントとして扱われません。代わりに、「Dead Letter Sink」という設定を用いて、設定した Sink へ送信に失敗したイベントの情報を送信できます。Dead Letter Sink の詳細は「4-9　イベント送信失敗時の動作」にて解説します。

## 4-4-3　Deliveryの実装

Delivery は書籍の配送受付を行うサービスです。ここでは演習のため、Bookinfo のログイン機能を活用し、単純にログインユーザが存在すれば配送成功とみなします。

ソースコードは以下のとおりです。

◎　Delivery のイベント受信インタフェース（抜粋）（knative-bookinfo/src/delivery/delivery.py）

```
 1: ① #ルーティング
 2: @app.route("/", methods=["POST"])
 3: def receive_cloudevents():
 4: ...
 5: ② #受信したイベントデータの取得
 6:     event = json.loads( request.data )
 7:     _order_id = int(event["id"])
 8:     _product_id = int(event["product_id"])
 9:     _state = str(event["status"])
10:     _user = str(event["user"])
11:
12: ③ #受信したイベントに応じた処理ロジック
13:     if _user:
14:   #ユーザが存在する場合は配送成功
15:         _state = "DELIVERY_SUCCESS"
16:         status_code = int(SUCCESS_STATUS_CODE)
17:     else:
18:   #ユーザが存在しない場合は配送失敗
19:         _state = "DELIVERY_FAILED [USER is Not Found]"
20:         status_code = int(ERROR_STATUS_CODE)
21:
22: ④ #HTTP POST リクエストに対するレスポンス
23:     if PRODUCER_MODE:
24:   #Kafka トピックへイベントデータを直接パブリッシュ
25:         produce(_order_id, _product_id, _state, _user)
26:   #PRODUCER_MODE が True の場合、HTTP レスポンスでイベントデータを返さない
27:         return "", status_code
28:     else:
29:   #PRODUCER_MODE が False の場合、新たなイベントとして HTTP レスポンス
30:         event_time = datetime.now().strftime('%Y/%m/%d %H:%M:%S')
31:         value = { 'created_at': event_time, 'id': _order_id, 'product_id': _produ
```

```
32: ct_id, 'status': _state, 'user': _user }
33:         response = make_response( json.dumps(value).encode('utf-8') )
34:         response.headers["Ce-Id"] = str(uuid.uuid4())
35:         response.headers["Ce-Source"] = "dev.knative.serving#delivery"
36:         response.headers["Ce-specversion"] = "1.0"
37:         response.headers["Ce-Type"] = "cloudevent.event.type"
38:         return response, status_code
```

① ルーティング

Delivery はルートパスでイベントを受信します。

② 受信したイベントデータの取得

リクエストデータから、注文 ID、書籍 ID、注文状態、ログインユーザ名を取得します。

③ 受信したイベントに応じた処理ロジック

Bookinfo のログインユーザの有無を確認し、ログインユーザが存在する場合は配送成功とします。ログインユーザが存在しない場合は配送失敗とみなし、エラーコードを返します。

④ HTTP POST リクエストに対するレスポンス

配送イベントを応答します。

Order、Stock、Delivery のソースコードは、すべて①から④の構成で記述されていることが分かります。イベント駆動型アーキテクチャのアプリケーション実装はこの構成が基本です。① ② ④の処理をモジュール化することで、開発者は③のアプリケーション固有の処理の実装に注力できます。

# 4-5 システム構築の事前準備

Bookorderを動作させるには、第2章で準備した環境へKafkaとMySQLの導入が必要です。まずはKafkaの導入から進めましょう。

## 4-5-1 Kafkaの導入

本書では、Kubernetesの宣言的なAPIでKafkaのライフサイクルを管理できるオープンソースの「Strimzi」を使用してKafkaをデプロイします。StrimziはCNCFのサンドボックスプロジェクトとして推進されるKafkaを対象としたKubernetes Operatorです。

本書での解説は割愛しますので、詳細は、Strimziの公式ドキュメント*3を参照してください。

まずはStrimzi Operatorをインストールします。

◎ Strimziのインストール

```
## 事前にkafka Namespaceを作成します。
$ kubectl apply -f \
knative-bookinfo/manifest/k8s-deployment/kafka/namespace.yaml

## 公式サイトの提供するStrimzi Operatorのマニフェストをapplyします。なお、バージョンは本書執筆時点で最新のv0.33.1です。
$ kubectl create -f \
'https://strimzi.io/install/latest?namespace=kafka' -n kafka

## Strimzi OperatorがRunningとなることを確認します。
$ kubectl get pods -n kafka
NAME                                         STATUS
strimzi-cluster-operator-566948f58c-twc52    Running
```

次に、Kafkaクラスタをデプロイします。本書では演習に最低限必要な構成としてシングル構成でKafkaをデプロイします。この構成では、Kafka BrokerとZookeeperが冗長化されず、Kafkaトピックのレプリケーションも利きません。本番環境でKafkaを利用する際は、必ずマルチノード構成でデプロイしてください。

StrimziのカスタムリソースであるKafkaリソースを定義すると、StrimziのReconcilerが自動的にKafkaクラスタのコンポーネントであるBrokerとZookeeperをデプロイします。

本書では、Strimziの提供するサンプルのマニフェスト*4を元に、デプロイ作業を進めます。

---

＊3 https://strimzi.io/

＊4 https://github.com/strimzi/strimzi-kafka-operator/tree/0.33.1/examples/kafka

次に示されるコマンドを実行し、Kafkaクラスタをデプロイしてください。

◎ Kafkaクラスタのデプロイ

```
## シングル構成のKafkaクラスタのカスタムリソースを定義します。
$ kubectl apply -f \
knative-bookinfo/manifest/k8s-deployment/kafka/

## KafkaクラスタのPodがRunningとなることを確認します。
## また、「my-cluster-entity-operator」はREADY列が「3/3」となることを確認してください。
$ kubectl get pods -n kafka
NAME                               READY  STATUS
my-cluster-entity-operator-...     3/3    Running
my-cluster-kafka-0                 1/1    Running
my-cluster-zookeeper-0             1/1    Running
strimzi-cluster-operator-...       1/1    Running
```

## ■ Kafdropの導入

Kafdropは、Kafkaトピックを GUI上で確認できるツールです。Kafdropは、演習の中でKafkaトピックへイベントが適切に格納されているか確認する用途で使用します。次のコマンドを実行し、HelmでKafdropをインストールしてください。

◎ Kafdropのインストール

```
## Helmリポジトリを追加します。
$ helm repo add rhcharts \
https://ricardo-aires.github.io/helm-charts/

## リリースを更新してKafdropをデプロイします。
$ helm upgrade \
--install aires \
--set kafka.enabled=false \
--set kafka.bootstrapServers=my-cluster-kafka-bootstrap.kafka.svc.cluster.local:9092 \
rhcharts/kafdrop

## Podが起動していることを確認します。
$ kubectl get pods -n kafka
NAME                              STATUS
aires-kafdrop-67df7fc9b5-tv75s    Running
...
```

PodがRunningになったら、「kubectl proxy」コマンドでローカルへポートフォワードしてください。

```
$ kubectl proxy
Starting to serve on 127.0.0.1:8001
```

ブラウザを開き、次の URL へアクセスすると Kafdrop の GUI へアクセスできます（Figure 4-17）。

```
http://localhost:8001/api/v1/namespaces/kafka/services/aires-kafdrop:9000/proxy/
```

Figure 4-17　Kafdrop の GUI

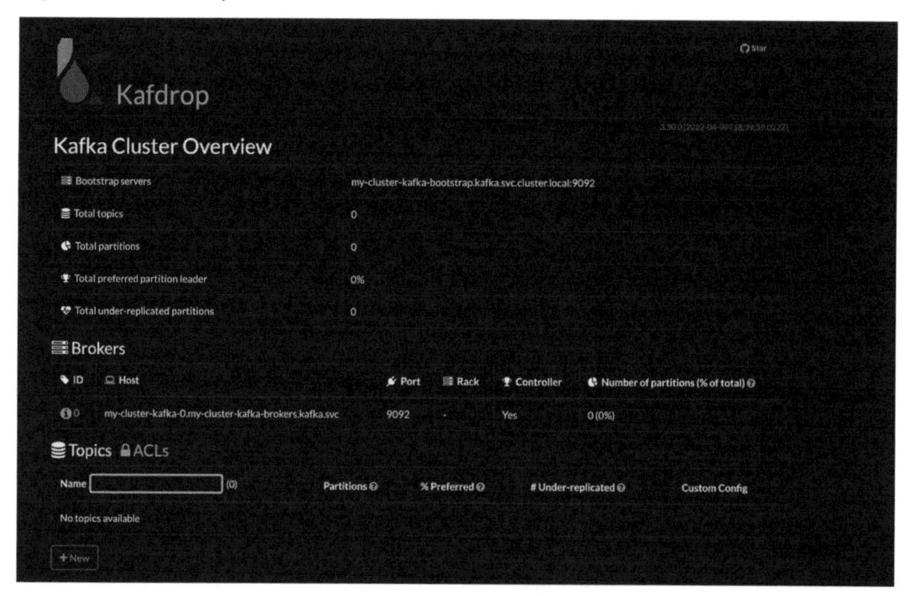


## 4-5-2　MySQL の導入

Order と Stock は DB として MySQL を使用します。次のとおり、演習用のマニフェストを使用して MySQL をデプロイしてください。なお、本書では演習用途として各 DB をシングル構成でデプロイします。

◎ MySQL サーバのデプロイ

```
$ kubectl apply -f \
knative-bookinfo/manifest/k8s-deployment/mysql/

$ kubectl get pods -n bookinfo
NAME                          STATUS
mysql-order-6f67795855-8h5k6  Running
mysql-stock-7b7f4bd6f7-h6f24  Running
```

念のため、DB へアクセス確認をしましょう。なお、DB のアカウント情報は「order-db-credentials」と「stock-db-credentials」という名前の Secret で管理されます。ユーザ名、パスワードのデフォルトは共に「changeme」です。必要に応じて変更してください。

```
$ kubectl -n bookinfo exec mysql-order-6f67795855-8h5k6 \
-- mysql -uchangeme -pchangeme -D orders -e'show fields from orders'
Field       Type          Null  Key   Default  Extra
id          bigint(20)    NO    PRI   NULL     auto_increment
product_id  bigint(20)    NO          NULL
status      varchar(255)  YES         PENDING
created_at  datetime      YES         NULL
updated_at  datetime      YES         NULL

$ kubectl -n bookinfo exec mysql-stock-7b7f4bd6f7-h6f24 \
-- mysql -uchangeme -pchangeme -D stock -e'show fields from stock'
Field       Type        Null  Key  Default  Extra
id          bigint(20)  NO    PRI  NULL     auto_increment
product_id  bigint(20)  NO         NULL
count       int(11)     YES        10
```

また、演習を進めていく中で、注文 DB と在庫 DB 上のデータの初期化が必要な場合は、次のコマンドを実行し、Pod を再作成してください。

◎ DB データの初期化

```
## 注文 DB のデータの初期化
$ kubectl scale deployment mysql-order --replicas=0 -n bookinfo
$ kubectl scale deployment mysql-order --replicas=1 -n bookinfo

## 在庫 DB のデータの初期化
$ kubectl scale deployment mysql-stock --replicas=0 -n bookinfo
$ kubectl scale deployment mysql-stock --replicas=1 -n bookinfo
```

## 4-5-3 Productpage のアップデート

本章では、第 3 章で使用した Productpage を更新し、Productpage と Order の連携を実装します（Figure 4-18）。この更新により、Bookinfo の GUI 上へ［Order］ボタンが表示されます。［Order］ボタンが押下されると、Productpage が Order の注文受付インタフェースと連携し、注文トランザクションが開始されます。また、Bookinfo の画面をリロードすると、Productpage が Order の注文状態参照インタフェースと連携し、［Order］ボタン上に現在の注文状態が表示されます。

Figure 4-18　Productpage と Order の連携

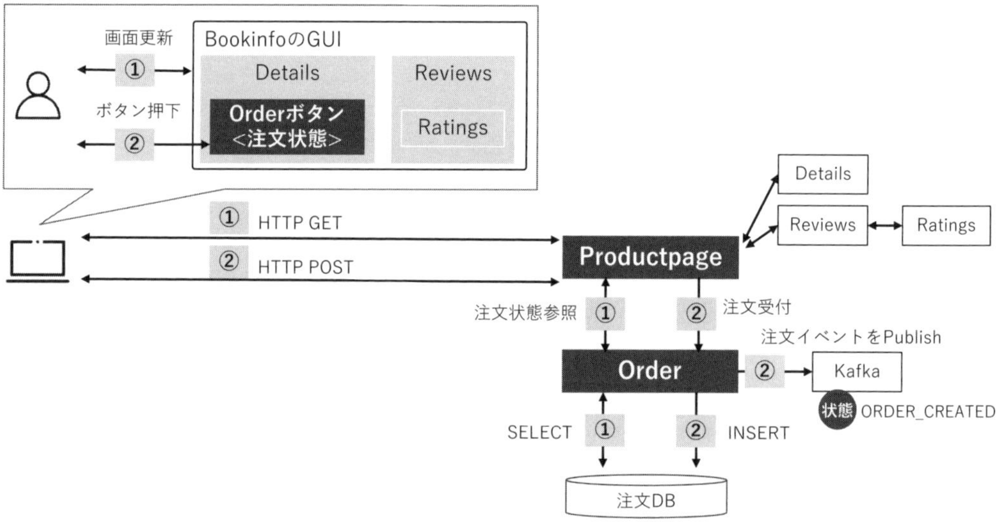

第 2 章でインストールした Tekton を使用してコンテナイメージをビルドした後、Knative Service としてデプロイ済みの Productpage を更新しましょう。

◎　Productpage-v2 のコンテナイメージのビルド

```
$ export SERVICE_NAME=src/productpage-v2
$ export IMAGE_NAME=productpage
$ export IMAGE_REVISION=v2

## 第 2 章で Productpage の PipelineRun が作成済みのため一度削除します。
$ tkn pipelinerun delete build-image-${IMAGE_NAME} -n bookinfo-builds
Are you sure you want to delete ... (y/n): y

## Productpage の PipelineRun を実行します。
```

```
$ cat knative-bookinfo/manifest/tekton/pipelinerun/pipelinerun.yaml | \
envsubst | kubectl create -f -

## STATUS 列が「Succeeded」となることを確認します。
$ tkn pipelinerun list -n bookinfo-builds
NAME                       STATUS
...
build-image-productpage    Succeeded
...
```

コンテナイメージのビルドに成功したら、Productpage を更新してください。

◎ Productpage のアップデート

```
$ kn service update productpage \
--image=registry.gitlab.com/${GITLAB_USER}/knative-bookinfo/productpage:v2 \
--env ORDERS_HOSTNAME=order.bookinfo.svc.cluster.local \
-n bookinfo
```

## 4-5-4 Bookorder のデプロイ

Bookorder のコンテナイメージは第 2 章でビルドしました。演習用のマニフェストを apply し、Order、Stock、Delivery をデプロイしましょう。

◎ Bookorder の各マイクロサービスのデプロイ

```
$ export GITLAB_USER=<GitLabのユーザ名>
$ export IMAGE_REVISION=v1
$ cat knative-bookinfo/manifest/serving/bookorder/order.yaml | \
envsubst | kubectl apply -f -
$ cat knative-bookinfo/manifest/serving/bookorder/stock.yaml | \
envsubst | kubectl apply -f -
$ cat knative-bookinfo/manifest/serving/bookorder/delivery.yaml | \
envsubst | kubectl apply -f -

## READY 列が「True」となることを確認します。
$ kn service list -n bookinfo
NAME       ...  READY
...
delivery   ...  True
order      ...  True
stock      ...  True
```

Note　kn コマンドでデプロイする場合

マニフェストを apply するのでなく、kn コマンドで Bookorder をデプロイする場合は、次のコマンドを参考にしてください。ここでは、Order をデプロイするコマンドのみ記載します。

◎　Order をデプロイする際の kn コマンドの例

```
$ kn service create order --namespace bookinfo \
--image registry.gitlab.com/${GITLAB_USER}/knative-bookinfo/order:v1 \
--pull-secret registry-token \
--port 9080 \
--env KAFKA_BOOTSTRAP_SERVERS="my-cluster-kafka-bootstrap.kafka.svc.cluster.local:9092"\
--env DB_HOST="mysql-order.bookinfo.svc.cluster.local" \
--env-value-from DB_USERNAME=secret:order-db-credentials:MYSQL_USER \
--env-value-from DB_PASSWORD=secret:order-db-credentials:MYSQL_PASSWORD \
--env DB_NAME="orders" \
--service-account knative-deployer \
--cluster-local
```

## 4-5-5　Bookorder へのアクセス

Bookorder をデプロイしたら、アクセス確認をしましょう。ブラウザを開き、以下の Productpage の URL へアクセスしてください。

```
https://productpage.bookinfo.<IPアドレス>.sslip.io/productpage
```

Bookorder と Productpage-v2 を正常にデプロイできていれば、Details の欄に青色のボタンが追加されます（Figure 4-19）。このボタンが［Order］ボタンです。

試しに、一度ボタンを押下してみましょう。Figure 4-19 に示されるように、［Order］ボタン上の表示が変わり、注文状態として「ORDER_CREATED」が表示されるはずです。

ここで、Kafdrop へアクセスすると、「orders」という名前の Kafka トピックが作成され、注文イベントが書き込まれていることを確認できます（Figure 4-20）。

現時点では、Knative Eventing を用いて Order と Stock、Delivery の連携を実装していないため、［Order］ボタンを押下して以降、「ORDER_CREATED」からボタン上の表示が変化しません。以降の演習で、Knative Eventing を用いて各マイクロサービスを連携させることで、画面のリロードに伴い、［Order］ボタン上の注文状態が更新されます。

Figure 4-19 Order ボタン押下直後の Bookinfo の GUI

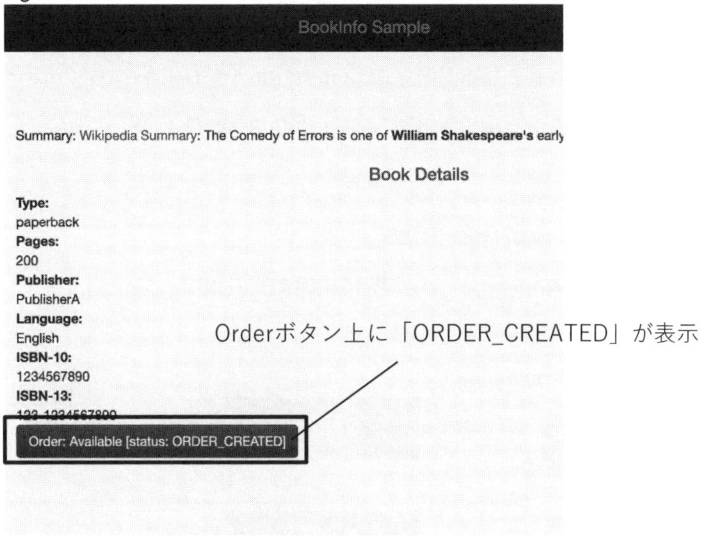

BookInfo Sample
Summary: Wikipedia Summary: The Comedy of Errors is one of William Shakespeare's early
Book Details
Type:
paperback
Pages:
200
Publisher:
PublisherA
Language:
English
ISBN-10:
1234567890
ISBN-13:
123-1234567890
Order: Available [status: ORDER_CREATED]
Orderボタン上に「ORDER_CREATED」が表示

Figure 4-20 注文イベント

Topic Messages: orders
First Offset: 0 Last Offset: 1 Size: 1
Partition 0 Offset 0 # messages 100 Key format DEFAULT Message format DEFAULT View Messages
Offset: 0 Key: empty Timestamp: 2023-01-04 12:10:56.040 Headers: empty
{"created_at": "2023/01/04 12:10:56", "id": 1, "product_id": 0, "status": "ORDER_CREATED", "user": ""}
注文ID
書籍ID
注文状態
ログインユーザ

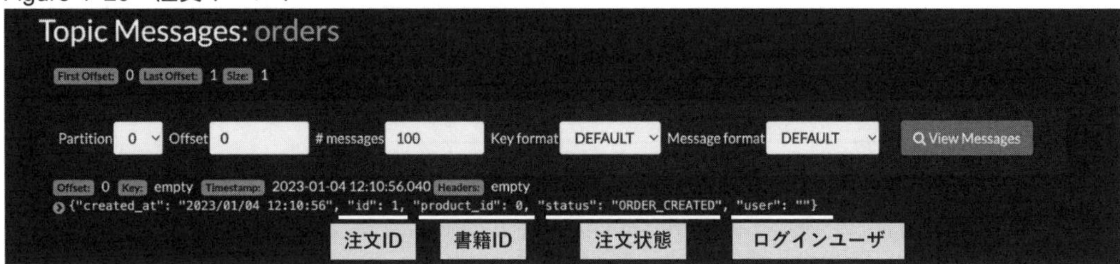

# 4-6 Sourceを使用したシステム構築

本節では、Kafka Sourceを使用し、BookorderのOrder、Stock、Deliveryの3つのマイクロサービスを連携することで注文トランザクションを実装します。Figure 4-21に本節で構築するBookorderのシステム構成を示します。

Figure 4-21　Sourceを使用したBookorderの構成

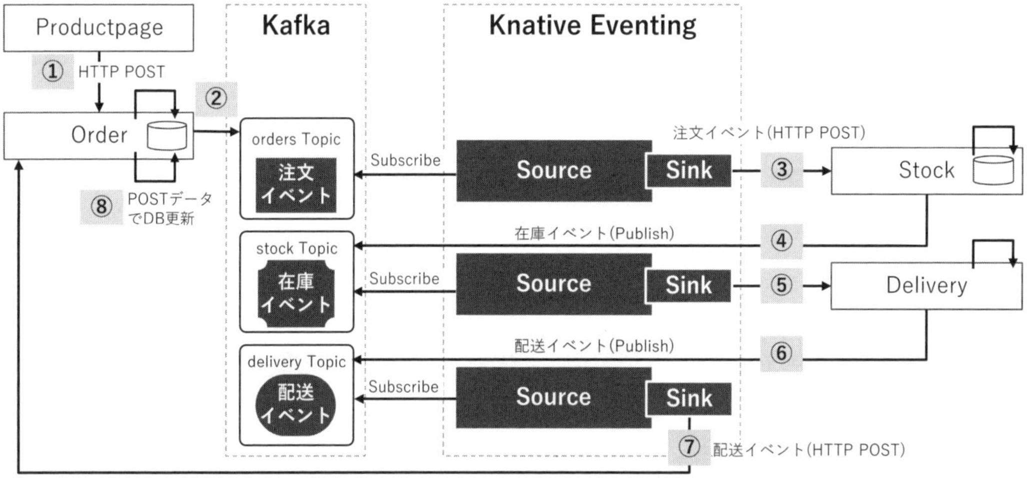

① Productpageは Orderへ書籍の注文をHTTP POSTで依頼します。

② Orderは、注文イベントをKafkaトピック「orders」へ書き込みます。

③ Sourceが注文イベントを読み込み、StockへHTTP POSTで送信します。

④ Stockが注文イベントを受信し、書籍の在庫数を確認の上、在庫イベントをKafkaトピック「stock」へ書き込みます。

⑤ Sourceが在庫イベントを読み込み、DeliveryへHTTP POSTで送信します。

⑥ Deliveryが在庫イベントを受信し、ログインユーザの有無を確認の上、配送イベントをKafkaトピック「delivery」へ書き込みます。

⑦ Sourceが配送イベントを読み込み、OrderへHTTP POSTで送信します。

⑧ Orderが配送イベントを受信し、注文状態を注文DBへ反映します。

Bookorderの各マイクロサービスは、自身の処理が完了したらKafkaトピックへイベントを記録します。そして、Knative EventingがKafkaトピック上のイベントを取得し、他のマイクロサービスへ送信することで、マイクロサービス間連携が行われます。イベントの取得、送信、生成を繰り返して注文トランザクションを実装していくイメージです。

## 4-6-1 Kafka Source のインストール

最初に Kafka Source をインストールしましょう。Kafka Source はコントロールプレーンとデータプレーンの 2 つのコンポーネントで構成されます。コントロールプレーンは後述の Kafka Channel や Knative Kafka Broker でも同じものが使用され、データプレーンを変えることで、動作を切り替えることができます。Kafka Source のインストール方法を以下に示します[*5]。

◎ Kafka Source のインストール

```
## インストールする Kafka Source のバージョンを指定します。
$ export KNATIVE_KAFKA_SOURCE_VERSION=v1.9.0

## コントロールプレーンをインストールします。
$ kubectl apply -f \
https://github.com/knative-sandbox/eventing-kafka-broker/releases/download/
knative-${KNATIVE_KAFKA_SOURCE_VERSION}/eventing-kafka-controller.yaml

## データプレーンをインストールします。
$ kubectl apply -f \
https://github.com/knative-sandbox/eventing-kafka-broker/releases/download/
knative-${KNATIVE_KAFKA_SOURCE_VERSION}/eventing-kafka-source.yaml
```

Kafka Source のデータプレーンは StatefulSet によりデプロイされます。Kafka Source のリソースを定義すると、コントロールプレーンが Kafka Source のリソースの存在を確認し、データプレーンのレプリカ数を調整します。そのため、現時点で Pod が起動していなくても問題ありません。

◎ Kafka Source のコントロールプレーンの Pod

```
$ kubectl get pods -n knative-eventing
NAME                                      STATUS
...
kafka-controller-566bf74bf7-xk8w2         Running
kafka-webhook-eventing-7bcdd97746-7np27   Running
```

＊5 https://knative.dev/docs/eventing/sources/kafka-source/

◎ Kafka Source のデータプレーンの StatefulSet

```
## Kafka Source のリソース定義に伴いレプリカ数が自動調整されます。
## 現時点では Kafka Source のリソースが定義されていないため、レプリカ数は「0」となります。
$ kubectl get statefulset -n knative-eventing
NAME                        READY
kafka-source-dispatcher     0/0
```

## 4-6-2 Order と Stock の連携

Kafka Source をインストールしたら、Bookorder の各マイクロサービスの連携を行います。まずは、Order と Stock の連携です。Order の送信した注文イベントを Stock へ送信する Source を定義します。マニフェストは次のとおりです。

◎ Order と Stock の連携

```
 1: apiVersion: sources.knative.dev/v1beta1
 2: kind: KafkaSource
 3: metadata:
 4:   name: order-source
 5:   namespace: bookinfo
 6: spec:
 7:   bootstrapServers: …①
 8:   - my-cluster-kafka-bootstrap.kafka:9092
 9:   topics: …②
10:   - orders
11:   sink: …③
12:     ref:
13:       apiVersion: serving.knative.dev/v1
14:       kind: Service
15:       name: stock
16:       namespace: bookinfo
```

① Kafka Bootstrap サーバ

Kafka Bootstrap サーバのエンドポイントを指定してください。

② Kafka トピック名

注文イベントに該当する Kafka トピック「orders」を指定します。

③ Sink

Kafka トピックに保存されるメッセージをイベントとして送信する宛先のリソースを指定します。「ref」とあるとおり、Sink は、作成済みのリソースを参照する設定です。ここでは、注文イベントを Knative Service としてデプロイ済みの Stock へ送信します。

それでは、Source のマニフェストを apply しましょう。

◎ Source の作成

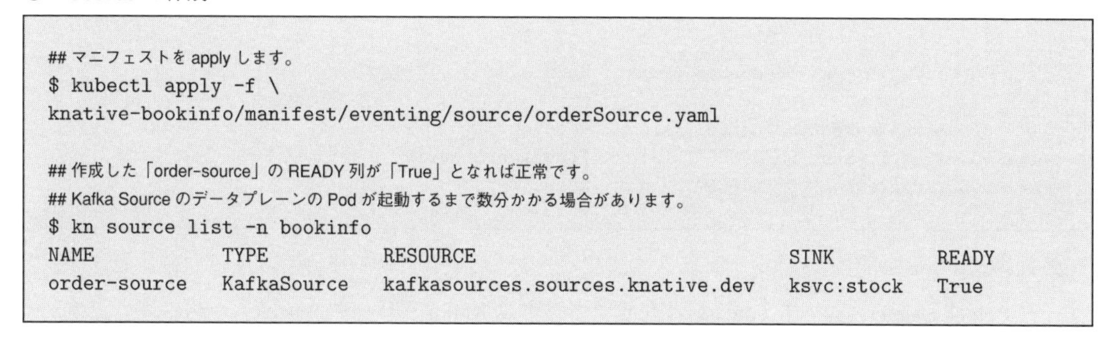

```
## マニフェストを apply します。
$ kubectl apply -f \
knative-bookinfo/manifest/eventing/source/orderSource.yaml

## 作成した「order-source」の READY 列が「True」となれば正常です。
## Kafka Source のデータプレーンの Pod が起動するまで数分かかる場合があります。
$ kn source list -n bookinfo
NAME           TYPE          RESOURCE                              SINK         READY
order-source   KafkaSource   kafkasources.sources.knative.dev      ksvc:stock   True
```

ブラウザを開いて Bookinfo へアクセスし、[Sign in] ボタンを押下して任意のユーザ名でログインしてください（Figure 4-22）。

Figure 4-22 Bookinfo でのログイン

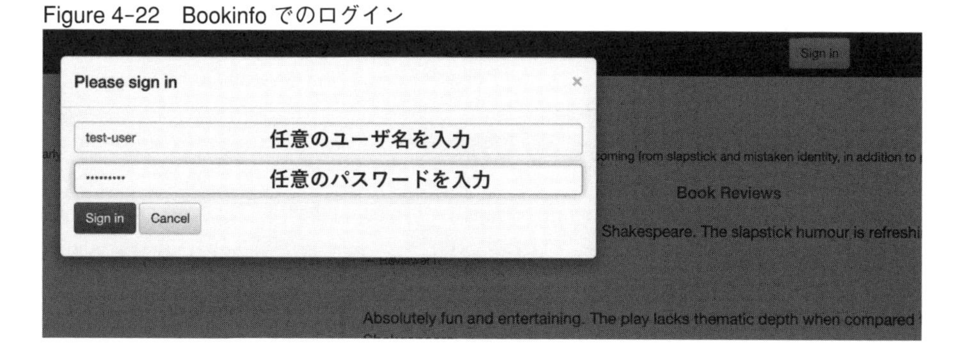


画面の右上にログインユーザ名が表示されている状態で、［Order］ボタンを押下すると、画面がリロードされ、［Order］ボタン上に「ORDER_CREATED」が表示されます（Figure 4-23）。

Pod の状態を定期的に確認しましょう。しばらくすると、Stock の Pod が自動起動する様子を確認できます。

Figure 4-23　［Order］ボタン押下後の Bookinfo の GUI

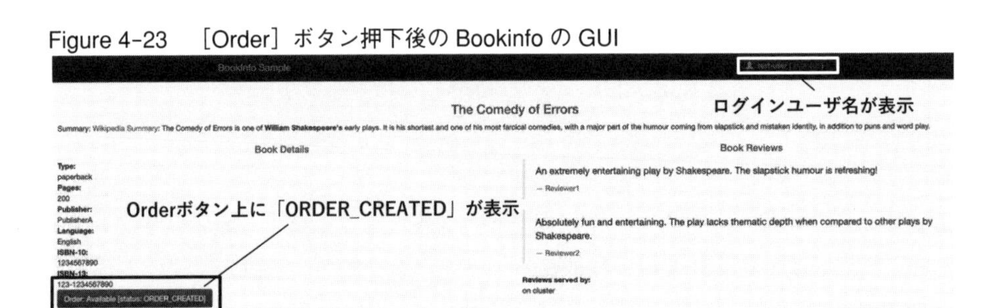


◎　Stock の Pod の起動

```
$ kubectl get pods -n bookinfo -w
NAME                                      STATUS
...
order-00001-deployment-66bc9b8489-xxxxx  Running
...
stock-00001-deployment-597846667f-xxxxx  Pending
stock-00001-deployment-597846667f-xxxxx  ContainerCreating
stock-00001-deployment-597846667f-xxxxx  Running
```

最後に Kafdrop を開き、Kafka トピックへ注文イベントと在庫イベントが存在するか確認します。注文イベントは Kafka トピック「orders」、在庫イベントは Kafka トピック「stock」へ格納されます。それぞれ、注文イベントとして「ORDER_CREATED」、在庫イベントとして「STOCK_SUCCESS」が書き込まれていることを確認できます（Figure 4-24）。

このように、Order の注文イベントのパブリッシュを契機に、Source を用いて注文イベントを Stock へ送信することで、Order と Stock の連携を実装できました。

## 4-6-3　Order と Delivery の連携

Order と Stock を連携しただけでは、Bookinfo の画面上の［Order］ボタンの表示が「ORDER_CREATED」から変わらず、利用者が書籍の注文状況を把握できません。そこで、Bookinfo の画面をリロードすると、［Order］ボタン上に注文状況が表示されるように、Delivery との連携を加えます。

まずは、Stock と Delivery の連携を Source で定義しましょう。Stock は、自身の処理が完了すると Kafka トピックへ在庫イベントをパブリッシュします。したがって、在庫イベントの格納される Kafka トピックを読み込み Delivery へ送信する定義が必要です。

Figure 4-24　注文イベントと在庫イベントの状態

**注文イベント**

Topic Messages: orders
First Offset: 0 Last Offset: 1 Size: 1
Partition 0 Offset 0 # messages 100 Key format DEFAULT Message format DEFAULT View Messages
Offset: 0 Key: empty Timestamp: 2023-01-11 21:03:17.991 Headers: empty
{"created_at": "2023/01/11 21:03:17", "id": 1, "product_id": 0, "status": "ORDER_CREATED", "user": "test-user"}
注文作成済み

**在庫イベント**

◎　Stock と Delivery の連携

```
 1: apiVersion: sources.knative.dev/v1beta1
 2: kind: KafkaSource
 3: metadata:
 4:   name: stock-source
 5:   namespace: bookinfo
 6: spec:
 7:   bootstrapServers:
 8:   - my-cluster-kafka-bootstrap.kafka:9092
 9:   topics: …①
10:   - stock
11:   sink: …②
12:     ref:
13:       apiVersion: serving.knative.dev/v1
14:       kind: Service
15:       name: delivery
16:       namespace: bookinfo
```

① Kafka トピック名

在庫イベントに該当する Kafka トピック「stock」を指定します。

② Sink

Kafkaトピックから読み込んだメッセージを在庫イベントとしてDeliveryへ送信します。

続いて、OrderがDeliveryの処理結果を把握できる様、OrderへDeliveryの発行した配送イベントを送信するSourceを作成します。

◎ DeliveryとOrderの連携

```
 1: apiVersion: sources.knative.dev/v1beta1
 2: kind: KafkaSource
 3: metadata:
 4:   name: delivery-source
 5:   namespace: bookinfo
 6: spec:
 7:   bootstrapServers:
 8:   - my-cluster-kafka-bootstrap.kafka:9092
 9:   topics: …①
10:   - delivery
11:   sink: …②
12:     ref:
13:       apiVersion: serving.knative.dev/v1
14:       kind: Service
15:       name: order
16:       namespace: bookinfo
```

① Kafkaトピック名

配送イベントに該当するKafkaトピック「delivery」を指定します。

② Sink

Kafkaトピックから読み込んだメッセージを配送イベントとしてOrderへ送信します。

以下のとおり、マニフェストをapplyし、Sourceを作成してください。

◎ Kafka Sourceを作成

```
$ kubectl apply -f \
knative-bookinfo/manifest/eventing/source/stockSource.yaml
$ kubectl apply -f \
knative-bookinfo/manifest/eventing/source/deliverySource.yaml
```

```
## 3 つの Source が作成されています。
$ kn source list -n bookinfo
NAME             TYPE          ... SINK            READY
delivery-source  KafkaSource   ... ksvc:order      True
order-source     KafkaSource   ... ksvc:stock      True
stock-source     KafkaSource   ... ksvc:delivery   True
```

ここまでの作業で、Bookorderの注文トランザクションの実装が完成です。再度、Bookinfoの画面を開き、画面右上の［Sign in］ボタンを押下し、任意のユーザ名とパスワードを入力して、ログインしてください。そして、［Order］ボタンを押下します。

何回か画面をリロードすると、［Order］ボタン上のステータスが「DELIVERY_SUCCESS」へ変化します（Figure 4-25）。

Figure 4-25　Bookinfoの画面変化

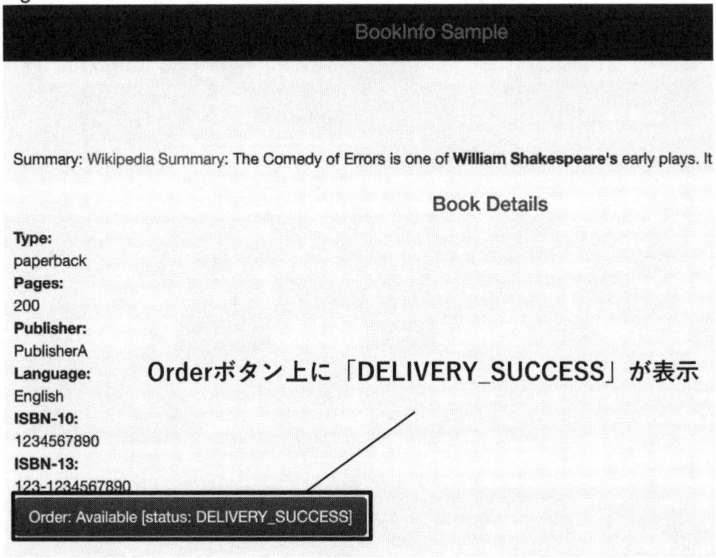

Podの起動状況を確認すると、Stockに加えてDeliveryのPodが起動します。

```
$ kubectl get pods -n bookinfo -w
NAME                                     STATUS
...
stock-00001-deployment-597846667f-xxxxx  Pending
stock-00001-deployment-597846667f-xxxxx  ContainerCreating
stock-00001-deployment-597846667f-xxxxx  Running
```

```
delivery-00001-deployment-6845b588dd-xxxxx  Pending
delivery-00001-deployment-6845b588dd-xxxxx  ContainerCreating
delivery-00001-deployment-6845b588dd-xxxxx  Running
...
```

最後にKafdropを開き、Kafkaトピック「orders（注文イベント）」、「stock（在庫イベント）」、「delivery（配送イベント）」にそれぞれ格納されたイベントデータを確認しましょう。Figure 4-26に示されるとおり、注文イベントは「ORDER_CREATED」、在庫イベントは「STOCK_SUCCESS」、配送イベントは「DELIVERY_SUCCESS」がそれぞれ保存されていることを確認できます。

Figure 4-26　各イベントの状態

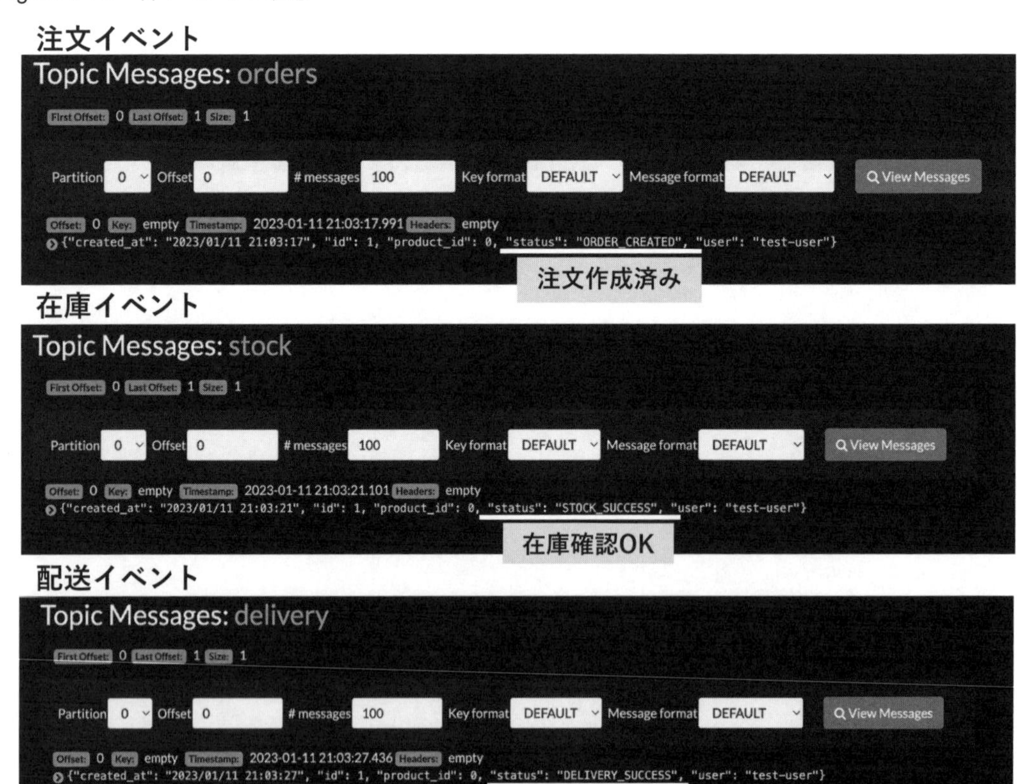


このように、Sourceを使用したシステム構築では、イベントソースからのイベントの取得(Source)とマイクロサービスへのイベントの送信（Sink）を、マイクロサービス間の連携パス毎に定義することで、マイクロサービス間連携を実装します。

### 4-6-4 作成した Source の削除

以降の演習のために作成した Source を削除してください。

```
$ kubectl delete -f knative-bookinfo/manifest/eventing/source/
```

## 4-7 Channel を使用したシステム構築

本節では、Kafka Channel を使用し、Bookorder の注文トランザクションを実装します。Channel は Source で取得したイベントを保管するためのカスタムリソースです。Source の Sink へ Channel を指定し、Channel に対応する Subscription が、指定された宛先へイベントを送信します。

本節で構築する Bookorder の構成を Figure 4-27 に示します。

Figure 4-27 Channel を使用した Bookorder の構成

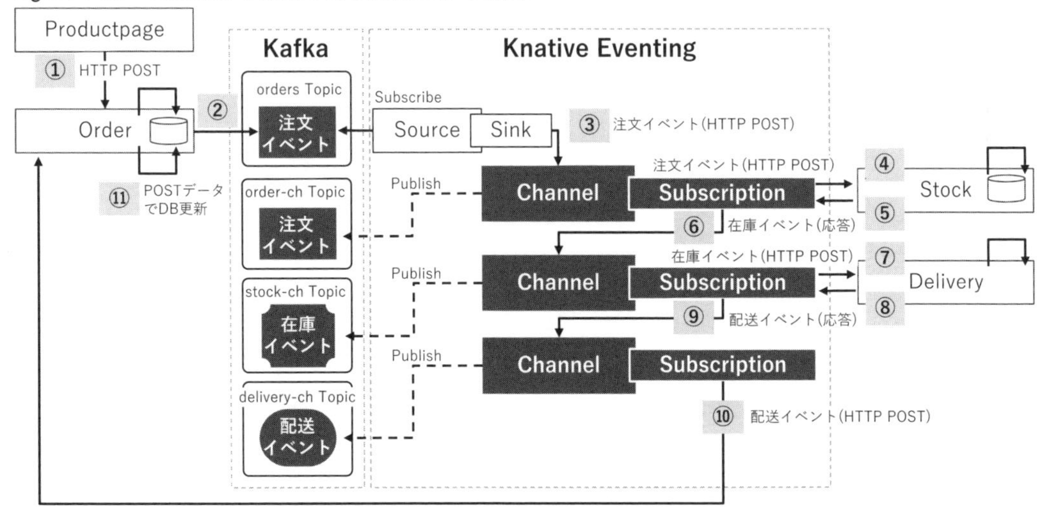


① Productpage は Order へ書籍の注文を HTTP POST で依頼します。

② Order は、注文イベントを Kafka トピック「orders」へ書き込みます。

③ Source が注文イベントを読み込み、Channel へ HTTP POST で送信します。

④ Channel が注文イベントを受信し、その Subscription が注文イベントを Stock へ HTTP POST で送信します。

⑤ Stock は注文イベントを受信し、書籍の在庫数を確認の上、在庫イベントを Subscription へ HTTP レスポンスで送信します。

⑥ Subscription は、在庫イベントを受信すると、Channel へ HTTP POST で送信します。

⑦ Channel が在庫イベントを受信し、その Subscription が在庫イベントを Delivery へ HTTP POST で送信します。

⑧ Delivery は在庫イベントを受信し、ログインユーザの有無を確認の上、配送イベントを Subscription へ HTTP レスポンスで送信します。

⑨ Subscription は、配送イベントを受信すると、Channel へ HTTP POST で送信します。

⑩ Channel が配送イベントを受信し、その Subscription が配送イベントを Order へ HTTP POST で送信します。

⑪ Order が配送イベントを受信し、注文状態を注文 DB へ反映します。

Channel を使用すると、イベント送信先の Subscriber の HTTP レスポンスをイベントとして受信し、イベントを中継することができます。この特徴を活かすと、Stock と Delivery は、Kafka トピックへイベントをパブリッシュせずとも、HTTP のみで自身のイベントを送信することができます。

次のコマンドを実行し、Order、Stock、Delivery の PRODUCER_MODE を False へ設定してください。

◎ PRODUCER_MODE を False へ変更

```
$ kn service update order --env=PRODUCER_MODE="False" -n bookinfo
$ kn service update stock --env=PRODUCER_MODE="False" -n bookinfo
$ kn service update delivery --env=PRODUCER_MODE="False" -n bookinfo
```

それでは、以降より Channel を用いた Bookorder の構築を進めていきましょう。

## 4-7-1 Kafka Channel のインストール

まずは、本書で使用する Kafka Channel のインストールから始めます。公式の Git リポジトリにリリースされているマニフェストを用いて Kafka Channel をインストールします。

なお、Kafka Channel のコントロールプレーンは「4-6　Source を使用したシステム構築」でインストールしたコントロールプレーンと同一です。そのため、コントロールプレーンと同じバージョンの Kafka Channel のデータプレーンのみをインストールします。

◎ Kafka Channel のデータプレーンのインストール

```
## Kafka Source と同じバージョンの Kafka Channel をインストールします。
$ export KNATIVE_KAFKA_SOURCE_VERSION=v1.9.0
$ kubectl apply -f \
https://github.com/knative-sandbox/eventing-kafka-broker/releases/download/
knative-${KNATIVE_KAFKA_SOURCE_VERSION}/eventing-kafka-channel.yaml

## Channel のデータプレーンとして Dispatcher と Receiver が起動します。
$ kubectl get pods -n knative-eventing
NAME                                          STATUS
...
## Kafka Channel のデータプレーン
kafka-channel-dispatcher-5b64d778df-tcsm8   Running
kafka-channel-receiver-6c97b6c9c6-c785c     Running
...
```

## 4-7-2 デフォルトで使用する Channel の設定

Knative Eventing は、デフォルト Channel として In Memory Channel を使用します。インストールした Kafka Channel を使用するには、Knative Eventing のデフォルト Channel の設定変更が必要です。

Channel のデフォルト設定は「default-ch-webhook」という ConfigMap で管理されます。本書では、第 2 章にて Knative Eventing を Knative Operator を用いてインストールしたため、ConfigMap を直接編集せずに、Knative Eventing リソースを変更し、Knative Operator により ConfigMap を設定変更するように対応します。

default-ch-webhook には、クラスタレベルの設定と Namespace レベルの設定の 2 つを記述できます。ここでは必須の設定のみ記載します。

```
$ kubectl edit knativeeventing knative-eventing -n knative-eventing
...
spec:
  config:
    default-ch-webhook:
      default-ch-config: |
        clusterDefault: …①
          apiVersion: messaging.knative.dev/v1beta1
          kind: KafkaChannel
        namespaceDefaults: …②
          bookinfo:
            apiVersion: messaging.knative.dev/v1beta1
```

```
          kind: KafkaChannel
...
```

①がクラスタレベルの設定、②がNamespaceレベルの設定です。いずれも使用するChannelのAPIバージョンとAPIオブジェクトを指定します。

Knative Eventingリソースを更新すると、自動的にConfigMapへ設定が反映されます。次のコマンドでConfigMapへ設定が反映されているか確認してください。

◎ デフォルトChannelの設定確認

```
$ kubectl describe configmap default-ch-webhook -n knative-eventing
...
Data
====
default-ch-config:
----
clusterDefault:
  apiVersion: messaging.knative.dev/v1beta1
  kind: KafkaChannel
namespaceDefaults:
  bookinfo:
    apiVersion: messaging.knative.dev/v1beta1
    kind: KafkaChannel
...
```

### 4-7-3 Order、Stock、Deliveryの連携

以降の手順でChannelを作成し、Order、Stock、Deliveryの連携を実装します。そして、作成したChannelのKafkaトピックへイベントが格納されていることを確認しましょう。

まずは、注文イベントをChannelへ送信するSourceを作成します。マニフェストは以下のとおりです。

◎ 注文イベントのSourceのマニフェスト

```
1: apiVersion: sources.knative.dev/v1beta1
2: kind: KafkaSource
3: metadata:
4:   name: order-source
```

```
 5:   namespace: bookinfo
 6: spec:
 7:   bootstrapServers:
 8:     - my-cluster-kafka-bootstrap.kafka:9092
 9:   topics: …①
10:     - orders
11:   sink: …②
12:     ref:
13:       apiVersion: messaging.knative.dev/v1
14:       kind: Channel
15:       name: order-ch
```

① Kafka トピック名

注文イベントに該当する Kafka トピック「orders」を指定します。

② Sink

注文イベントを Channel へ送信します。

続いて、注文イベントを格納する Channel を作成します。そして、Channel 上の注文イベントの送信先を Subscription にて定義します。マニフェストは以下のとおりです。

◎ 注文イベントの Channel と Subscription のマニフェスト

```
 1: apiVersion: messaging.knative.dev/v1
 2: kind: Channel
 3: metadata:
 4:   name: order-ch …①
 5:   namespace: bookinfo
 6: spec:
 7:   channelTemplate: …②
 8:     apiVersion: messaging.knative.dev/v1beta1
 9:     kind: KafkaChannel
10: ---
11: apiVersion: messaging.knative.dev/v1
12: kind: Subscription
13: metadata:
14:   name: order-subscription
15:   namespace: bookinfo
16: spec:
```

```
17:   channel: …③
18:     apiVersion: messaging.knative.dev/v1beta1
19:     kind: KafkaChannel
20:     name: order-ch
21:   subscriber: …④
22:     ref:
23:       apiVersion: serving.knative.dev/v1
24:       kind: Service
25:       name: stock
26:   reply: …⑤
27:     ref:
28:       apiVersion: messaging.knative.dev/v1beta1
29:       kind: KafkaChannel
30:       name: stock-ch
```

① 注文イベントを保管するChannelを作成します。

② Channelテンプレート

使用するChannelの種類を指定します。本書ではKafka Channelを使用しますので、インストールしたKafka ChannelのAPIバージョンとAPIオブジェクト名を指定します。

③ イベント送信元のChannel

① で作成した注文イベントが格納されるChannelを指定します。

④ Subscriber

Channelに格納された注文イベントの送信先を指定します。Sinkと同様、「ref」へ作成済みのリソースを指定します。ここでは、Knative Serviceとしてデプロイ済みのStockを指定し、Channel上の注文イベントをStockへ送信するように設定します。

⑤ Reply

SubscriberのHTTPレスポンスの送信先となるリソースを指定します。StockのHTTPレスポンスのヘッダにはCloudEventsの必須属性が含まれます。したがって、このレスポンスデータを在庫イベントとして扱い、Channel「stock-ch」へ送信します。

Subscriptionはイベントデータに基づいた条件分岐を定義できません。Sinkと同様に、Channel上のイベントをSubscriberへ単純に送信します。そのため、複数のイベントをChannelに集約した場合は、そのイベントがすべてSubscriptionによる送信対象となります。イベントの送信先を限定したい場合は、個別にChannelの定義が必要です。

次に「order-subscription」のReplyで指定したChannel「stock-ch」と、そのSubscriptionを作成しましょう。

マニフェストは以下のとおりです。

◎ 在庫イベントのChannelとSubscriptionのマニフェスト

```
 1: apiVersion: messaging.knative.dev/v1
 2: kind: Channel
 3: metadata:
 4:   name: stock-ch …①
 5:   namespace: bookinfo
 6: spec:
 7:   channelTemplate:
 8:     apiVersion: messaging.knative.dev/v1beta1
 9:     kind: KafkaChannel
10: ---
11: apiVersion: messaging.knative.dev/v1
12: kind: Subscription
13: metadata:
14:   name: stock-subscription
15:   namespace: bookinfo
16: spec:
17:   channel: …②
18:     apiVersion: messaging.knative.dev/v1beta1
19:     kind: KafkaChannel
20:     name: stock-ch
21:   subscriber: …③
22:     ref:
23:       apiVersion: serving.knative.dev/v1
24:       kind: Service
25:       name: delivery
26:   reply: …④
27:     ref:
28:       apiVersion: messaging.knative.dev/v1beta1
29:       kind: KafkaChannel
30:       name: delivery-ch
```

① 在庫イベントを保管するChannelを作成します。

② イベント送信元の Channel

① で作成した在庫イベントが格納される Channel を指定します。

③ Subscriber

在庫イベントの送信先として、Delivery を指定します。

④ Reply

Delivery のレスポンスデータを配送イベントとして扱い、Channel「delivery-ch」へ送信します。

最後に、配送イベントを保管する Channel「delivery-ch」と、保管した配送イベントを Order へ送信する Subscription を作成します。

◎ 配送イベントの Channel と Subscription のマニフェスト

```
 1: apiVersion: messaging.knative.dev/v1
 2: kind: Channel
 3: metadata:
 4:   name: delivery-ch …①
 5:   namespace: bookinfo
 6: spec:
 7:   channelTemplate:
 8:     apiVersion: messaging.knative.dev/v1beta1
 9:     kind: KafkaChannel
10: ---
11: apiVersion: messaging.knative.dev/v1
12: kind: Subscription
13: metadata:
14:   name: delivery-subscription
15:   namespace: bookinfo
16: spec:
17:   channel: …②
18:     apiVersion: messaging.knative.dev/v1beta1
19:     kind: KafkaChannel
20:     name: delivery-ch
21:   subscriber: …③
22:     ref:
23:       apiVersion: serving.knative.dev/v1
24:       kind: Service
25:       name: order
```

① 配送イベントを保管する Channel を作成します。

② イベント送信元の Channel

① で作成した配送イベントが格納される Channel を指定します。

③ Subscriber

Channel に格納された配送イベントの送信先として、Order を指定します。

マニフェストを apply し、各リソースを定義しましょう。

◎ Source、Channel、Subscription の作成

```
## マニフェストを apply します。
$ kubectl apply -f knative-bookinfo/manifest/eventing/channel/

## Source の状態を確認します。
$ kn source list -n bookinfo
NAME          TYPE        ... SINK              READY
order-source  KafkaSource ... channel:order-ch  True

## Channel の状態を確認します。
$ kn channel list -n bookinfo
NAME         ...  URL                              READY
delivery-ch  ...  http://delivery-ch-kn-channel...  True
order-ch     ...  http://order-ch-kn-channel...     True
stock-ch     ...  http://stock-ch-kn-channel...     True

## Subscription の状態を確認します。
$ kn subscription list -n bookinfo
NAME                   ...  SUBSCRIBER     REPLY                     READY
delivery-subscription  ...  ksvc:order                               True
order-subscription     ...  ksvc:stock     kafkachannel:stock-ch     True
stock-subscription     ...  ksvc:delivery  kafkachannel:delivery-ch  True
```

apply が完了しリソースを問題なく定義できたら、ブラウザを開き Bookinfo へアクセスします。そして、［Sign in］ボタンを押下して任意のログインユーザでログインしてください。ログイン後、［Order］ボタンを押下します。Stock、Delivery の Pod が順次起動するはずです。

```
$ kubectl get pods -n bookinfo -w
NAME                                          STATUS
...
```

```
stock-00001-deployment-7795d68f-xxxxx        Pending
stock-00001-deployment-7795d68f-xxxxx        ContainerCreating
stock-00001-deployment-7795d68f-xxxxx        Running
...
delivery-00001-deployment-56bfd7c9d4-xxxxx    Pending
delivery-00001-deployment-56bfd7c9d4-xxxxx    ContainerCreating
delivery-00001-deployment-56bfd7c9d4-xxxxx    Running
...
```

Bookinfo の画面をリロードすると、ボタン上のステータスが「DELIVERY_SUCCESS」へ変化します（Figure 4-28）。

Figure 4-28　Bookinfo の画面表示（DELIVERY_SUCCESS）

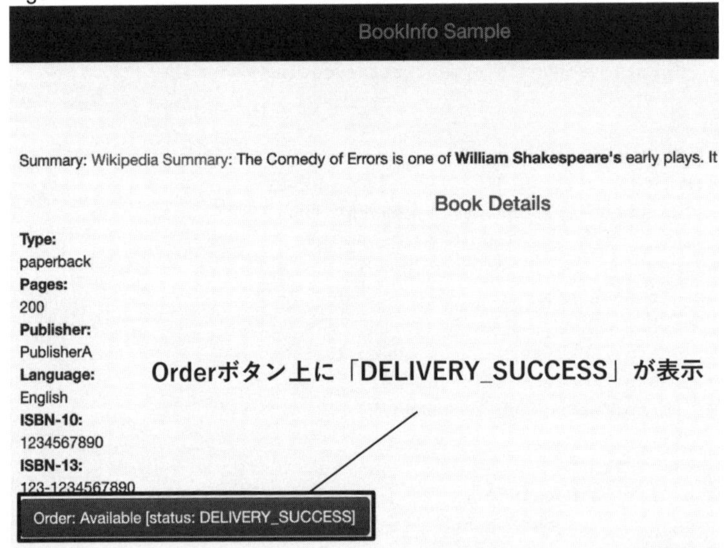


Kafdrop を開き、Kafka トピック上のイベントデータを確認しましょう。Kafka Channel を使用すると、Channel で取得したイベントが Kafka トピック上に永続化されます。今回作成した Channel の使用する Kafka トピックは Figure 4-29 に示される 3 つが該当します。

Figure 4-29　Channel の使用する Kafka トピック

<table>
<tr><td>knative-messaging-kafka.bookinfo.delivery-ch</td><td>1</td><td>100%</td><td>0</td><td>Yes</td></tr>
<tr><td>knative-messaging-kafka.bookinfo.order-ch</td><td>1</td><td>100%</td><td>0</td><td>Yes</td></tr>
<tr><td>knative-messaging-kafka.bookinfo.stock-ch</td><td>1</td><td>100%</td><td>0</td><td>No</td></tr>
</table>

これら 3 つの Kafka トピック上のイベントの状態は Figure 4-30 に示されるとおりです。注文イベントは Source で取得され、在庫イベント、配送イベントはそれぞれ Stock、Delivery の HTTP レスポンスが格納されています。

Figure 4-30　各イベントの状態

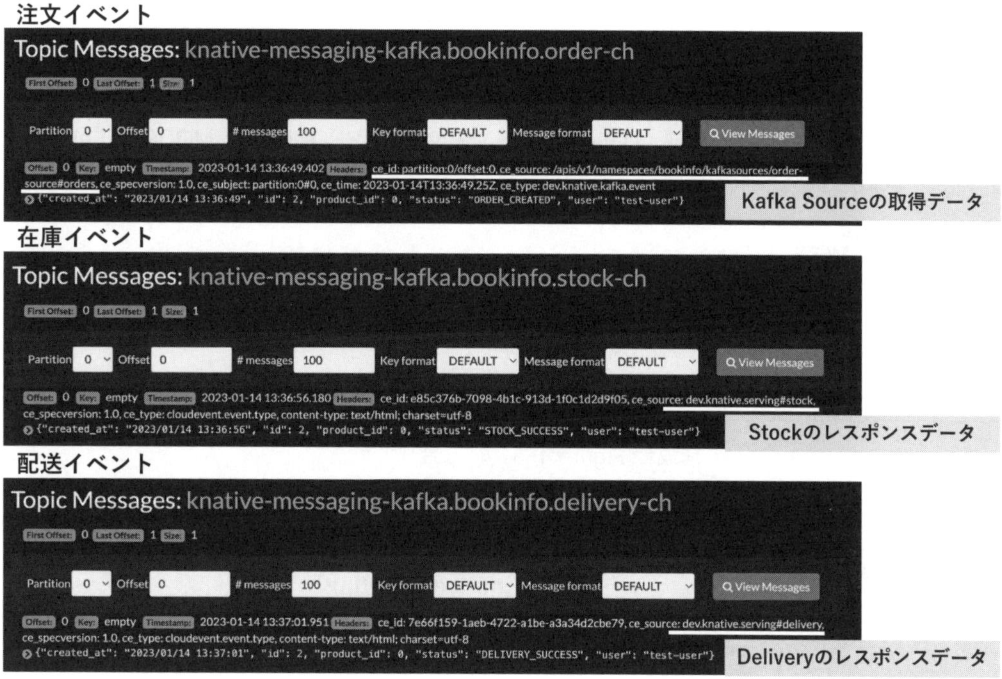

注文イベント

Topic Messages: knative-messaging-kafka.bookinfo.order-ch

First Offset: 0 Last Offset: 1 Size: 1

Partition 0 Offset 0 # messages 100 Key format DEFAULT Message format DEFAULT View Messages

Offset: 0 Key: empty Timestamp: 2023-01-14 13:36:49.402 Headers: ce_id: partition:0/offset:0, ce_source: /apis/v1/namespaces/bookinfo/kafkasources/order-source#orders, ce_specversion: 1.0, ce_subject: partition:0#0, ce_time: 2023-01-14T13:36:49.25Z, ce_type: dev.knative.kafka.event

{"created_at": "2023/01/14 13:36:49", "id": 2, "product_id": 0, "status": "ORDER_CREATED", "user": "test-user"}

Kafka Sourceの取得データ

在庫イベント

Topic Messages: knative-messaging-kafka.bookinfo.stock-ch

First Offset: 0 Last Offset: 1 Size: 1

Partition 0 Offset 0 # messages 100 Key format DEFAULT Message format DEFAULT View Messages

Offset: 0 Key: empty Timestamp: 2023-01-14 13:36:56.180 Headers: ce_id: e85c376b-7098-4b1c-913d-1f0c1d2d9f05, ce_source: dev.knative.serving#stock, ce_specversion: 1.0, ce_type: cloudevent.event.type, content-type: text/html; charset=utf-8

{"created_at": "2023/01/14 13:36:56", "id": 2, "product_id": 0, "status": "STOCK_SUCCESS", "user": "test-user"}

Stockのレスポンスデータ

配送イベント

Topic Messages: knative-messaging-kafka.bookinfo.delivery-ch

First Offset: 0 Last Offset: 1 Size: 1

Partition 0 Offset 0 # messages 100 Key format DEFAULT Message format DEFAULT View Messages

Offset: 0 Key: empty Timestamp: 2023-01-14 13:37:01.951 Headers: ce_id: 7e66f159-1aeb-4722-a1be-a3a34d2cbe79, ce_source: dev.knative.serving#delivery, ce_specversion: 1.0, ce_type: cloudevent.event.type, content-type: text/html; charset=utf-8

{"created_at": "2023/01/14 13:37:01", "id": 2, "product_id": 0, "status": "DELIVERY_SUCCESS", "user": "test-user"}

Deliveryのレスポンスデータ

このように、Channel を使用したシステム構築では、マイクロサービスへのイベントの送信 (Subscriber) と、マイクロサービスのレスポンスデータの中継（Reply）を Channel と Subscription を使用して定義し、マイクロサービス間連携を実装します。

## 4-7-4　作成した Channel の削除

以降の演習のために作成した Channel を削除してください。

```
$ kubectl delete -f knative-bookinfo/manifest/eventing/channel/
```

# 4-8 Brokerを使用したシステム構築

本節では、Brokerを使用し、Bookorderの注文トランザクションを実装します。BrokerはSourceで取得したイベントを集約して管理するカスタムリソースです。Brokerに集約されたイベントをフィルタリングする条件をTriggerで定義でき、条件に合致したイベントがSubscriberへ送信されます。また、Channelと同様に、BrokerがCloudEventsの必須属性を持つHTTPレスポンスを受信すると、そのレスポンスをイベントとしてBrokerへ取り込むことが可能です。

なお、本節では、Channelと同様、Order、Stock、DeliveryのPRODUCER_MODEをFalseとして、演習を進めます。

◎　PRODUCER_MODEをFalseへ変更

```
$ kn service update order --env=PRODUCER_MODE="False" -n bookinfo
$ kn service update stock --env=PRODUCER_MODE="False" -n bookinfo
$ kn service update delivery --env=PRODUCER_MODE="False" -n bookinfo
```

Brokerを用いたBookorderの構成はFigure 4-31のとおりです。

Figure 4-31　Brokerを用いたBookorderの構成

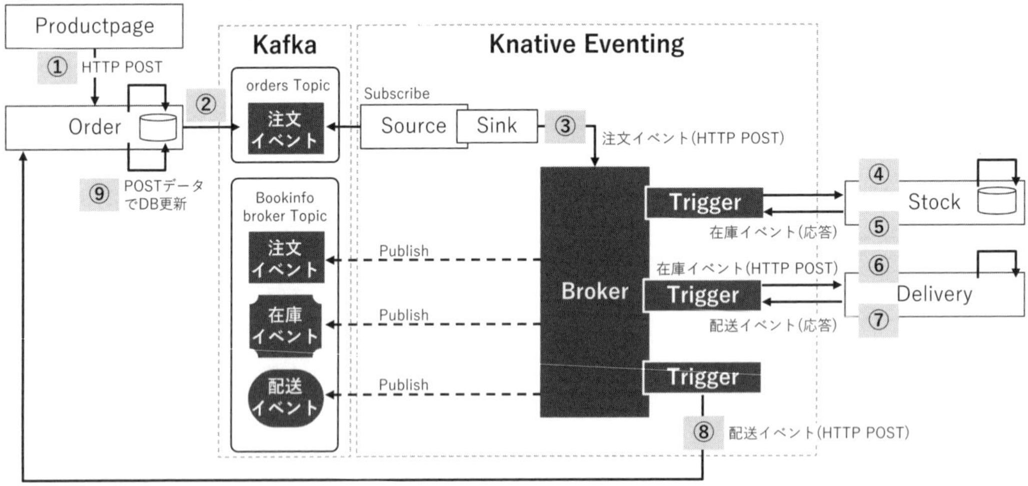

① ProductpageはOrderへ書籍の注文をHTTP POSTで依頼します。

② Orderは、注文イベントをKafkaトピック「orders」へ書き込みます。

③ Sourceが注文イベントを読み込み、BrokerへHTTP POSTで送信します。

④ Triggerに定義されたフィルタリング条件に従い、Brokerが注文イベントをStockへHTTP POSTで送信します。

⑤ Stockは注文イベントを受信し、在庫数を確認の上、在庫イベントをBrokerへHTTPレスポンスで送信します。

⑥ Triggerに定義されたフィルタリング条件に従い、Brokerが在庫イベントをDeliveryへHTTP POSTで送信します。

⑦ Deliveryは在庫イベントを受信し、ログインユーザを確認の上、配送イベントをBrokerへHTTPレスポンスで送信します。

⑧ Triggerに定義されたフィルタリング条件に従い、Brokerが配送イベントをOrderへHTTP POSTで送信します。

⑨ Orderが配送イベントを受信し、注文状態を注文DBへ反映します。

**Note　Knative Kafka Brokerのイベント到達保証**

Knative Kafka Brokerは、「At least Once」、つまり、**最低1回の送信を保証します**。言い方を変えるとKnative Kafka BrokerがSubscriberから正常なレスポンスコードを受信するまで、イベントが再送信されます。そのため、Subscriberがイベントを重複して受信する可能性があるという点に注意してください。

## 4-8-1　Knative Kafka Brokerのインストール

公式のGitリポジトリにリリースされているマニフェストファイルを用いて、Knative Kafka Brokerをインストールします。Knative Kafka Brokerのコントロールプレーンは「4-6　Sourceを使用したシステム構築」でインストールしたコントロールプレーンと同一です。そのため、コントロールプレーンと同じバージョンのKnative Kafka Brokerのデータプレーンのみをインストールします。

```
## バージョンを指定してKnative Kafka Brokerをインストールします。
$ export KNATIVE_KAFKA_SOURCE_VERSION=v1.9.0
$ kubectl apply -f \
https://github.com/knative-sandbox/eventing-kafka-broker/releases/download/
knative-${KNATIVE_KAFKA_SOURCE_VERSION}/eventing-kafka-broker.yaml
```

```
## Broker のデータプレーンとして Dispatcher と Receiver が起動します。
$ kubectl get pods -n knative-eventing
NAME                                      STATUS
...
kafka-broker-dispatcher-66f496b96-fwjrk   Running
kafka-broker-receiver-74d4d94497-cc56g    Running
...
```

## 4-8-2 デフォルトで使用するBrokerの設定

Knative Eventingは、デフォルトのBrokerとして、MT（Multi-tenant）Channel-Based Brokerを使用します。そのため、Knative Kafka Brokerを使用するにはデフォルトBrokerの変更が必要です。

Brokerのデフォルト設定は「config-br-defaults」というConfigMapで管理されます。デフォルトChannelの設定と同様に、Knative Eventingリソースを変更し、Knative OperatorによりConfigMapへ設定反映するように対応します。

「config-br-defaults」には、クラスタレベルの設定とNamespaceレベルの設定の2つを記述できます。ここでは必須の設定のみ記載します。

```
$ kubectl edit knativeeventing knative-eventing -n knative-eventing
...
spec:
  config:
    config-br-defaults:
      default-br-config: |
        clusterDefault: …①
          brokerClass: Kafka
          apiVersion: v1
          kind: ConfigMap
          name: kafka-broker-config
          namespace: knative-eventing
        namespaceDefaults: …②
          bookinfo:
            brokerClass: Kafka
            apiVersion: v1
            kind: ConfigMap
            name: kafka-broker-config
            namespace: knative-eventing
...
```

①がクラスタレベルの設定、②がNamespaceレベルの設定です。「brokerClass」へ使用するBroker

の種類と、そのBrokerの設定が格納されたConfigMapを指定します。Namespaceレベルで設定する際は、対象のNamespace名毎に記述してください。

Knative Eventingリソースを更新すると、自動的にConfigMapへ設定が反映されます。

```
$ kubectl describe configmap config-br-defaults -n knative-eventing
...
Data
====
default-br-config:
----
clusterDefault:
  brokerClass: Kafka
  apiVersion: v1
  kind: ConfigMap
  name: kafka-broker-config
  namespace: knative-eventing
namespaceDefaults:
  bookinfo:
    brokerClass: Kafka
    apiVersion: v1
    kind: ConfigMap
    name: kafka-broker-config
    namespace: knative-eventing
...
```

なお、「kafka-broker-config」は、「4-6　Sourceを使用したシステム構築」でインストールしたコントロールプレーンのマニフェストに含まれています。コントロールプレーンをインストールした時点で、Kafka Bootstrapサーバのエンドポイントや Kafkaトピックのパーティション数、Kafkaトピックのレプリケーション数がデフォルトで設定されています。本書では、シングルノードのKafkaクラスタをデプロイしているため、以下のとおり「kafka-broker-config」の設定を変更してください。

◎　Knative Kafka Brokerの設定変更

```
## シングルノードのKafkaクラスタに合わせてパーティションとレプリケーションの設定を変更します。
$ kubectl edit configmap kafka-broker-config -n knative-eventing
...
data:
  bootstrap.servers: my-cluster-kafka-bootstrap.kafka:9092
  default.topic.partitions: "1"
  default.topic.replication.factor: "1"
...
```

なお、kafka-broker-config に関するその他の設定については、公式ドキュメント*6を参照してください。

## 4-8-3 Source と Broker の連携

それでは、Broker を使用したシステム構築を進めていきましょう。最初に、Source を定義し、Broker へイベントが格納されるように構成します。

Source のマニフェストは以下のとおりです。

```
 1: apiVersion: sources.knative.dev/v1beta1
 2: kind: KafkaSource
 3: metadata:
 4:   name: broker-source
 5:   namespace: bookinfo
 6: spec:
 7:   bootstrapServers:
 8:     - my-cluster-kafka-bootstrap.kafka:9092
 9:   topics:  …①
10:     - orders
11:   sink: …②
12:     ref:
13:       apiVersion: eventing.knative.dev/v1
14:       kind: Broker
15:       name: bookinfo-broker
```

① Kafka トピック

注文イベントに該当する Kafka トピック「orders」を指定します。

② Sink

Broker を指定します。この設定により、Source で読み込んだ Kafka トピック上のメッセージが Broker へ送信されます。

次に、以下のマニフェストに示される Broker を作成します。

＊6 https://knative.dev/docs/eventing/brokers/broker-types/kafka-broker/

```
 1: apiVersion: eventing.knative.dev/v1
 2: kind: Broker
 3: metadata:
 4:   annotations:
 5:     eventing.knative.dev/broker.class: Kafka …①
 6:   name: bookinfo-broker
 7:   namespace: bookinfo
 8: spec:
 9:   config: …②
10:     apiVersion: v1
11:     kind: ConfigMap
12:     name: kafka-broker-config
13:     namespace: knative-eventing
```

① Broker Class

使用する Broker の種類を指定します。本書では Knative Kafka Broker を使用するため、「Kafka」と設定します。

② Broker の設定

Broker の設定を管理する ConfigMap を指定します。

マニフェストをそれぞれ apply し、Source と Broker を作成しましょう。

◎ Source と Broker の作成

```
$ kubectl apply -f \
knative-bookinfo/manifest/eventing/broker/brokerSource.yaml
$ kubectl apply -f \
knative-bookinfo/manifest/eventing/broker/broker.yaml

## 作成した Source と Broker の状態を確認します。
## READY 列が「True」であれば正常です。
$ kn source list -n bookinfo
NAME           TYPE          ...  READY
broker-source  KafkaSource   ...  True

$ kn broker list -n bookinfo
NAME             ...  READY
bookinfo-broker  ...  True
```

なお、Knative Kafka Brokerを作成すると、Figure 4-32に示されるKafkaトピックが自動作成されます。このKafkaトピックへKnative Kafka Brokerに集約されたイベントが書き込まれます。

Figure 4-32　Knative Kafka Broker用のKafkaトピック

| knative-broker-bookinfo-bookinfo-broker | 1 | 100% | 0 | No |
|---|---|---|---|---|

## 4-8-4　OrderとStockの連携

次にOrderとStockの連携を定義します。OrderとStockの連携では、OrderがKafkaトピックへ書き込んだ注文イベントをSourceで取得し、Brokerへ集約します。そして、Triggerを用いてBroker上の注文イベントをフィルタリングし、その送信先としてStockを指定します。

Brokerに対するTriggerのマニフェストは以下のとおりです。

◎　注文イベントのTriggerのマニフェスト

```
 1: apiVersion: eventing.knative.dev/v1
 2: kind: Trigger
 3: metadata:
 4:   name: order-trigger
 5:   namespace: bookinfo
 6: spec:
 7:   broker: bookinfo-broker …①
 8:   filter: …②
 9:     attributes:
10:       source: /apis/v1/namespaces/bookinfo/kafkasources/broker-source#orders
11:   subscriber: …③
12:     ref:
13:       apiVersion: serving.knative.dev/v1
14:       kind: Service
15:       name: stock
```

① Broker

Triggerの参照するBrokerの設定です。ここでは、先ほど作成したBroker「bookinfo-broker」を指定します。

② Filter

Broker上のイベントのフィルタリング条件を「filter.attributes」配下に定義します。

```
...
filter:
  attributes: ## 以下のいずれかを指定（複数指定するとANDで動作）
    id: <CloudEventsの必須属性「Id」の値>
    specversion: <CloudEventsの必須属性「Spec Version」の値>
    type: <CloudEventsの必須属性「Type」の値>
    source: <CloudEventsの必須属性「Source」の値>
    ...
```

なお、本書執筆時点でサポートされるフィルタリング条件は、CloudEventsの必須属性、オプション属性および拡張属性に対する**完全一致のみ**です。

注文イベントのTriggerのマニフェストでは、CloudEventsの必須属性であるSource属性の値から、Kafkaトピック「orders」を特定します。「/apis/v1/namespaces/bookinfo/kafkasources/broker-source」はBrokerへイベントを送信したリソースを表し、この例ではKafka Sourceを表します。そして、「#orders」はKafka Sourceが読み込んだKafkaトピックの名前です。

③ Subscriber

イベントの送信先の定義です。ここでは、Knative ServiceとしてデプロイされたStockを指定します。

マニフェストをapplyし、Triggerを作成しましょう。

◎ Triggerの作成

```
$ kubectl apply -f \
knative-bookinfo/manifest/eventing/broker/orderTrigger.yaml

## 作成したTriggerの状態を確認します。
## READY列が「True」であれば正常です。
$ kn trigger list -n bookinfo
NAME           BROKER            SINK         READY
order-trigger  bookinfo-broker   ksvc:stock   True
```

ここで、ブラウザを開きBookinfoへアクセスしてください。画面上の［Order］ボタンを押下すると、StockのPodが自動起動します。

◎　Stock の Pod の起動

```
$ kubectl get pods -n bookinfo -w
NAME                                      STATUS
order-00001-deployment-6644c8889b-xxxxx   Running
...
stock-00001-deployment-655c64544-xxxxx    ContainerCreating
stock-00001-deployment-655c64544-xxxxx    Running
...
```

次に、Kafdrop を開き、Kafka トピック「knative-broker-bookinfo-bookinfo-broker」に書き込まれたメッセージを確認してください。Figure 4-33 に示されるように、Kafka トピック上に注文イベントと在庫イベントが 1 つずつ格納されていることを確認できます。

Figure 4-33　注文イベントと在庫イベントの状態

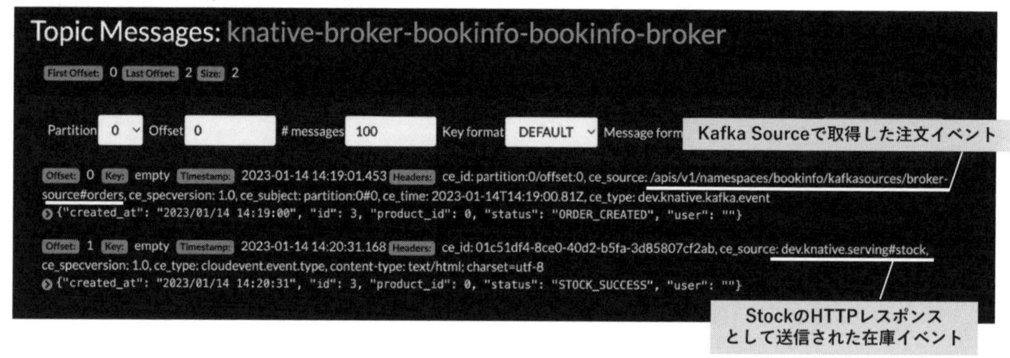


## 4-8-5　Order と Delivery の連携

続いて、Bookinfo の画面をリロードすると、［Order］ボタン上に表示される注文状態が変化するように、Delivery、Order の連携を追加します。Delivery へ在庫イベントを、Order へ配送イベントを送信する Trigger を定義し、最終的に注文 DB へ配送イベントの状態が更新されるように構成しましょう。

まず、Stock と Delivery を連携する Trigger のマニフェストを以下に示します。

◎ 在庫イベントのTriggerのマニフェスト

```
 1: apiVersion: eventing.knative.dev/v1
 2: kind: Trigger
 3: metadata:
 4:   name: stock-trigger
 5:   namespace: bookinfo
 6: spec:
 7:   broker: bookinfo-broker
 8:   filter: …①
 9:     attributes:
10:       source: dev.knative.serving#stock
11:   subscriber: …②
12:     ref:
13:       apiVersion: serving.knative.dev/v1
14:       kind: Service
15:       name: delivery
```

① Filter

Stockの在庫イベントには、CloudEventsのSource属性として「dev.knative.serving#stock」が格納されます。

◎ Stockの在庫イベントの送信 (knative-bookinfo/src/stock/stock.py)

```
1: @app.route("/", methods=["POST"])
2: def receive_cloudevents():
3: ...
4: # CloudEventsのSource属性の値
5:         response.headers["Ce-Source"] = "dev.knative.serving#stock"
6: ...
7:         return response, status_code
8: # HTTP POSTリクエストに対するレスポンスで在庫イベントを送信する。
9: ...
```

したがって、Broker上のイベントからCloudEventsのSource属性の値が「dev.knative.serving#stock」のイベントをフィルタリングします。

② Subscriber

在庫イベントの送信先としてDeliveryを指定します。

次に、Deliveryの作成したイベントをOrderへ送信するTriggerを作成します。マニフェストは以下のとおりです。

◎ 配送イベントのTriggerのマニフェスト

```
 1: apiVersion: eventing.knative.dev/v1
 2: kind: Trigger
 3: metadata:
 4:   name: delivery-trigger
 5:   namespace: bookinfo
 6: spec:
 7:   broker: bookinfo-broker
 8:   filter: …①
 9:     attributes:
10:       source: dev.knative.serving#delivery
11:   subscriber: …②
12:     ref:
13:       apiVersion: serving.knative.dev/v1
14:       kind: Service
15:       name: order
```

① Filter

Deliveryの配送イベントには、CloudEventsのSource属性として「dev.knative.serving#delivery」が格納されます。

◎ Deliveryの配送イベントの送信（knative-bookinfo/src/delivery/delivery.py）

```
1: @app.route("/", methods=["POST"])
2: def receive_cloudevents():
3: ...
4: # CloudEventsのSource属性の値
5:         response.headers["Ce-Source"] = "dev.knative.serving#delivery"
6: ...
7:         return response, status_code
8: # HTTP POSTリクエストに対するレスポンスで配送イベントを送信する。
9: ...
```

したがって、Broker上のイベントからCloudEventsのSource属性の値が「dev.knative.serving#delivery」のイベントをフィルタリングします。

② Subscriber
配送イベントの送信先としてOrderを指定します。

マニフェストをapplyし、在庫イベントと配送イベントを送信するTriggerをそれぞれ作成しましょう。

◎ Triggerの作成

```
$ kubectl apply -f \
knative-bookinfo/manifest/eventing/broker/stockTrigger.yaml
$ kubectl apply -f \
knative-bookinfo/manifest/eventing/broker/deliveryTrigger.yaml
$ kn trigger list -n bookinfo
NAME               BROKER            SINK            ... READY
delivery-trigger   bookinfo-broker   ksvc:order      ... True
order-trigger      bookinfo-broker   ksvc:stock      ... True
stock-trigger      bookinfo-broker   ksvc:delivery   ... True
```

ここまでのTriggerの作成により、注文トランザクションの実装が完了です。

Bookinfoの［Sign in］ボタンを押し、任意のユーザ名とパスワードを入力してログインした状態で、Bookinfoの［Order］ボタンを押下します。Stockに加えて、DeliveryのPodが順次起動します。

◎ Orderボタン押下後にPodが順次起動する様子

```
$ kubectl get pods -n bookinfo -w
NAME                                          STATUS
...
stock-00001-deployment-655c64544-xxxxx        Pending
stock-00001-deployment-655c64544-xxxxx        ContainerCreating
stock-00001-deployment-655c64544-xxxxx        Running

delivery-00001-deployment-6988c95b58-xxxxx  Pending
delivery-00001-deployment-6988c95b58-xxxxx  ContainerCreating
delivery-00001-deployment-6988c95b58-xxxxx  Running
```

そして、Bookinfoの画面をリロードすると、［Order］ボタン上のステータスが「DELIVERY_SUCCESS」へ変化します（Figure 4-34）。

Kafdropを開き、BrokerのKafkaトピックに保管されるイベントを確認しましょう。Sourceから取得した注文イベント以降、StockとDeliveryのHTTPレスポンスにより送信された在庫イベントと配送イベントがそれぞれ格納されていることが分かります。なお、配送イベントは2つ出力されていますが、最後の出力はDeliveryとOrderが連携した際のOrderからのHTTPレスポンスを表します（Figure 4-35）。

Figure 4-34　Bookinfo の画面（DELIVERY_SUCCESS）

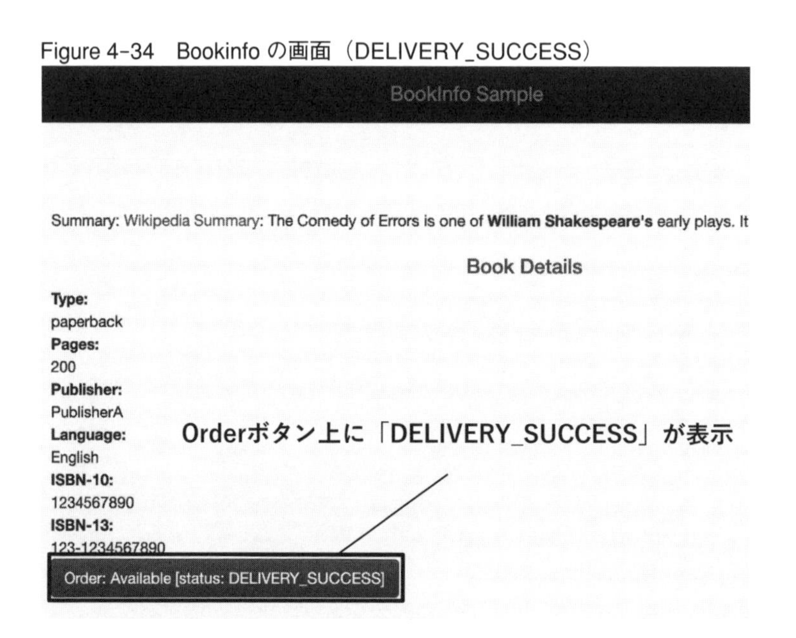


Figure 4-35　各イベントの状態

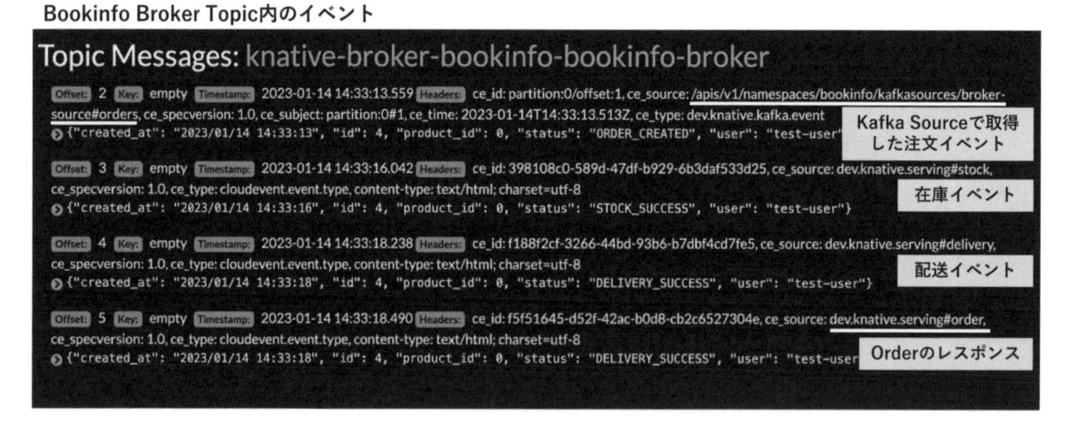


このように、Brokerを使用したシステム構築では、Broker上へ集約されたイベントをTriggerを用いてマイクロサービスへ振り分けることで、マイクロサービス間連携を実装します。

### Column　Triggerのイベント送信順序

Knative Kafka Brokerを使用する場合、Triggerによる送信順序の保証がサポートされます。サポートされる順序保証は次の2つです。

- unordered (Default)

　適切なOffsetを維持し、メッセージを順序付けずに送信する。

- ordered

　イベントを受信したアプリケーションによる正常な応答を待ってから次のイベントを送信する。

デフォルトでは、イベントの送信順序は保証されません。保証する必要がある場合は、Triggerのマニフェストのアノテーションへ、「kafka.eventing.knative.dev/delivery.order: ordered」を追加します。

◎　イベントの送信順序の保証

```
apiVersion: eventing.knative.dev/v1
kind: Trigger
metadata:
  name: order-trigger
  namespace: bookinfo
  annotations:
     kafka.eventing.knative.dev/delivery.order: ordered
...
```

# 4-9　イベント送信失敗時の動作

Knative Eventingでは、ChannelまたはBrokerに指定されるSubscriberへのイベント送信失敗時に、「エラーイベント」を送信するSinkを定義できます。この仕組みを「Dead Letter Sink」と呼びます。Dead Letter Sinkを使用することで、イベント送信失敗時のリトライやモニタリング、トランザクションのロールバックなどのエラーハンドリングの処理を実装することが可能です。

本節では、Dead Letter Sinkを活用して、Deliveryへのイベント送信が失敗したことを契機に、在庫DBの在庫数を処理前の数へロールバックするロジックを実装し、Dead Letter Sinkの挙動を確認します。

## 4-9-1　Dead Letter Sinkの設定

Dead Letter Sinkは、Subscription、またはBrokerのマニフェストの「spec.delivery」配下のフィールドに指定されたパラメータに準じて、イベントの再送が失敗した際に、「spec.delivery.deadLetterSink」フィールドに指定されたSinkへエラーイベントを送信します。Brokerのマニフェストへ設定追加した例を以下に示します。

◎　Dead Letter Sinkの設定例（Broker）

```
 1: apiVersion: eventing.knative.dev/v1
 2: kind: Broker
 3: ...
 4: spec:
 5:   delivery: …①
 6:     backoffDelay: <再送間隔の時間>
 7:     backoffPolicy: <linear または exponential>
 8:     retry: <再送回数>
 9:     deadLetterSink: …②
10:       ref:
11:         apiVersion: <APIバージョン>
12:         kind: <APIオブジェクト>
13:         name: <リソース名>
14: ...
```

① イベントの再送に関するパラメータ

イベントの再送は、SubscriberからHTTPのエラーコードが応答された場合に実行されます。指定できるパラメータは、Table 4-8のとおりです。

Table 4-8　イベント再送に関するパラメータ

| 設定値 | 概要 | デフォルト値 |
|---|---|---|
| backoffDelay | ISO 8601 形式で指定されるイベント送信失敗時のリトライ開始までの遅延時間 | PT0.5S |
| backoffPolicy | リトライ開始までの遅延時間を増加するポリシー（linear または exponential） | exponential |
| retry | リトライ回数 | 5 |

backoffDelay はイベントの再送が開始されるまでの遅延時間です。イベントの再送間隔は、backoffPolicy の設定に準じて調整されます。backoffPolicy が「linear」の場合、再送開始までの時間は、「`backoffDelay` × `retry`」の間隔で増加します。「exponential」の場合は、再送間隔が指数関数的に「`backoffDelay` × $2^{retry}$」ずつ増加します。最終的に retry で指定された回数までイベントの再送を試行して、送信不可と判断されると、Dead Letter Sink へエラーイベントを送信します。

② Dead Letter Sink

エラーイベントの送信先となる Sink を指定します。

## 4-9-2　エラーイベント

エラーイベントとは、イベントの送信失敗とその理由を通知するイベントです。CloudEvents の拡張属性を用いて送信失敗の理由が補強されます。

エラーイベントに指定される拡張属性は Table 4-9 のとおりです。

Table 4-9　エラーイベントへ付与される拡張属性

| 拡張属性 | 概要 |
|---|---|
| knativeerrordest | イベント再送が最終的に失敗したリソースの宛先 URL |
| knativeerrorcode | イベント再送により最終的に受信した HTTP レスポンスのステータスコード |
| knativeerrordata | イベント再送により最終的に受信した HTTP レスポンスのペイロードデータ（Base64 形式） |

## 4-9-3　Stock のロールバック処理の実装

本節で実装するロールバック処理の流れを Figure 4-36 に示します。

なお、以下の①～⑥は「Figure 4-31　Broker を用いた Bookorder の構成」と同様の流れのため、

Figure 4-36　イベント送信失敗時の在庫 DB のロールバック処理

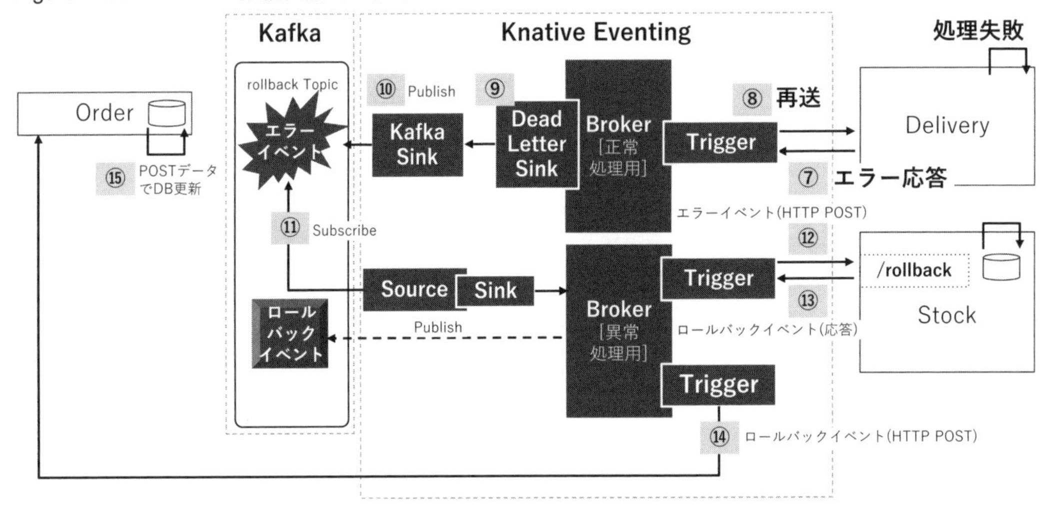


Figure 4-36 からは省略しています。

① Productpage は Order へ書籍の注文を HTTP POST で依頼します。

② Order は、注文イベントを Kafka トピック「orders」へ書き込みます。

③ Source が注文イベントを読み込み、Broker へ HTTP POST で送信します。

④ Trigger に定義されたフィルタリング条件に従い、Broker が注文イベントを Stock へ HTTP POST で送信します。

⑤ Stock は注文イベントを受信し、在庫数を確認の上、在庫イベントを Broker へ HTTP レスポンスで送信します。

⑥ Trigger に定義されたフィルタリング条件に従い、Broker が在庫イベントを Delivery へ HTTP POST で送信します。

Figure 4-36 のロールバック処理の流れは、次の⑦から始まります。

⑦ Delivery は在庫イベントを受信しログインユーザを確認しますが、ログインユーザが存在しないことでエラーコードを応答します。

⑧ Broker は Delivery からエラーコードを受信し、イベント送信失敗を把握して Delivery へイベントを再送します。

⑨ Broker は Delivery へのイベントの再送に失敗すると、Dead Letter Sink へエラーイベントを送信します。

⑩ Dead Letter Sink として指定された Kafka Sink が、エラーイベントを Kafka トピック「rollback」

へ書き込みます。

⑪ Source が Kafka トピック「rollback」上のエラーイベントを読み込み、異常処理用の Broker へイベントを HTTP POST で送信します。

⑫ Trigger に定義されたフィルタリング条件に従い、異常処理用の Broker がエラーイベントを Stock の URL パス「/rollback」へ HTTP POST で送信します。

⑬ Stock は「/rollback」の URL パスでエラーイベントを受信し、在庫数を 1 つ増やして、異常処理用の Broker へロールバックイベントを HTTP レスポンスで送信します。

⑭ Trigger に定義されたフィルタリング条件に従い、異常処理用の Broker がロールバックイベントを Order へ HTTP POST で送信します。

⑮ Order がロールバックイベントを受信し、注文 DB へ注文状態を反映します。

Stock には、在庫 DB のロールバック処理を実行するインタフェースが実装されています。Stock 宛に「/rollback」の URL パスでイベントが HTTP POST されると、Stock は在庫 DB の在庫数を一つ増やします。そして、注文失敗の状態を表す「ロールバックイベント」を送信します。

Stock のロールバック処理の実装は以下のとおりです。

◎ Stock のロールバック処理（knative-bookinfo/src/stock/stock.py）

```
 1: ①  # ルーティング
 2: @app.route("/rollback", methods=["POST"])
 3: def rollback_cloudevents():
 4: ...
 5: ②  # 受信したイベントデータの取得
 6:     event = json.loads( request.data )
 7:     _order_id = int(event["id"])
 8:     _product_id = int(event["product_id"])
 9:     _state = str(event["status"])
10:     _user = str(event["user"])
11:
12: ③  # 受信したイベントに応じた処理ロジック
13:     _state = rollback_stock(_order_id, _product_id, _state, _user)
14:
15: ④  # HTTP POST リクエストに対するレスポンス
16:     if PRODUCER_MODE:
17:     # Kafka トピックへイベントデータを直接パブリッシュ
18:         produce(_order_id, _product_id, _state, _user)
19:     # PRODUCER_MODE が True の場合、HTTP レスポンスでイベントデータを返さない
20:         return "", 200
21:     else:
```

```
22:    # PRODUCER_MODE が False の場合、新たなイベントとして HTTP レスポンス
23:         event_time = datetime.now().strftime('%Y/%m/%d %H:%M:%S')
24:         value = { 'created_at': event_time, 'id': _order_id, 'product_id': _produ
25: ct_id, 'status': _state, 'user': _user }
26:         response = make_response( json.dumps(value).encode('utf-8') )
27:         response.headers["Ce-Id"] = str(uuid.uuid4())
28:         response.headers["Ce-Source"] = "dev.knative.serving#stock_rollback"
29:         response.headers["Ce-specversion"] = "1.0"
30:         response.headers["Ce-Type"] = "cloudevent.event.type"
31:         return response, 200
32: ...
```

① ルーティング

Stock は「/rollback」の URL パスで HTTP POST リクエストを受信すると、ロールバック処理を実行します。

② 受信したイベントデータの取得

リクエストデータから、注文 ID、書籍 ID、注文状態、ログインユーザ名を取得します。

③ 受信したイベントに応じた処理ロジック

在庫 DB を更新し、在庫数を一つ増やします。

④ HTTP POST リクエストに対するレスポンス

ロールバックイベントを応答します。

また、Delivery は、Bookinfo のログインユーザの有無を確認し、ログインユーザが NULL の場合に、エラーコードを返却します。そのため、Bookinfo でログインせずに［Order］ボタンを押下することで、Delivery の処理でエラーを発生させることが可能です。

◎ Delivery によるログインユーザ判定（knative-bookinfo/src/delivery/delivery.py）

```
1: @app.route("/", methods=["POST"])
2: def receive_cloudevents():
3: ...
4:     if _user:
5:    # ユーザが存在する場合は配送成功
```

```
 6:         _state = "DELIVERY_SUCCESS"
 7:         status_code = int(SUCCESS_STATUS_CODE)
 8:     else:
 9:     # ユーザが存在しない場合は配送失敗
10:     # ERROR_STATUS_CODE は、デフォルト「500」
11:         _state = "DELIVERY_FAILED [USER is Not Found]"
12:         status_code = int(ERROR_STATUS_CODE)
13: ...
```

## 4-9-4 Kafka Sink

Kafka Sinkとは、指定されたKafkaトピックへメッセージをパブリッシュするカスタムリソースです。

Deliveryの処理が失敗するとDead Letter Sinkによりエラーイベントが送信されます。エラーイベントをKafka Sink宛に送信すると、Kafka Sinkは、指定されたKafkaトピックへエラーイベントを書き込みます。そのため、エラーイベントの書き込まれたKafkaトピックをTriggerでフィルタリングすることで、エラーイベントの発生に応じたマイクロサービス間連携を実装することが可能です。

Kafka Sinkを利用するには、専用のデータプレーンのインストールが必要です。次のコマンドを実行しインストールしてください。

◎ Kafka Sinkのデータプレーンのインストール

```
$ export KNATIVE_KAFKA_SOURCE_VERSION=v1.9.0
$ kubectl apply -f \
https://github.com/knative-sandbox/eventing-kafka-broker/releases/download/
knative-${KNATIVE_KAFKA_SOURCE_VERSION}/eventing-kafka-sink.yaml
```

次に、エラーイベントを書き込むKafkaトピックを作成しましょう。次のマニフェストをapplyすると、Strimziを通じてKafkaトピックを作成できます。そして、Kubernetesのカスタムリソースとして Kafkaトピックの状態が管理されます。

◎ Kafkaトピック「rollback」のマニフェスト

```
1: apiVersion: kafka.strimzi.io/v1beta2
2: kind: KafkaTopic
3: metadata:
4:   name: rollback
```

```
 5:   namespace: kafka
 6:   labels:
 7:     strimzi.io/cluster: my-cluster
 8: spec:
 9:   partitions: 1 …①
10:   replicas: 1 …②
```

① Kafkaトピックのパーティション数

作成するKafkaトピックのパーティション数を指定します。

② Kafkaトピックのレプリカ数

Kafkaトピックのレプリカ数を指定します。このパラメータはKafka Brokerの数と一致する必要があり、本書では「1」を指定します。

続いて、Kafka Sinkのマニフェストを以下に示します。

◎ Kafka Sinkのマニフェスト

```
 1: apiVersion: eventing.knative.dev/v1alpha1
 2: kind: KafkaSink
 3: metadata:
 4:   name: rollback
 5:   namespace: bookinfo
 6: spec:
 7:   topic: rollback …①
 8:   bootstrapServers: …②
 9:     - my-cluster-kafka-bootstrap.kafka:9092
10:   contentMode: binary # または structured …③
```

① Kafkaトピック

エラーイベントを書き込むKafkaトピック「rollback」を指定します。

② Kafka Bootstrapサーバ

接続するKafkaクラスタのエンドポイントを指定します。

③ コンテンツモード

CloudEventsのバインディングの指定です。ここでは、バイナリモードを指定します。

マニフェストをapplyし、Kafkaトピックと Kafka Sinkをそれぞれ作成しましょう。

◎ Kafkaトピックと Kafka Sinkの作成

```
$ kubectl apply -f \
knative-bookinfo/manifest/eventing/dls/kafkaTopic.yaml
$ kubectl apply -f \
knative-bookinfo/manifest/eventing/dls/kafkaSink.yaml

## Kafka トピックの READY 列の状態が「True」となることを確認します。
$ kubectl get kafkatopic rollback -n kafka
NAME       CLUSTER     ... READY
rollback   my-cluster ... True

## Kafka Sink の READY 列の状態が「True」となることを確認します。
$ kubectl get kafkasink -n bookinfo
NAME      URL                    READY
rollback  http://.../rollback    True
```

## 4-9-5 正常処理用 Broker へ Dead Letter Sink の設定追加

「4-8　Brokerを使用したシステム構築」で作成したBrokerでエラーイベントも管理すると、CloudEventsの属性値が重複し、正しくTriggerでフィルタリングできない状態になることが考えられます。そのため、本書では、正常処理用と異常処理用の2つのBrokerを使い分ける方針でロールバック処理を実装します。なお、以降より「4-8　Brokerを使用したシステム構築」で作成したBrokerを「正常処理用Broker」と記載します。

正常処理用BrokerへDead Letter Sinkの設定を追加するマニフェストを以下に示します。

◎ 正常処理用 Broker へ Dead Letter Sink を追加

```
1: apiVersion: eventing.knative.dev/v1
2: kind: Broker
3: metadata:
4:   annotations:
5:     eventing.knative.dev/broker.class: Kafka
6:   name: bookinfo-broker
```

```
 7:   namespace: bookinfo
 8: spec:
 9:   delivery: …①
10:     backoffDelay: PT1S
11:     backoffPolicy: linear # or exponential
12:     retry: 3
13:     deadLetterSink: …②
14:       ref:
15:         apiVersion: eventing.knative.dev/v1alpha1
16:         kind: KafkaSink
17:         name: rollback
18: ...
```

① イベント再送に関するパラメータ

1秒間隔で最大3回のイベント再送を行う設定としています。

② Dead Letter Sink

エラーイベントの送信先として、Kafka Sink「rollback」を指定します。

この設定により、Kafkaトピック「rollback」へエラーイベントが書き込まれます。

マニフェストをapplyし、正常処理用Brokerのリソースを更新してください。

◎ 正常処理用Brokerのリソースを更新

```
$ kubectl apply -f \
knative-bookinfo/manifest/eventing/dls/brokerDLS.yaml

## 作成したBrokerのREADY列の状態が「True」となることを確認します。
$ kn broker list -n bookinfo
NAME              ... READY
bookinfo-broker   ... True
```

## 4-9-6 異常処理用Brokerの作成

次に、以下のマニフェストで示される異常処理用Brokerを作成します。なお、正常処理用Brokerと異常処理用Brokerとで、リソースの定義内容に大差ありません。

◎ 異常処理用 Broker のマニフェスト

```
 1: apiVersion: eventing.knative.dev/v1
 2: kind: Broker
 3: metadata:
 4:   annotations:
 5:     eventing.knative.dev/broker.class: Kafka
 6:   name: bookinfo-for-error-broker
 7:   namespace: bookinfo
 8: spec:
 9:   config:
10:     apiVersion: v1
11:     kind: ConfigMap
12:     name: kafka-broker-config
13:     namespace: knative-eventing
```

異常処理用 Broker は、正常処理用 Broker が送信したエラーイベントを管理します。エラーイベントは Kafka トピック「rollback」に格納されるため、Source を使用して、Kafka トピック「rollback」のイベントが異常処理用 Broker へ送信されるように構成します。

マニフェストは以下のとおりです。

◎ エラーイベントを異常処理用 Broker へ送信する Source

```
 1: apiVersion: sources.knative.dev/v1beta1
 2: kind: KafkaSource
 3: metadata:
 4:   name: broker-error-source
 5:   namespace: bookinfo
 6: spec:
 7:   bootstrapServers:
 8:     - my-cluster-kafka-bootstrap.kafka:9092
 9:   topics: …①
10:     - rollback
11:   sink: …②
12:     ref:
13:       apiVersion: eventing.knative.dev/v1
14:       kind: Broker
15:       name: bookinfo-for-error-broker
```

① Kafka トピック

エラーイベントが保存される Kafka トピック「rollback」を指定します。

② Sink

Kafka トピック「rollback」へ書き込まれたメッセージを異常処理用 Broker へ送信します。

作成したマニフェストを apply しましょう。

◎ 異常処理用 Broker と Source の作成

```
$ kubectl apply -f \
knative-bookinfo/manifest/eventing/dls/brokerErr.yaml
$ kubectl apply -f \
knative-bookinfo/manifest/eventing/dls/sourceBrokerErr.yaml

## 作成した Broker の READY 列の状態が「True」となることを確認します。
$ kn broker list -n bookinfo
NAME                        ...  READY
bookinfo-broker             ...  True
bookinfo-for-error-broker   ...  True

## 作成した Source の READY 列の状態が「True」となることを確認します。
$ kn source list -n bookinfo
NAME                  ... SINK                              READY
broker-error-source   ... broker:bookinfo-for-error-broker  True
broker-source         ... broker:bookinfo-broker            True
```

## 4-9-7 エラーイベントをハンドリングする Trigger の作成

ここまでの対応で、発生したエラーイベントが異常処理用 Broker に集約される構成を実装できました。したがって、エラーイベント固有の処理は、異常処理用 Broker の Trigger を定義することで実現可能です。

ここで、以下の 2 つの Trigger を作成します。

- Stock のロールバック処理を実行するための Trigger
- Order の注文 DB へ注文状態を反映するための Trigger

まず、Stock のロールバック処理を実行する Trigger を作成しましょう。マニフェストは以下のとおりです。

◎ エラーイベントの Trigger のマニフェスト

```
 1: apiVersion: eventing.knative.dev/v1
 2: kind: Trigger
 3: metadata:
 4:   name: stock-rollback-trigger
 5:   namespace: bookinfo
 6: spec:
 7:   broker: bookinfo-for-error-broker
 8:   filter:  …①
 9:     attributes:
10:       knativeerrorcode: "500"
11:       knativeerrordest: "http://delivery.bookinfo.svc.cluster.local/"
12:   subscriber: …②
13:     ref:
14:       apiVersion: serving.knative.dev/v1
15:       kind: Service
16:       name: stock
17:     uri: /rollback
```

① Filter

イベントのフィルタリング条件として、エラーイベントの拡張属性を指定します。ここでは、エラーコードが「500」、かつエラーの発生元である Delivery のエンドポイント URL を指定します。

② Subscriber

エラーイベントの送信先の設定です。Delivery へのイベント送信が失敗したら、在庫 DB の在庫数をロールバックする必要があるため、Knative Service としてデプロイされる Stock の「/rollback」の URL パスへ、エラーイベントを HTTP POST するように設定します。

続いて、Stock のロールバックイベントを Order へ送信する Trigger を作成します。

◎ ロールバックイベントの Trigger のマニフェスト

```
1: apiVersion: eventing.knative.dev/v1
2: kind: Trigger
3: metadata:
4:   name: order-rollback-trigger
5:   namespace: bookinfo
```

```
 6: spec:
 7:   broker: bookinfo-for-error-broker
 8:   filter: …①
 9:     attributes:
10:       source: dev.knative.serving#stock_rollback
11:   subscriber: …②
12:     ref:
13:       apiVersion: serving.knative.dev/v1
14:       kind: Service
15:       name: order
```

① Filter

Source属性の値が「dev.knative.serving#stock_rollback」のイベントを検知します。

② Subscriber

Stockが生成したロールバックイベントをOrderへ送信します。

マニフェストをapplyし、Triggerを作成してください。

◎ Triggerの作成

```
$ kubectl apply -f \
knative-bookinfo/manifest/eventing/dls/stockRollbackTrigger.yaml
$ kubectl apply -f \
knative-bookinfo/manifest/eventing/dls/orderErrorTrigger.yaml
```

ここまでの対応で作成されたリソースは次のとおりです。「4-8　Brokerを使用したシステム構築」で作成した各リソースに加えて、本節で作成したロールバック処理用のリソースが追加されました。

```
## 作成したSourceの状態
$ kn source list -n bookinfo
NAME                ... SINK                              READY
broker-error-source ... broker:bookinfo-for-error-broker  True
broker-source       ... broker:bookinfo-broker            True

## 作成したBrokerの状態
$ kn broker list -n bookinfo
NAME                      ... READY
bookinfo-broker           ... True
```

```
bookinfo-for-error-broker ... True

## 作成したTriggerの状態
$ kn trigger list -n bookinfo
NAME                    BROKER                     SINK           ... READY
delivery-trigger        bookinfo-broker            ksvc:order     ... True
order-rollback-trigger  bookinfo-for-error-broker  ksvc:order     ... True
order-trigger           bookinfo-broker            ksvc:stock     ... True
stock-rollback-trigger  bookinfo-for-error-broker  ksvc:stock     ... True
stock-trigger           bookinfo-broker            ksvc:delivery ... True
```

## 4-9-8 在庫DBのロールバック処理の動作確認

それでは、ロールバック処理の動作確認を進めます。まずは、以下のコマンドを実行し、在庫DB上の在庫数の変化をモニタリングできるように準備してください。

◎ 在庫数のモニタリング

```
## mysql-stockのPod名を取得します。
$ export PODNAME=$(kubectl get pods \
-l app=mysql-stock \
-o jsonpath='{.items[*].metadata.name}' \
-n bookinfo)

## mysql-stock Podへ接続し、在庫DBのデータを取得します。
$ while true Enter
do Enter
kubectl -n bookinfo exec ${PODNAME} -- \
mysql -uchangeme -pchangeme -D stock -e \
"SELECT * FROM stock WHERE id='1'" 2>/dev/null Enter
echo "---" Enter
sleep 1 Enter
done Enter

id      product_id      count
1       0               10
---
...
```

なお、在庫DBのcount列の値が「0」の場合は、在庫DBを再作成すればデータを初期化できます。

◎　在庫DB上のデータの初期化

```
$ kubectl scale deploy mysql-stock --replicas=0 -n bookinfo && \
kubectl scale deploy mysql-stock --replicas=1 -n bookinfo
```

在庫数をモニタリングする準備ができたら、Bookinfoの画面を開き、Sign outした状態で［Order］ボタンを押下してください。何回かブラウザをリロードすると、Figure 4-37に示されるように、［Order］ボタン上のステータス表示が「ORDER_FAILED」へ変化します。

Figure 4-37　Bookinfoの画面（ORDER_FAILED）

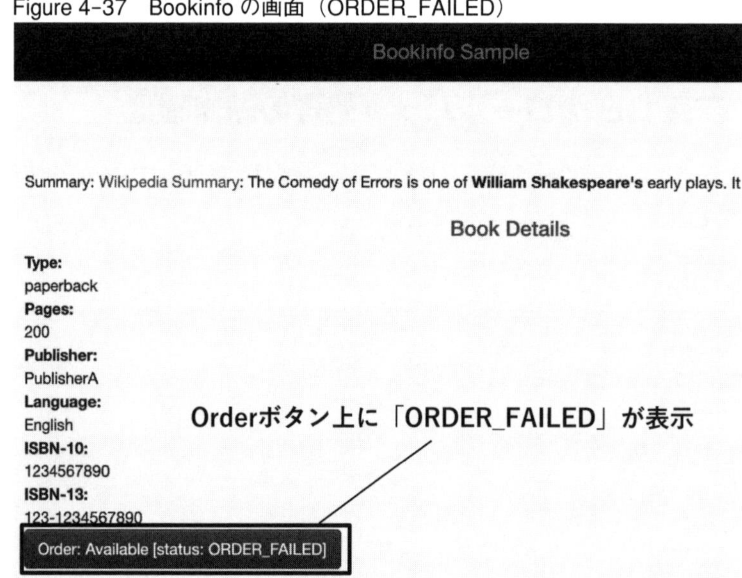


そして、以下に示されるとおり、在庫DB上の在庫数は、一度「9」へ変化した後、「10」へ戻るはずです。Deliveryへのイベント送信に失敗したことを受けて、在庫DBのロールバックが正常に動作していることを確認できます。

◎　在庫DB上のデータの変化

```
$ while true Enter
do Enter
kubectl -n bookinfo exec ${PODNAME} -- \
mysql -uchangeme -pchangeme -D stock -e \
"SELECT * FROM stock WHERE id='1'" 2>/dev/null Enter
echo "---" Enter
sleep 1 Enter
```

```
done Enter
...

id      product_id      count
1       0               10
---
## Stock が注文イベントを受信し、在庫 DB 上の count の値を更新
id      product_id      count
1       0               9
---
...
---
## Delivery がエラー応答し、Stock が在庫 DB 上の count の値を戻す
id      product_id      count
1       0               10
```

最後に、Kafdrop を開き、正常処理用 Broker の Kafka トピック「knative-broker-bookinfo-bookinfo-broker」と、異常処理用 Broker の Kafka トピック「knative-broker-bookinfo-bookinfo-for-error-broker」に保存されたメッセージを確認します。正常処理用 Broker の Kafka トピックには、Order と Stock の生成したイベントが格納され、Delivery の生成したイベントは存在しません。Delivery の生成したイベントは、異常処理用 Broker の Kafka トピックに存在し、「ce_knativeerrorcode」として 500 が応答しています。これがイベントの再送失敗により Dead Letter Sink が送信したイベントです。その後、Stock のロールバック処理を経て、最終的に Order が注文イベントを異常処理用 Broker へ応答しています（Figure 4-38）。

Figure 4-38　イベントの状態

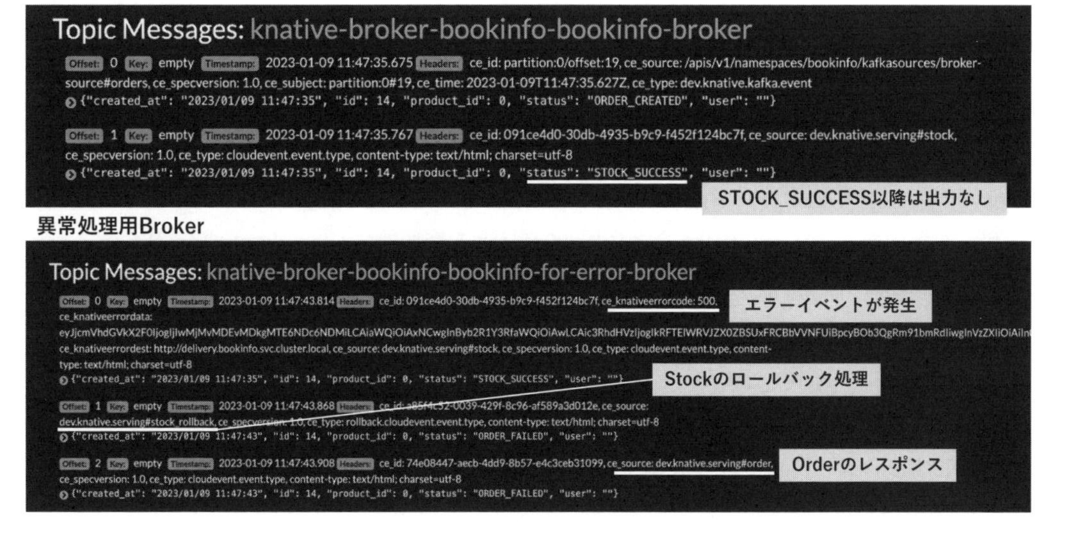

Dead Letter Sink へ送信されたイベントのエラーデータは、前述のとおり、「ce_knativeerrordata」内にBase64 でエンコードされた状態で格納されます。次のコマンドにてエラーデータをデコードすると、Delivery の処理結果が「DELIVERY_FAILED [USER is Not Found]」となり、エラーレスポンスが返却されていることが分かります。

◎ エラー内容の確認

```
$ echo -n <エラーデータ> | base64 -d
{"created_at": "YYYY/MM/DD hh:mm:ss", "id": 14, "product_id": 0, "status": "DELIVERY_FAIL
ED [USER is Not Found]", "user": ""}
```

このように、Dead Letter Sink を活用することで、Subscriber へのイベント再送に失敗したことをエラーイベントとして扱い、エラー発生に対する処理をイベント駆動型で実装することができました。

## 4-10 カスタムイベントソース

Knative Eventing がサポートしていないソフトウェアを Source の対象とできるように、Knative Eventing は「カスタムイベントソース」と呼ばれる独自の Source の実装をサポートしています。カスタムイベントソースを実装するには、一から Source のデータプレーンとコントローラ、カスタムリソースを実装する方法もありますが、SinkBinding や ContainerSource を利用することで、容易に実装することが可能です。

本節では、Bookorder へ CloudEvents 形式のイベントを送信するアプリケーションの実装を通じて、SinkBinding と ContainerSource の使用方法を解説します。

### 4-10-1 SinkBinding と ContainerSource の違い

SinkBinding は、作成済みの Kubernetes リソースや Knative Serving と連携することで独自の Source を実現するカスタムリソースです。たとえば、CronJob で定期的に CloudEvents 形式のイベントを送信したい場合は SinkBinding を使用する必要があります。そして、SinkBinding のリソース定義と CronJob のリソース定義はそれぞれ個別に行う必要があります。イベントを送信するアプリケーションのソースコード内で既存の Kubernetes リソースや Knative Serving を Sink として紐付けるイメージです。

一方、ContainerSource は、ContainerSource のマニフェスト内で定義された仕様に基づく Deployment を**新規作成**することで、独自の Source を実現します。ContainerSource が Deployment の上位リソースとして存在し、ContainerSource の作成・削除と連動して Deployment も作成・削除されます。

## 4-10-2 テスト用のアプリケーションの実装

本節ではテスト用のアプリケーション「CloudEventer」を用いて SinkBinding と ContainerSource の動作を確認します。CloudEventer は、CloudEvents 形式のイベントを宛先のアプリケーションへ HTTP POST で送信する Python ベースのアプリケーションです。イベントのデータフォーマットを Bookorder の各マイクロサービスと統一し、それぞれが連携できるように実装されています。

以降より、CloudEventer の実装を確認しましょう。

### ■ リソース定義と共に追加される環境変数

SinkBinding や ContainerSource は、そのマニフェストを apply してリソースが定義されると、次の 2 つの環境変数をアプリケーションへ追加します。

- K_SINK

  Sink の URL です。イベントを HTTP POST する宛先として使用します。

- K_CE_OVERRIDES

  CloudEvents の属性を上書きする設定です。JSON 形式で格納されます。

K_SINK が設定されることで、アプリケーションのソースコードのレベルで Kubernetes API との連携を実装せずに、イベントの宛先 URL を把握できるようになります。そして、K_CE_OVERRIDES を使用することで、Kubernetes のマニフェストで宣言された CloudEvents の属性値を利用可能です。

◎ K_SINK と K_CE_OVERRIDES の設定 (knative-bookinfo/src/cloudeventer/cloudeventer.py)

```
 1: ...
 9: # 環境変数
10: # SinkBinding や ContainerSource を使用すると設定される環境変数
11: K_SINK = "" if (os.environ.get("K_SINK") is None) else os.environ.get("K_SINK")
12: K_CE_OVERRIDES = "" if (os.environ.get("K_CE_OVERRIDES") is None) else os.envir
    on.get("K_CE_OVERRIDES")
  : ...
```

## ■ イベントの送信

次のソースコードが示すとおり、CloudEventerは、K_SINKが設定されている場合にCloudEventsの必須属性を定義し、K_SINKに指定される宛先へHTTP POSTすることで、イベントを送信します。そして、K_SINKが設定されていない場合は、処理をスキップします。

◎ イベントの送信 (knative-bookinfo/src/cloudeventer/cloudeventer.py)

```
26:  # K_SINKでイベントの送信先が指定されている場合のみ処理を実行します。
27:  if K_SINK:
28:      # CloudEventsのヘッダ情報を構成
29:      attributes = {
30:          "type": "cloudevent.event.type",
31:          "source": "dev.knative.serving#cloudeventer",
32:          }
  :      # K_CE_OVERRIDESが存在する場合はattributesに追加
34:      if K_CE_OVERRIDES:
35:          extensions = json.loads(K_CE_OVERRIDES)
36:          attributes.update(extensions)
37:
  :      # イベントのペイロードデータの作成
39:      event_time = datetime.now().strftime('%Y/%m/%d %H:%M:%S')
40:      data = { 'created_at': event_time, 'id': int(ORDER_ID), 'product_id': int
     (PRODUCT_ID), 'status': MESSAGE}, 'user': USER}
41:      event = CloudEvent(attributes, data)
42:
43:      # バイナリモードでヘッダとペイロードデータを構成
44:      headers, body = to_binary(event)
  :...
48:      # イベントをK_SINK宛にPOST
49:      requests.post(K_SINK, data=body, headers=headers, timeout=3.0)
50:
51:  else:
52:      print("K_SINK is NULL, so skip processing")
```

CloudEventerは、CloudEventsの属性を持つHTTPヘッダとペイロードデータの構成に「CloudEvents SDK」を使用します。CloudEvents SDKとは、CloudEventsの仕様に沿ったイベントデータの作成を簡略化するライブラリです。本書執筆時点でGo言語、JavaScript、Java、C# 、Ruby、PHP、Python、PowerShell、RustのSDKがリリースされています。なお、本書ではプログラミング言語の利用障壁の低さからPythonのCloudEvents SDKを使用していますが、本書執筆時点で「進行中」のステータスのため、今後のリリースで仕様が変更となる可能性がある点に注意してください。

### ■ CloudEventer のコンテナイメージのビルド

次のコマンドで Tekton の PipelineRun を実行し、CloudEventer のコンテナイメージをビルドしましょう。

◎ CloudEventer のコンテナイメージのビルド

```
$ export SERVICE_NAME=src/cloudeventer
$ export IMAGE_NAME=cloudeventer
$ export IMAGE_REVISION=v1
$ cat knative-bookinfo/manifest/tekton/pipelinerun/pipelinerun.yaml | \
envsubst | kubectl create -f -

$ tkn pipelinerun list -n bookinfo-builds
NAME                        REASON
...
build-image-cloudeventer    Succeeded
...
```

それでは、以降より、CloudEventer を使用して SinkBinding と ContainerSource をそれぞれ実装します。

## 4-10-3 SinkBinding

### ■ マニフェストの作成

SinkBinding は、前述のとおり、Pod の spec を持つ Kubernetes リソースや Knative Service リソースを、イベントの送信元とした上で Sink へ直接紐付けるカスタムリソースです。SinkBinding のマニフェストは以下のとおりです。

◎ SinkBinding のマニフェスト例

```
1: apiVersion: sources.knative.dev/v1
2: kind: SinkBinding
3: metadata:
4:   name: cloudeventer-sinkbinding
5: spec:
```

```
 6:   subject: …①
 7:     apiVersion: apps/v1
 8:     kind: Deployment
 9:     selector:
10:       matchLabels:
11:         app: cloudeventer
12:   sink: …②
13:     ref:
14:       apiVersion: serving.knative.dev/v1
15:       kind: Service
16:       name: order
17:   ceOverrides: …③
18:     extensions:
19:       producer: "cloudeventer"
20:       consumer: "order"
```

① Subject

イベントの生成元となるKubernetesリソースやKnative Serviceリソースを参照する定義です。このフィールドは、Kubernetesクラスタへデプロイ済みのリソースを指定するフィールドです。例では、「selector.matchLabels」に定義されたラベルに合致するDeploymentを参照しています。

Subjectに指定されたKubernetesリソースには、K_SINKが挿入され、イベントをHTTP POSTする宛先URLとして使用できます。環境変数が挿入されるため、SinkBindingのリソース作成後に、Podが再作成されます。（Knative Serviceを指定した場合は、Revisionが新規作成されます）

② Sink

イベント送信先のKubernetesリソースやKnative Serviceリソースを指定します。そして、指定されたリソースのエンドポイントURLが環境変数「K_SINK」へ格納されます。

ここでは、Orderを指定し、CloudEventerが起動すると、Orderへイベントが送信されるように設定しています。Orderは受信したイベントデータから注文状態を取得し、注文DBを更新します。

③ ceOverrides

このフィールドの指定はオプションです。上書きしたいCloudEventsの属性情報を記述します。このフィールドにYAML形式で記述された属性は、Subjectに指定したアプリケーションの環境変数「K_CE_OVERRIDES」へJSON形式で格納されます。ここでは、CloudEventsの拡張属性を追加します。

SinkBindingのマニフェストをapplyし、リソースを作成してください。SinkBindingのSinkに指定したリソースがディスカバリされると、SinkBindingのリソースの状態がTrueとなります。

◎ SinkBindingの作成

```
$ kubectl apply -f \
knative-bookinfo/manifest/eventing/sink-binding/cloudeventerSinkBinding.yaml

## SinkBindingのREADY列の状態が「True」となることを確認します。
$ kn source binding list -n bookinfo
NAME                     SUBJECT                               SINK        READY
cloudeventer-sinkbinding Deployment:apps/v1:app=cloudeventer ksvc:order True
```

## ■ Subjectへ指定したリソースの作成

次に、SinkBindingのSubjectへ指定したDeploymentを作成します。

◎ CloudEventerのDeploymentのマニフェスト

```
 1: apiVersion: apps/v1
 2: kind: Deployment
 3: metadata:
 4:   labels:
 5:     app: cloudeventer …①
 6:   name: cloudeventer
 7: spec:
 8:   replicas: 1
 9:   selector:
10:     matchLabels:
11:       app: cloudeventer
12:   strategy: {}
13:   template:
14:     metadata:
15:       labels:
16:         app: cloudeventer
17:     spec:
18:       containers:
19:       - image: registry.gitlab.com/${GITLAB_USER}/knative-bookinfo/cloudeventer:
20: ${IMAGE_REVISION}
21:         imagePullPolicy: Always
22:         name: cloudeventer
23:         env:
```

```
24:           - name: ORDER_ID …②
25:             value: "1"
26:         imagePullSecrets:
27:         - name: registry-token
28:         serviceAccountName: knative-deployer
```

① SinkBindingのラベルセレクタで参照できるラベルを指定します。

② ORDER_IDは、注文DBのidカラムに該当する環境変数です。

マニフェストをapplyすると、CloudEventerのPodがデプロイされます。

◎ CloudEventerのデプロイ

```
$ export GITLAB_USER=<GitLabのユーザ名>
$ export IMAGE_REVISION=v1
$ cat knative-bookinfo/manifest/k8s-deployment/cloudeventer/deployment.yaml | \
envsubst | kubectl apply -f -

$ kubectl get deployment cloudeventer -n bookinfo
NAME           READY   UP-TO-DATE   AVAILABLE
cloudeventer   1/1     1            0
```

## ■ 動作確認

CloudEventerとOrderのログを確認すると、イベントがOrderへ送信され、注文DBが更新されることを確認できます。

◎ CloudEventerとOrderのログを確認

```
## CloudEventerのログを確認します。
$ export PODNAME=$(kubectl get pods \
-l app=cloudeventer \
-o jsonpath='{.items[*].metadata.name}' \
-n bookinfo)
$ kubectl -n bookinfo logs ${PODNAME}
...Sending CloudEvent with value headers: ...
  "id": 1, "product_id": 0, "status": "this is test message"}'
...
```

```
##  Orderのログを確認します。
$ export PODNAME=$(kubectl get pods \
-l serving.knative.dev/service=order \
-o jsonpath='{.items[*].metadata.name}' \
-n bookinfo)
$ kubectl -n bookinfo logs ${PODNAME} -c user-container
...received cloudevents data, id: 1, product_id: 0, status: this is test message
...

##  注文DBのstatus列が更新されています。
$ export PODNAME=$(kubectl get pods \
-l app=mysql-order \
-o jsonpath='{.items[*].metadata.name}' \
-n bookinfo)
$ kubectl -n bookinfo exec ${PODNAME} -- \
mysql -uchangeme -pchangeme -D orders -e \
'SELECT * FROM orders WHERE id=1'

id      product_id      status  ...
1       0               this is test message ...
```

このように、SinkBindingは、Subjectへイベントソースとして使用したいアプリケーションを指定し、そのアプリケーションがSinkへ直接イベントを送信する、という形で独自のイベントソースを作成できます。

最後に、次の演習のために作成したSinkBindingとDeploymentを削除しておきましょう。

◎ 作成したSinkBindingとDeploymentの削除

```
$ kn source binding delete cloudeventer-sinkbinding -n bookinfo
$ kubectl delete deployment cloudeventer -n bookinfo
```

## 4-10-4 ContainerSource

次にContainerSourceを実装します。ContainerSourceは、Deploymentを自動作成し、Sinkへ直接イベントをHTTP POSTするカスタムリソースです。SinkBindingと同様、ContainerSourceの定義内容に沿って、起動したPodへ環境変数「K_SINK」と「K_CE_OVERRIDES」が挿入されます。

### ■ マニフェストの作成

ContainerSourceのマニフェストを以下に示します。

◎ ContainerSource のマニフェスト例

```
 1: apiVersion: sources.knative.dev/v1
 2: kind: ContainerSource
 3: metadata:
 4:   name: cloudeventer-container-source
 5: spec:
 6:   template: …①
 7:     spec:
 8:       containers:
 9:         - image: registry.gitlab.com/${GITLAB_USER}/knative-bookinfo/cloudeventer
10: :${IMAGE_REVISION}
11:           name: cloudeventer
12:           imagePullPolicy: Always
13:           env:
14:           - name: ORDER_ID
15:             value: "1"
16:           command: ["/bin/sh"]
17:           args: ["-c", "while true; do python cloudeventer.py; sleep 10;done"]
18:       imagePullSecrets:
19:       - name: registry-token
20:       serviceAccountName: knative-deployer
21:   sink: …②
22:     ref:
23:       apiVersion: serving.knative.dev/v1
24:       kind: Service
25:       name: order
26:   ceOverrides: …③
27:     extensions:
28:       producer: "cloudeventer"
29:       consumer: "order"
```

① 起動する Pod の Spec

このフィールドでは、デプロイする Pod の spec を記述します。記述形式は、Pod のマニフェストと同様です。ContainerSource を apply すると、このフィールドで定義された仕様の Deployment が自動作成されます。なお、「Sink」と「ceOverrides」の定義内容が、環境変数「K_SINK」と「K_CE_OVERRIDES」として Pod へ設定されます。

② Sink

イベントの送信先のリソースを指定します。Sink へ指定したリソースのエンドポイント URL が環境変数「K_SINK」へ格納されます。

③ ceOverrides

このフィールドの指定はオプションです。SinkBindingと同様、上書きしたいCloudEventsの属性情報を記述します。

ContainerSourceのマニフェストをapplyすると、Deploymentが作成されます。

◎ ContainerSourceの作成

```
$ export GITLAB_USER=<GitLabのユーザ名>
$ export IMAGE_REVISION=v1
$ cat knative-bookinfo/manifest/eventing/container-source/
cloudeventerContainerSource.yaml | \
envsubst | kubectl apply -f -

## 作成したContainerSourceのREADY列の状態が「True」となることを確認します。
$ kn source container list -n bookinfo
NAME                            IMAGE                SINK         READY
cloudeventer-container-source   ...cloudeventer:v1   ksvc:order   True

## ContainerSourceの作成と共にDeploymentが作成されます。
$ kubectl get deployment cloudeventer-container-source-deployment -n bookinfo
NAME                                       READY   UP-TO-DATE   AVAILABLE
cloudeventer-container-source-deployment   1/1     1            1
...
```

## ■ 動作確認

OrderのログをCheck確認すると、CloudEventerのPodの起動後にOrderへイベントが送信されている様子を確認できます。

◎ CloudEventerとOrderのログを確認

```
##  CloudEventerのログを確認します。
$ export PODNAME=$(kubectl get pods \
-l sources.knative.dev/containerSource=cloudeventer-container-source \
-o jsonpath='{.items[*].metadata.name}' \
-n bookinfo)
$ kubectl -n bookinfo logs ${PODNAME}
...Sending CloudEvent with value headers:...,
"id": 1, "product_id": 0, "status": "this is test message", "user": "testuser"}'
...

##  Orderのログを確認します。
```

```
$ export PODNAME=$(kubectl get pods \
-l serving.knative.dev/service=order \
-o jsonpath='{.items[*].metadata.name}' \
-n bookinfo)
$ kubectl -n bookinfo logs ${PODNAME} -c user-container
... INFO - received cloudevents data: b'{...,
 "id": 1, "product_id": 0, "status": "this is test message", "user": "testuser"}'
...
```

このように、ContainerSourceでは、指定したSpecのDeploymentを作成し、デプロイされたアプリケーションからSinkへ直接イベントを送信するという形で、独自のイベントソースを作成できます。

最後に、以降の演習のためにContainerSourceを削除しましょう。

◎ ContainerSourceの削除

```
$ kn source container delete cloudeventer-container-source -n bookinfo

$ kubectl get deployment cloudeventer-container-source-deployment -n bookinfo
Error from server (NotFound): deployments.apps "cloudeventer-container-source-deployment"
not found
```

## 4-11 イベントフローを使用したマイクロサービス間の連携

これまでにSource、Channel、Brokerを使用したマイクロサービス間の連携を実装してきましたが、いずれの場合においても、マニフェストの管理が煩雑です。これは、イベントの送信先の数の分だけ、一つずつリソースを定義する必要があることに起因します。

そこで、Knative Eventingは「Sequence」と「Parallel」という2つのカスタムリソースを提供しています。これらはChannelを活用したカスタムリソースで、イベントの送信先を一つずつ定義するのでなく、イベントの送信の流れをまとめて定義することで、シンプルにマイクロサービス間の連携を記述できます。

### 4-11-1 Sequence

Sequenceは、マイクロサービスを実行する順番を定義するカスタムリソースです。「Step」と呼ばれる設定でイベントを送信する順番を定義し、Step毎にシーケンシャルにイベントを繋いでマイクロサービス間を連携します。また、Sequenceのリソースを作成すると、内部でChannelとSubscriptionを作成し、Sequenceへ流入したイベントがChannelに格納されながら順番に送信されます。

Bookorder は、Order による注文イベントの生成を契機に Stock、Delivery と順次イベントを中継し、最終的に Order が処理結果を取得する構成で実装されています。このように、Sequence は、マイクロサービスへイベントを送信する順番が決まっている場合に適用可能です。

## ■ 本節で実装する構成

本節では、Figure 4-39 に示される Sequence を用いた構成で Bookorder を実装します。

Figure 4-39 Sequence を使用した Bookorder の構成

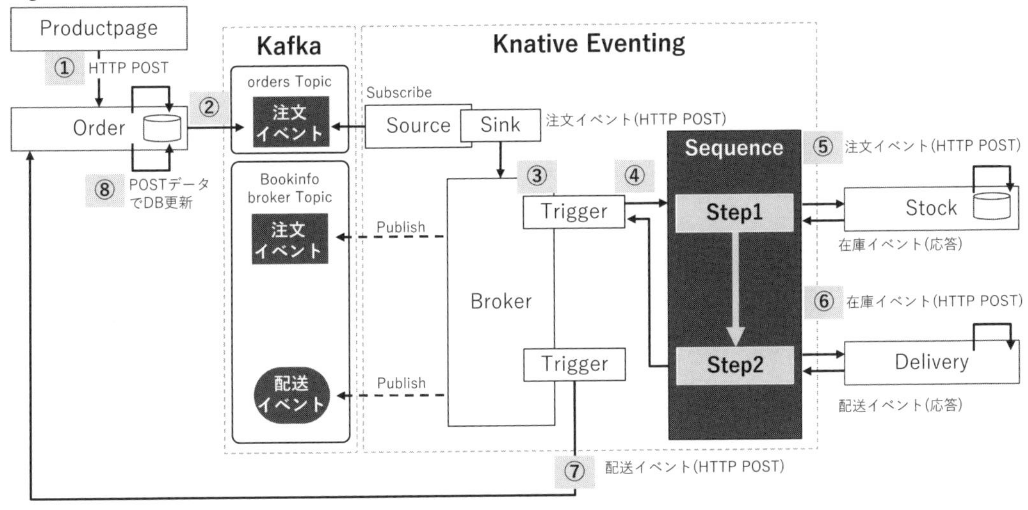


① Productpage は Order へ書籍の注文を HTTP POST で依頼します。

② Order は、注文イベントを Kafka トピック「orders」へ書き込みます。

③ Source が注文イベントを読み込み、Broker へイベントを送信します。

④ Trigger に定義されたフィルタリング条件に従い、Broker が注文イベントを Sequence へ HTTP POST で送信します。

⑤ Sequence の最初のステップに定義された Stock が注文イベントを受信し、書籍の在庫数を確認の上、在庫イベントを HTTP レスポンスで送信します。

⑥ Sequence の次のステップの Delivery が在庫イベントを受信し、ログインユーザを確認の上、配送イベントを HTTP レスポンスで送信します。そして Sequence は、配送イベントを Broker へ中継します。

⑦ Trigger に定義されたフィルタリング条件に従い、Broker が配送イベントを Order へ HTTP POST で送信します。

⑧ Orderは、配送イベントを受信し、注文DBへ注文状態をUpdateします。

なお、SourceとBrokerは「4-9　イベント送信失敗時の動作」で作成したものを流用しますが、Triggerは新たに定義し直すため、既存のTriggerを削除してから次に進んでください。

◎　演習環境のクリーニング

```
$ kubectl delete trigger delivery-trigger \
order-rollback-trigger order-trigger \
stock-rollback-trigger stock-trigger \
-n bookinfo
```

## ■ Sequenceのリソース定義

それでは、最初にSequenceを作成します。マニフェストは以下のとおりです。

◎　Sequenceのマニフェスト

```
 1: apiVersion: flows.knative.dev/v1
 2: kind: Sequence
 3: metadata:
 4:   name: sequence
 5:   namespace: bookinfo
 6: spec:
 7:   channelTemplate: …①
 8:     apiVersion: messaging.knative.dev/v1beta1
 9:     kind: KafkaChannel
10:     spec:
11:       numPartitions: 1
12:       replicationFactor: 1
13:   steps: …②
14:     - ref:
15:         apiVersion: serving.knative.dev/v1
16:         kind: Service
17:         name: stock
18:     - ref:
19:         apiVersion: serving.knative.dev/v1
20:         kind: Service
21:         name: delivery
22:   reply: …③
23:     ref:
24:       kind: Broker
```

```
25:        apiVersion: eventing.knative.dev/v1
26:        name: bookinfo-broker
```

① Channel テンプレート

使用する Channel の種類を指定します。本書では Kafka Channel を使用しますので、「4-7 Channel を使用したシステム構築」でインストールした Kafka Channel の API バージョンと API オブジェクト名を指定します。

② Step

イベントを送信する順番の定義です。上から順番にイベントを送信するため、Stock、Delivery の順番で定義します。

Sequence の実態は Channel です。「steps.ref」に指定されるリソースは、実際は Channel に対する Subscription に該当します。複数の「steps.ref」が定義される場合、1 つ目に指定された Subscription の Reply 先が、2 つ目に指定されたリソースとなるように Channel が構成されます。つまり、この例では、Stock のレスポンスした在庫イベントは、2 つ目に指定される Delivery へ Reply するように動作します。

③ Reply

Sequence の最後の Step で出力されたイベントの送信先を指定します。厳密には、「steps.ref」の最後のリソースの HTTP レスポンスの Reply 先を表します。本節では、配送イベントを Broker へ送信し、Kafka トピックとして配送イベントが管理されるように構成します。

Sequence のマニフェストを apply し、リソースを作成してください。

◎ Sequence を作成

```
$ kubectl apply -f \
knative-bookinfo/manifest/eventing/flows/sequence/sequence.yaml

## 作成した Sequence の READY 列の状態が「True」となることを確認します。
$ kubectl get sequence -n bookinfo
NAME       ... READY
sequence   ... True
```

Sequence が作成されると、Channel と Subscription が自動作成されることが分かります。

◎ Sequenceによって作成されたChannelとSubscription

```
$ kubectl get kafkachannel -n bookinfo
NAME                    READY ...
sequence-kn-sequence-0  True  ...
sequence-kn-sequence-1  True  ...

$ kn subscription list -n bookinfo
NAME                    SUBSCRIBER     ... REPLY                                  READY ...
sequence-kn-sequence-0  ksvc:stock     ... kafkachannel:sequence-kn-sequence-1  True ...
sequence-kn-sequence-1  ksvc:delivery ... broker:bookinfo-broker                  True ...
```

Sequenceの実態は複数のChannelとSubscriptionです。これらの関係性をFigure 4-40に示します。

Figure 4-40 SequenceとChannel、Subscriptionの関係

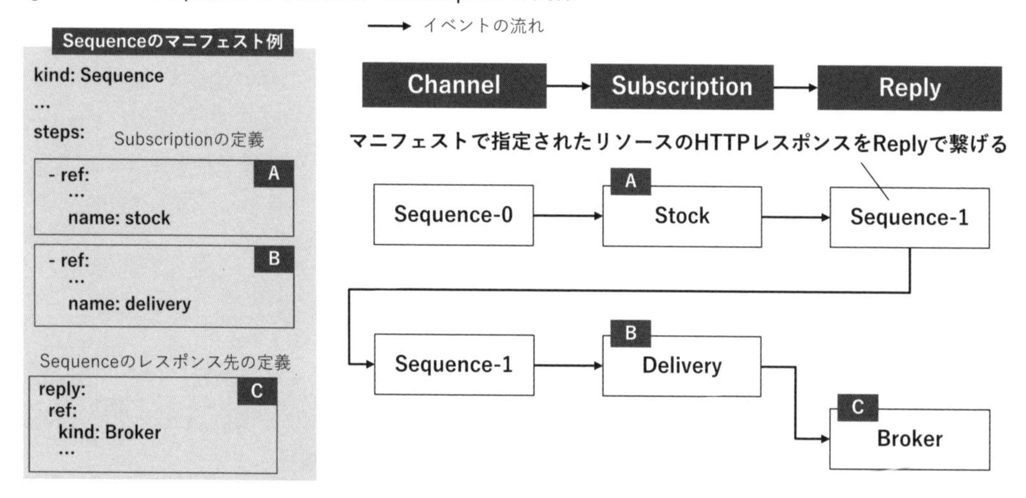


Sequenceのマニフェストはイベントの送信順序を表します。言い換えると、Subscriptionを順番に宣言することと同義です。そして、ReplyはSequenceの最終的な出力先を表します。Sequenceのマニフェストでデプロイされる構成は、Sequence外のシステムからSequenceへイベントが入り込むと、Channelを介して指定されたSubscriptionへイベントを送信し、そのレスポンスを次のChannelへ中継することでSubscription同士を繋げます。最終的なレスポンスは、Replyに指定されるリソースへ出力し、シーケンシャルな処理を実現します。

## ■ Triggerの定義

次に、Orderが生成した注文イベントをSequenceへ送信するTriggerと、Sequenceから出力された配送イベントをOrderへ送信するTriggerをそれぞれ作成します。マニフェストは次のとおりです。

◎ 注文イベントのTrigger

```
 1: apiVersion: eventing.knative.dev/v1
 2: kind: Trigger
 3: metadata:
 4:   name: order-trigger
 5: spec:
 6:   broker: bookinfo-broker
 7:   filter: …①
 8:     attributes:
 9:       source: /apis/v1/namespaces/bookinfo/kafkasources/broker-source#orders
10:   subscriber: …②
11:     ref:
12:       apiVersion: flows.knative.dev/v1
13:       kind: Sequence
14:       name: sequence
```

① Filter

注文イベント（Kafkaトピック「orders」）をフィルタリングします。

② Subscriber

注文イベントをSequenceへ送信します。

◎ Sequenceから出力された配送イベントのTrigger

```
1: apiVersion: eventing.knative.dev/v1
2: kind: Trigger
3: metadata:
4:   name: sequence-trigger
5: spec:
6:   broker: bookinfo-broker
7:   filter: …①
```

```
 8:     attributes:
 9:       source: dev.knative.serving#delivery
10:   subscriber: …②
11:     ref:
12:       apiVersion: serving.knative.dev/v1
13:       kind: Service
14:       name: order
```

① Filter

配送イベント（Delivery の HTTP レスポンス）をフィルタリングします。

② Subscriber

配送イベントを Order へ送信します。

マニフェストを作成したら、apply してください。

◎ Trigger の作成

```
$ kubectl apply -f \
knative-bookinfo/manifest/eventing/flows/sequence/sequenceTrigger.yaml
$ kubectl apply -f \
knative-bookinfo/manifest/eventing/flows/sequence/orderTrigger.yaml

## 作成した Trigger の READY 列の状態が「True」となることを確認します。
$ kn trigger list -n bookinfo
NAME              BROKER           SINK                READY
order-trigger     bookinfo-broker  sequence:sequence   True
sequence-trigger  bookinfo-broker  ksvc:order          True
```

これで準備が整いました。

## ■ Sequence の動作確認

Bookinfo の画面を開き、[Sign in] ボタンを押下して任意のユーザ名でログインしてから［Order］ボタンを押下します。そして、Kafdrop を開き、「sequence-kn-sequence-0」、「sequence-kn-sequence-1」、「knative-broker-bookinfo-bookinfo-broker」の 3 つの Kafka トピック上のメッセージを確認してください。

「sequence-kn-sequence-0」トピックには注文イベントが、「sequence-kn-sequence-1」トピックには在庫イベントが格納され、「knative-broker-bookinfo-bookinfo-broker」トピックに処理過程の最初と最

後に出力した注文イベントと配送イベントが格納されていることが分かります。また、在庫イベントは Sequence 内で直接 Delivery へ中継され、Broker へ HTTP レスポンスを返さないため、Kafka トピックにパブリッシュされません（Figure 4-41）。

Figure 4-41　各イベントの状態

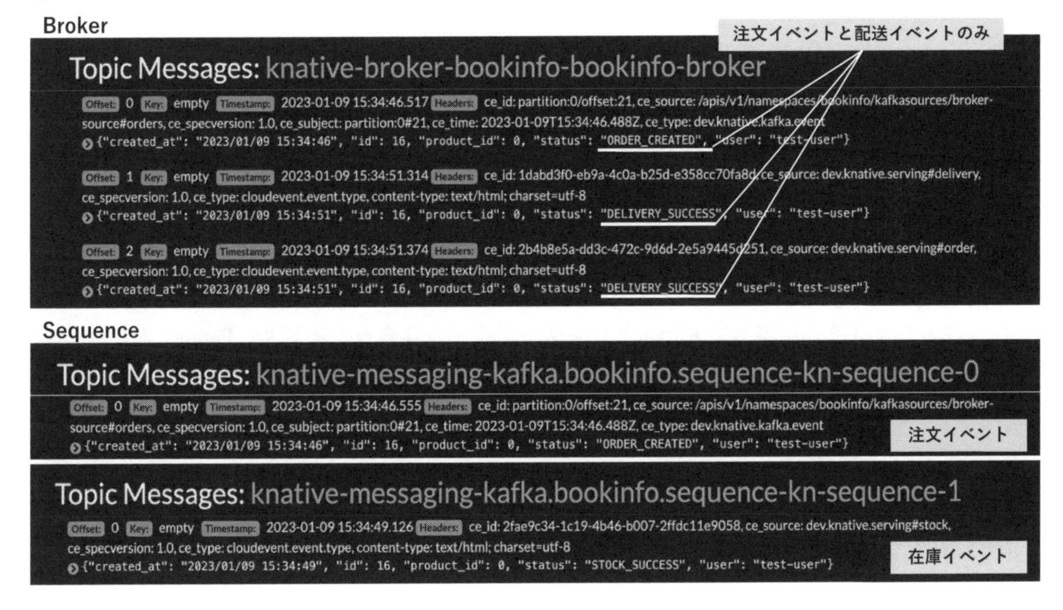


## ■ 次の演習のための準備

次の演習のために、ここまでに作成したリソースを削除し、次のとおり Source と Broker のみが存在する状態にしてください。

◎　不要リソースの削除

```
$ kubectl delete sequence sequence -n bookinfo
$ kubectl delete trigger sequence-trigger order-trigger -n bookinfo
$ kubectl get kafkasources,broker,trigger,sequence -n bookinfo
NAME                                ...  READY
kafkasource.../broker-error-source  ...  True
kafkasource.../broker-source        ...  True

NAME                                ...  READY
broker.../bookinfo-broker           ...  True
broker.../bookinfo-for-error-broker ...  True
```

```
## Trigger と Sequence は存在しない状態とします。
```

## 4-11-2 Parallel

Parallelは、並列実行するマイクロサービスを定義するカスタムリソースです。「Branch」と呼ばれる設定で、同時にイベントを受信したいリソースをリストとして定義できます。Parallel上のイベントは、Parallelの作成したChannelへ保管され、Subscriptionによりイベントが送信されます。

Bookorderは現状、書籍の注文処理を行う基本的な仕組みのみが実装されています。書籍の注文処理を正常に行うには、Bookinfoの管理者が書籍の在庫数を効率的に管理し、在庫数が少なくなったら随時追加していく運用が必要です。そこで本節では、書籍の注文処理と並行して、書籍の注文依頼が発生したら書籍の在庫数を管理用のKafkaトピックへ保管する仕組みを実装し、Parallelの使用方法を解説します。

### ■ 本節で実装する構成

新たに「Stock Watcher」というマイクロサービスを追加し、Bookorderの注文処理に加えて、書籍の在庫数を確認する処理を並列実行します。Figure 4-42にParallelを使用したBookorderの構成を示します。

① Productpage は Order へ書籍の注文を HTTP POST で依頼します。

② Order は、注文イベントを Kafka トピック「orders」へ書き込みます。

③ Source は注文イベントを読み込み、Broker へ HTTP POST で送信します。

④ Trigger に定義されたフィルタリング条件に従い、Broker が注文イベントを Parallel へ HTTP POST で送信します。

⑤ Parallel は、Stock（A）と Stock Watcher（B）の両方へ注文イベントを HTTP POST で送信します。

A-⑥ Stock は注文イベントを受信し、書籍の在庫数を確認の上、在庫イベントを送信します。

A-⑦ Parallel が在庫イベントを Delivery へ中継し、Delivery は、ログインユーザを確認の上、配送イベントを送信します。

A-⑧ Parallel 経由で Broker が配送イベントを受信すると、Trigger に定義されたフィルタリング条件に従い、配送イベントを Order へ送信します。

A-⑨ Order は、配送イベントを受信し、注文状態を注文 DB へ反映します。

Figure 4-42 Parallel を使用した Bookorder の構成

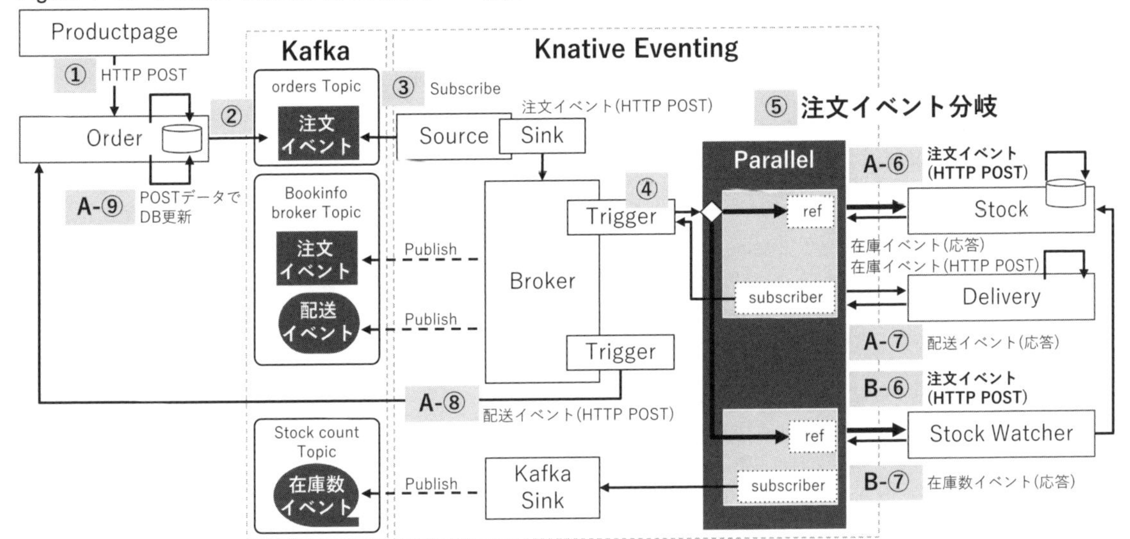


B-⑥ Stock Watcher は注文イベントを受信し、Stock の在庫数参照インタフェースを介して書籍の在庫数を HTTP GET で取得し、在庫数イベントを送信します。

B-⑦ 在庫数イベントが Parallel から Kafka Sink へ送信され、Kafka Sink が在庫数イベントを Kafka トピックへパブリッシュします。

④にて、注文イベントをフィルタリングした Trigger は、Parallel へ注文イベントを送信します。そして、Parallel は注文イベントを受信すると、Stock と Stock Watcher の 2 つの Subscriber へ注文イベントを分岐します。Stock と Stock Watcher がそれぞれ注文イベントを受信することで、同時に 2 つのロジックを実行することが可能です。

## ■ Stock Watcher

Stock Watcher は、イベントを受信すると在庫 DB 上の現在の在庫数を確認し、確認結果をイベントとして返す Python ベースのアプリケーションです。

Stock Watcher の実装は以下のとおりです。

◎ Stock Watcher（knative-bookinfo/src/stock-watcher/stock-watcher.py）

```
1: ① # ルーティング
2: @app.route("/", methods=["POST"])
```

```
3: def receive_cloudevents():
4: ...
5: ②  # 受信したイベントデータの取得
6:     event = json.loads( request.data )
7:     _order_id = int(event["id"])
8:     _product_id = int(event["product_id"])
9:     _state = str(event["status"])
10: ...
11: ③  # 受信したイベントに応じた処理ロジック
12:     _state = count(_product_id)
13:
14: ④  # HTTP POST リクエストに対するレスポンス
15:     if PRODUCER_MODE:
16:     # Kafka トピックへイベントデータを直接パブリッシュ
17:         produce(_order_id, _product_id, _state, _user)
18:     # PRODUCER_MODE が True の場合、HTTP レスポンスでイベントデータを返さない
19:         return "", status_code
20:     else:
21:     # PRODUCER_MODE が False の場合、新たなイベントとして HTTP レスポンス
22:         event_time = datetime.now().strftime('%Y/%m/%d %H:%M:%S')
23:         value = { 'created_at': event_time, 'id': _order_id, 'product_id': _produ
24: ct_id, 'status': _state, 'user': _user }
25:         response = make_response( json.dumps(value).encode('utf-8') )
26:         response.headers["Ce-Id"] = str(uuid.uuid4())
27:     # Trigger でフィルタリングする際はこの Source 値を使用
28:         response.headers["Ce-Source"] = "dev.knative.serving#stock-watcher"
29:         response.headers["Ce-specversion"] = "1.0"
30:         response.headers["Ce-Type"] = "cloudevent.event.type"
31:     return response, status_code
32: ...
```

① ルーティング

Stock Watcher はルートパスでイベントを受信します。

② 受信したイベントデータの取得

リクエストデータから、注文 ID、書籍 ID、注文状態を取得します。

③ 受信したイベントに応じた処理ロジック

Stock の在庫数参照インタフェースを通じて、在庫 DB の在庫数を HTTP GET で取得します。

④ HTTP POST リクエストに対するレスポンス

在庫数イベントを応答します。なお、在庫数イベントには、イベントデータとして在庫数が「STOCK NUMBER: < 数字 >」の形式で格納されます。

Tekton を用いて Stock Watcher のコンテナイメージをビルドし、Knative Service としてデプロイしましょう。

◎ Stock Watcher のコンテナイメージのビルド

```
$ export SERVICE_NAME=src/stock-watcher
$ export IMAGE_NAME=stock-watcher
$ export IMAGE_REVISION=v1
$ cat knative-bookinfo/manifest/tekton/pipelinerun/pipelinerun.yaml | \
envsubst | kubectl create -f -

## PipelineRun の STATUS 列の状態が「Succeeded」となるまで待ちます。
$ tkn pipelinerun list -n bookinfo-builds
NAME                         STATUS
...
build-image-stock-watcher   Succeeded
...
```

◎ Stock Watcher のデプロイ

```
$ export GITLAB_USER=<GitLabユーザー名>
$ export IMAGE_REVISION=v1
$ cat knative-bookinfo/manifest/serving/bookorder/stock-watcher.yaml | \
envsubst | kubectl apply -f -

## READY 列の状態が「True」となることを確認します。
$ kn service list stock-watcher -n bookinfo
NAME            ...  READY
stock-watcher   ...  True
```

## ■ 在庫数のモニタリング用 Kafka トピックと Kafka Sink の作成

Stock Watcher で取得した在庫数を Kafka トピックへパブリッシュし、モニタリングできるようにするために Kafka Sink を活用します。

Kafka トピックと Kafka Sink のマニフェストは以下のとおりです。

◎ Kafka トピックのマニフェスト

```
 1: apiVersion: kafka.strimzi.io/v1beta2
 2: kind: KafkaTopic
 3: metadata:
 4:   name: stock-count
 5:   namespace: kafka
 6:   labels:
 7:     strimzi.io/cluster: my-cluster
 8: spec:
 9:   partitions: 1
10:   replicas: 1
```

◎ Kafka Sink のマニフェスト

```
 1: apiVersion: eventing.knative.dev/v1alpha1
 2: kind: KafkaSink
 3: metadata:
 4:   name: stock-monitoring
 5:   namespace: bookinfo
 6: spec:
 7:   topic: stock-count
 8:   bootstrapServers:
 9:    - my-cluster-kafka-bootstrap.kafka:9092
10:   contentMode: binary
```

マニフェストをそれぞれ apply し、リソースを定義しましょう。

◎ Kafka トピックと Kafka Sink の作成

```
$ kubectl apply -f \
knative-bookinfo/manifest/eventing/flows/parallel/kafkaTopic.yaml
$ kubectl apply -f \
knative-bookinfo/manifest/eventing/flows/parallel/kafkaSink.yaml

## Kafka トピックが作成され、READY 列が「True」となることを確認します。
$ kubectl get kafkatopic stock-count -n kafka
NAME          CLUSTER      PARTITIONS   REPLICATION FACTOR   READY
stock-count   my-cluster   1            1                    True

## Kafka Sink の READY 列が「True」となることを確認します。
```

```
$ kubectl get kafkasink stock-monitoring -n bookinfo
NAME                   ... READY
stock-monitoring       ... True
```

## ■ Parallel の作成

Order から送信された注文イベントを Stock と Stock Watcher それぞれに振り分ける Parallel を作成します。

◎ Parallel のマニフェスト

```
 1: apiVersion: flows.knative.dev/v1
 2: kind: Parallel
 3: metadata:
 4:   name: stock-parallel
 5: spec:
 6:   channelTemplate: …①
 7:     apiVersion: messaging.knative.dev/v1beta1
 8:     kind: KafkaChannel
 9:     spec:
10:       numPartitions: 1
11:       replicationFactor: 1
12:   branches: …②
13:     - filter:
14:         ref:
15:           apiVersion: serving.knative.dev/v1
16:           kind: Service
17:           name: stock
18:       subscriber:
19:         ref:
20:           apiVersion: serving.knative.dev/v1
21:           kind: Service
22:           name: delivery
23:     - filter:
24:         ref:
25:           apiVersion: serving.knative.dev/v1
26:           kind: Service
27:           name: stock-watcher
28:       subscriber:
29:         ref:
30:           apiVersion: eventing.knative.dev/v1alpha1
31:           kind: KafkaSink
```

```
32:            name: stock-monitoring
33:   reply: …③
34:     ref:
35:       apiVersion: eventing.knative.dev/v1
36:       kind: Broker
37:       name: bookinfo-broker
```

① Channel テンプレート

使用する Channel の種類を指定するフィールドです。Kafka Channel を使用するように設定してください。

② Branch

Branch は受信したイベントを振り分ける設定です。Filter および Subscriber へイベント送信先のリソースを指定します。複数の Filter が定義されている場合は同じイベントをそれぞれへ送信します。なお、Filter は外部から Parallel へ流入したイベントの送信先、Subscriber は Filter のレスポンスデータの送信先を表します。

③ Reply

Reply は Branch の各 Subscriber の HTTP レスポンスの送信先です。「spec.reply」配下へ設定するとグローバル設定として機能し、Branch のすべての Subscriber へ共通して適用されます。Reply の設定は「spec.branches.reply」配下へ指定し、Subscriber 毎に設定することも可能です。

Order の送信した注文イベントは、Source を介して Broker へ保管されます。そのため、Broker から Parallel へ注文イベントを送信するための Trigger を作成します。

◎ 注文イベントの Trigger のマニフェスト

```
1: apiVersion: eventing.knative.dev/v1
2: kind: Trigger
3: metadata:
4:   name: parallel-trigger
5: spec:
6:   broker: bookinfo-broker
7:   filter:
8:     attributes:
```

```
 9:       source: /apis/v1/namespaces/bookinfo/kafkasources/broker-source#orders
10:   subscriber: …①
11:     ref:
12:       apiVersion: flows.knative.dev/v1
13:       kind: Parallel
14:       name: stock-parallel
```

①の Subscriber を Parallel とすることで、注文イベントを Parallel へ送信します。

マニフェストをそれぞれ apply しましょう。ここで、Parallel とその Trigger に加えて、「4-8 Broker を使用したシステム構築」で作成した「delivery-trigger」も一緒に作成してください。「delivery-trigger」は、Delivery が生成した配送イベントを Order へ送信し、注文 DB の注文状態を更新する用途で必要です。作成するマニフェストは前述のとおりのため、ここでの説明は割愛します。

◎ Parallel と Trigger の作成

```
$ kubectl apply -f \
knative-bookinfo/manifest/eventing/flows/parallel/stockParallel.yaml
$ kubectl apply -f \
knative-bookinfo/manifest/eventing/flows/parallel/parallelTrigger.yaml
$ kubectl apply -f \
knative-bookinfo/manifest/eventing/flows/parallel/deliveryTrigger.yaml

## 作成された Parallel
$ kubectl get parallel -n bookinfo
NAME             ...  READY
stock-parallel   ...  True

## 作成された Trigger
$ kn trigger list -n bookinfo
NAME               BROKER           SINK                        READY
delivery-trigger   bookinfo-broker  ksvc:order                  True
parallel-trigger   bookinfo-broker  parallel:stock-parallel     True
```

マニフェストを apply すると、Parallel で使用する Channel と Subscription が複数定義されます。

◎ Parallel によって作成された Channel と Subscription

```
$ kubectl get kafkachannel -n bookinfo
NAME                        READY  URL
stock-parallel-kn-parallel  True   http://stock-parallel-kn-parallel-kn-channel...
```

```
stock-parallel-kn-parallel-0  True   http://stock-parallel-kn-parallel-0-kn-channel...
stock-parallel-kn-parallel-1  True   http://stock-parallel-kn-parallel-1-kn-channel...

$ kubectl get subscription -n bookinfo
NAME                                 READY
stock-parallel-kn-parallel-0         True
stock-parallel-kn-parallel-1         True
stock-parallel-kn-parallel-filter-0  True
stock-parallel-kn-parallel-filter-1  True
```

Parallelは、Sequenceと同様に複数のChannelとSubscriptionで構成されます。これらを駆使してアプリケーションの並列処理を行うパイプラインを構成します。ParallelとChannel、Subscriptionの関係性をFigure 4-43に示します。

Figure 4-43　ParallelとChannel、Subscriptionの関係

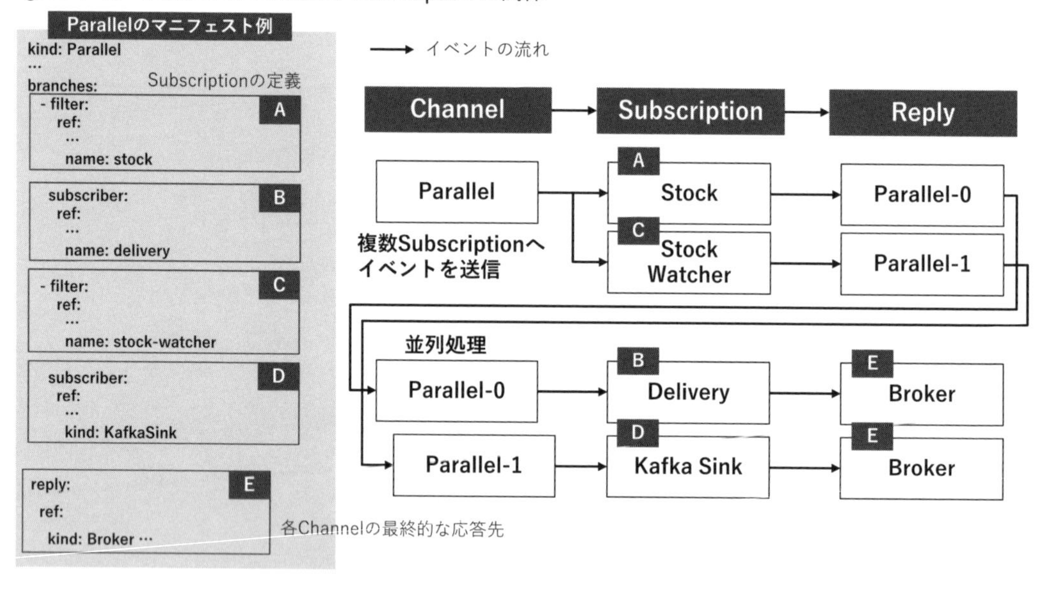


Figure 4-43のとおり、Parallelのマニフェストで指定されるリソースは基本的にSubscriptionを示していることが分かります。Parallelの作成した「Parallel」Channelが、外部からイベントを受信するためのエンドポイントを担います。そして、そのFilterの定義が、外部から受信したイベントの送信先を定義するSubscriptionに該当します。「Parallel」Channelが受信したイベントはBranch上の各Filterへ同時に送信され、そのレスポンスデータが「Parallel-0」と「Parallel-1」の2つのChannelへ送信されます。

「Parallel-0」と「Parallel-1」の2つのChannelは、Parallel内部でそれぞれ独立してイベントを送信

します。Parallel のマニフェストに記載される Branch 配下の Subscriber が「Parallel-0」と「Parallel-1」の Subscription に該当し、最終的に各 Subscription のレスポンスデータが Reply されます。

このように Parallel は、外部アクセス用の Channel でイベントを受信し、内部用の Channel へイベントを振り分ける構成で並列処理を実現します。Parallel を使用せず、同じ構成のマニフェストを一つ一つ作成しても同様の構成は実現可能です。しかし、構成の規模によって、マニフェストの作成負荷が高まります。

Parallel は Channel を使用した並列処理の構成をパッケージ化したものと言えます。単一のマニフェストで構成を記述し、その宣言に則って自動的に Channel をデプロイすることで、並列処理の効率的な実装を可能にします。

## ■ Parallel の動作確認

それでは、Parallel の動作を確認しましょう。Bookinfo の画面を開き、[Sign in] ボタンを押下して任意のユーザ名でログインした後、[Order] ボタンを押下します。その後、Bookinfo の画面を何回かリロードすると、[Order] ボタン上のステータスが「DELIVERY_SUCCESS」へ遷移します。

次に Kafdrop を開き、Parallel によって作成された各 Channel 上のイベントを確認します。Figure 4-44 に示されるように、Parallel(stock-parallel-kn-parallel) の受信した注文イベントは、Stock と Stock Watcher へ送信され、在庫イベントと在庫数イベントが「stock-parallel-kn-parallel-0」と「stock-parallel-kn-parallel-1」のそれぞれの Channel へ送信されたことが分かります。

Figure 4-44　Parallel の各 Channel 上のイベント

Parallel

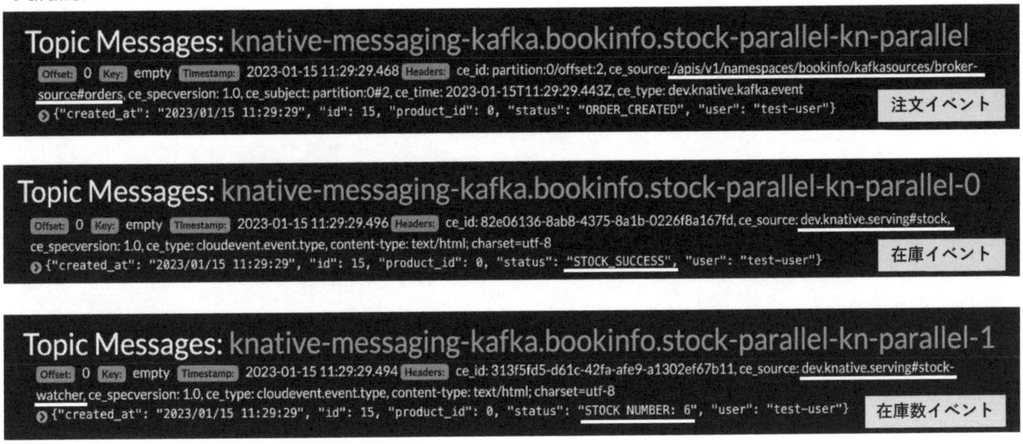

Topic Messages: knative-messaging-kafka.bookinfo.stock-parallel-kn-parallel
Offset: 0 Key: empty Timestamp: 2023-01-15 11:29:29.468 Headers: ce_id: partition:0/offset:2, ce_source: /apis/v1/namespaces/bookinfo/kafkasources/broker-source#orders, ce_specversion: 1.0, ce_subject: partition:0#2, ce_time: 2023-01-15T11:29:29.443Z, ce_type: dev.knative.kafka.event
{"created_at": "2023/01/15 11:29:29", "id": 15, "product_id": 0, "status": "ORDER_CREATED", "user": "test-user"}
注文イベント

Topic Messages: knative-messaging-kafka.bookinfo.stock-parallel-kn-parallel-0
Offset: 0 Key: empty Timestamp: 2023-01-15 11:29:29.496 Headers: ce_id: 82e06136-8ab8-4375-8a1b-0226f8a167fd, ce_source: dev.knative.serving#stock, ce_specversion: 1.0, ce_type: cloudevent.event.type, content-type: text/html; charset=utf-8
{"created_at": "2023/01/15 11:29:29", "id": 15, "product_id": 0, "status": "STOCK_SUCCESS", "user": "test-user"}
在庫イベント

Topic Messages: knative-messaging-kafka.bookinfo.stock-parallel-kn-parallel-1
Offset: 0 Key: empty Timestamp: 2023-01-15 11:29:29.494 Headers: ce_id: 313f5fd5-d61c-42fa-afe9-a1302ef67b11, ce_source: dev.knative.serving#stock-watcher, ce_specversion: 1.0, ce_type: cloudevent.event.type, content-type: text/html; charset=utf-8
{"created_at": "2023/01/15 11:29:29", "id": 15, "product_id": 0, "status": "STOCK NUMBER: 6", "user": "test-user"}
在庫数イベント

また、「stock-parallel-kn-parallel-1」トピックに格納される在庫数イベントは、Kafka Sinkを通じてKafkaトピック「stock-count」へも格納されています(Figure 4-45)。

Figure 4-45　「stock-count」トピック上のイベント

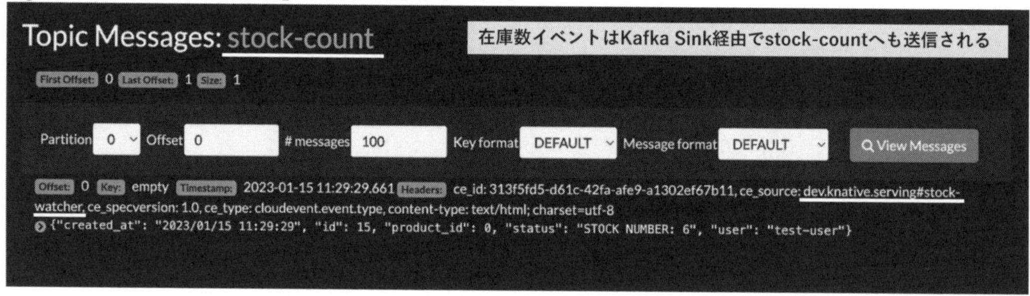


最後に「knative-broker-bookinfo-bookinfo-broker」トピック上のイベントを確認しましょう。「knative-broker-bookinfo-bookinfo-broker」トピックには、Orderの発行した注文イベント(ORDER_CREATED)と、Parallelの最終的なアウトプットとなる配送イベント(DELIVERY_SUCCESS)のみが格納され、在庫イベントは格納されていません。Parallelが受信した注文イベントは、Filterの一つであるStockへ送信されます。そして、Stockの在庫イベントは、SubscriberであるDeliveryへ直接送信され、Brokerへは送信されません。Brokerは、ParallelのReplyとして指定されており、ParallelからBrokerへ送信されるイベントはDeliveryの配送イベントのみが対象です(Figure 4-46)。

Figure 4-46　「knative-broker-bookinfo-bookinfo-broker」トピック上のイベント

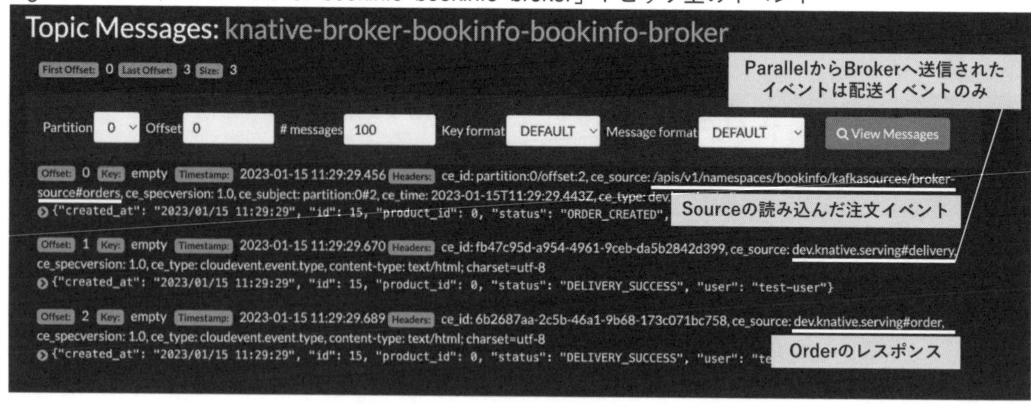

# 4-12 まとめ

本章では、サンプルアプリケーションを通じてKnative Eventingによるイベント駆動型アーキテクチャのシステム構築を実践しました。

これでKnativeを用いたシステム構築はひと通り完了です。マイクロサービス間の連携を疎結合な状態で維持しながら、多くの機能を追加していく作業は容易ではありません。Knative Eventingをシステム間連携の基盤として活用することで、マイクロサービス間の連携ロジックをKubernetesの宣言的なAPIで実装でき、システム間連携の開発を簡素化します。そして、Knative Eventingがシステム毎に異なる連携方法を標準化することで、一度開発したアプリケーションを多様なシステムと容易に連携でき、アプリケーションの再利用性を高めます。このKnative Eventingの特徴が、マイクロサービス間連携の実装難易度を軽減し、サービスの改善スピードの向上に貢献します。

Knative Eventingの提供するカスタムリソースの役割を正しく理解して、サービスへの迅速な機能追加を目指していきましょう。

# 付録 A
# Knative Functions を用いた Function 開発

Knative Functions は、Function の実装やビルド、デプロイを効率化するツールです。Knative Functions は、Knative CLI を拡張するプラグインである「func CLI」として提供されます。

Knative Functions の「func CLI」は、主に以下の機能を提供します。

- Function をコーディングするためのテンプレート
- Function のビルド環境や実行環境の構成管理
- ローカルの Docker 環境を用いたコンテナイメージのビルドとコンテナレジストリへのプッシュ
- Knative Serving の API を使用した Function のデプロイ
- Function のテスト（接続試験、ローカルでの動作試験）

試しに Knative Functions を使用して Function をデプロイしましょう。まず、「kn func create」コマンドを実行し、実装する Function のプロジェクトディレクトリを作成します。ここでは例として、Python ベースの Function を作成します。

```
## Python ベースの Function のプロジェクトを作成します。
$ kn func create -l python hello
```

Function のプロジェクトディレクトリが作成され、次のファイルが格納されます。

- func.py: Function のソースコードのテンプレート
- func.yaml: Function のビルド環境や実行環境などの構成情報
- Procfile: 起動するアプリケーションプロセスのリスト
- requirements.txt: インストールする Python モジュールのリスト
- test_func.py: Function のテスト用のスクリプト

FunctionのプロジェクトディレクトリにはKnative Functionsが提供する「Language pack」が含まれます。Language packとは、簡単に言うと、Functionのソースコードの「テンプレート」です。Knative Functionsは、プログラミング言語に応じて、HTTPで送信されたデータを受信した際のロジックや、CloudEvents形式のイベント受信時のロジックを実装するテンプレートを提供します。なお、Knative Functionsは、本書執筆時点で、Go言語、Node.js、Python、Quarkus、Rust、Springboot、TypeScriptのテンプレートをサポートしています。

また、Language packには、ソースコードのテンプレートに加え、「requirements.txt」や「package.json」などのプログラミング言語毎のサポートファイルの他、メタデータを管理する「func.yaml」が含まれます。func.yamlは、Functionのビルド環境(Builder)や実行環境などのメタデータをまとめて管理し、func CLIによるFunctionのビルドからデプロイまでのライフサイクルを管理するために使用されます。

Functionをデプロイするには、以下のとおり、最低限コンテナレジストリのURLをfunc.yamlへ指定する必要があります。

```
## func.yamlのregistry欄へコンテナレジストリのURLを設定します。
$ vi func.yaml
specVersion: 0.34.0
name: hello
runtime: python
registry: registry.gitlab.com/<GitLabのユーザ名>/knative-bookinfo
...
## [ESC] + [:wq]で保存
```

func.yamlへコンテナレジストリのURLを指定したら、「kn func deploy」コマンドを実行し、Functionをデプロイします。このコマンドを実行すると、ローカル環境にインストールされたDockerを使用してコンテナイメージがビルドされ、func.yamlで指定されたコンテナレジストリへコンテナイメージがプッシュされます。そして、ビルドしたコンテナがKnative Serviceとしてデプロイされ、最終的にFunctionへアクセスするためのURLが出力されます。

```
## Functionをデプロイします。
$ kn func deploy
## 処理①. Functionのコンテナイメージをローカルでビルドします。
Building function image
## 処理②. ビルドしたコンテナイメージを指定したコンテナレジストリへプッシュします。
Function image built: registry.gitlab.com/<GitLabのユーザ名>/knative-bookinfo/hello:latest
...
## 処理③. Knative Servingを使用してFunctionをデプロイします。
```

```
Function deployed in namespace "bookinfo" and exposed at URL:
http://hello.bookinfo.<IPアドレス>.sslip.io
```

デプロイした Function の状態は、「kn func list」コマンドで確認できます。また、Knative CLI で Knative Service の状態を確認すると、リソースが作成されていることが分かります。

```
## デプロイ済みの Function の一覧を表示します。
$ kn func list -n bookinfo
NAME   NAMESPACE  RUNTIME  URL                                          READY
hello  bookinfo   python   https://hello.bookinfo.<IPアドレス>.sslip.io  True

## Knative Service の一覧を表示します。
$ kn service list -n bookinfo
NAME   URL                                                 ... READY
hello  https://hello.knative-serving.<IPアドレス>.sslip.io  ... True
```

また、「kn func invoke」コマンドを使用すると、デプロイした Function が、HTTP で送信されるデータや CloudEvents 形式のイベントを正しく受信できるか試験できます。

```
$ kn func invoke -n bookinfo
Received response
{"message": "Hello World"}
```

このように、Knative Functions は、開発者が Function のロジック実装に注力できるようにするためのツールを提供します。Knative Functions を使用することで、Docker や Kubernetes、Knative に関する深い知識のない開発者でも、Knative の環境へ Function を容易にデプロイすることが可能です。

# 付録 B
# Auto Scaler の設定パラメータ

Knative Serving の Auto Scaler の設定は、「config-autoscaler」という ConfigMap で管理されています。基本的にデフォルト設定を使用することが想定されますが、本番環境でアプリケーションを運用中にサービスの特性が変化したり、想定外の特性を示すことはあり得ます。そのために、オートスケールの挙動をチューニングしたいケースもあるでしょう。したがって、ここでは、Auto Scaler の設定パラメータを付録としてまとめます。第 3 章のオートスケールの動作原理の解説と一緒に活用してください。

なお、各パラメータの解説は以下の URL の公式ドキュメントも参考にしてください。

◎ 公式ドキュメント

https://knative.dev/docs/serving/autoscaling/

◎ ソースコードのパラメータ定義

https://github.com/knative/serving/blob/b4768b1597873d9c6938d9c8d706ce928cbc2e1a/pkg/autoscaler/config/autoscalerconfig/autoscalerconfig.go#L22

| パラメータ名 | container-concurrency-target-percentage |
|---|---|
| Revision 毎の設定 | autoscaling.knative.dev/target-utilization-percentage |
| 内容 | オートスケール判定の目安とする container-concurrency-target-default に対する割合 |
| デフォルト | 70[%] |
| パラメータ名 | container-concurrency-target-default |
| Revision 毎の設定 | autoscaling.knative.dev/target |
| 内容 | Pod 当たりで処理可能な同時実行数 |
| デフォルト | 100 |
| パラメータ名 | requests-per-second-target-default |
| Revision 毎の設定 | autoscaling.knative.dev/metric: "rps" と autoscaling.knative.dev/target の両方を指定 |
| 内容 | オートスケール判定の目安とする秒間 HTTP リクエスト数 (RPS: Request Per Second) |
| デフォルト | 200 |

| パラメータ名 | target-burst-capacity |
|---|---|
| Revision 毎の設定 | autoscaling.knative.dev/target-burst-capacity |
| 内容 | アプリケーションが Activator なしで処理できるトラフィックバーストのサイズ |
| デフォルト | 211 |
| パラメータ名 | stable-window |
| Revision 毎の設定 | autoscaling.knative.dev/window |
| 内容 | Stable モードで動作する際のメトリクス算出期間 |
| デフォルト | 60s |
| パラメータ名 | panic-window-percentage |
| Revision 毎の設定 | autoscaling.knative.dev/panic-window-percentage |
| 内容 | Panic モードで動作する際のメトリクス算出期間（stable-window に対する割合） |
| デフォルト | 10.0[%] |
| パラメータ名 | panic-threshold-percentage |
| Revision 毎の設定 | autoscaling.knative.dev/panic-threshold-percentage |
| 内容 | Stable モードから Panic モードへ移行するしきい値 |
| デフォルト | 200.0[%] |
| パラメータ名 | max-scale-up-rate |
| Revision 毎の設定 | 不可 |
| 内容 | KPA がレプリカ数を増加させる際の増加率の最大値 |
| デフォルト | 1000.0 |
| パラメータ名 | max-scale-down-rate |
| Revision 毎の設定 | 不可 |
| 内容 | KPA がレプリカ数を減少させる際の減少率の最大値 |
| デフォルト | 2.0 |
| パラメータ名 | enable-scale-to-zero |
| Revision 毎の設定 | 不可 |
| 内容 | ゼロスケールの有効/無効の設定 |
| デフォルト | true |
| パラメータ名 | scale-to-zero-grace-period |
| Revision 毎の設定 | 不可 |
| 内容 | ゼロスケール実行時の最後の Pod を削除するまでの猶予期間 |
| デフォルト | 30s |
| パラメータ名 | scale-to-zero-pod-retention-period |
| Revision 毎の設定 | autoscaling.knative.dev/scale-to-zero-pod-retention-period |
| 内容 | ゼロスケール実行時の最後の Pod を Running のまま維持する期間 |
| デフォルト | 0s |

| パラメータ名 | pod-autoscaler-class |
|---|---|
| Revision 毎の設定 | autoscaling.knative.dev/class: "hpa.autoscaling.knative.dev" または<br>autoscaling.knative.dev/class: "kpa.autoscaling.knative.dev"を設定 |
| 内容 | Pod Autoscaler のクラス |
| デフォルト | kpa.autoscaling.knative.dev |
| パラメータ名 | activator-capacity |
| Revision 毎の設定 | 不可 |
| 内容 | 必要な Activator のレプリカ数を計算する際に使用される Activator の容量 |
| デフォルト | 100.0 |
| パラメータ名 | initial-scale |
| Revision 毎の設定 | autoscaling.knative.dev/initial-scale |
| 内容 | Revision 作成直後にスケールする Pod 台数（Pod 台数が 1 度この値に到達した場合は、以降、参照されない） |
| デフォルト | 1 |
| パラメータ名 | allow-zero-initial-scale |
| Revision 毎の設定 | autoscaling.knative.dev/initial-scale |
| 内容 | initial-scale を 0 で設定することを許容するか否かの設定 |
| デフォルト | false |
| パラメータ名 | min-scale |
| Revision 毎の設定 | autoscaling.knative.dev/min-scale |
| 内容 | Pod の最小稼働台数 |
| デフォルト | 0 |
| パラメータ名 | max-scale |
| Revision 毎の設定 | autoscaling.knative.dev/max-scale |
| 内容 | Pod の最大稼働台数 |
| デフォルト | 0（無制限を表す） |
| パラメータ名 | scale-down-delay |
| Revision 毎の設定 | autoscaling.knative.dev/scale-down-delay |
| 内容 | スケールインの実行遅延時間 |
| デフォルト | 0s |
| パラメータ名 | max-scale-limit |
| Revision 毎の設定 | 不可 |
| 内容 | max-scale で指定される Pod の最大稼働台数の上限 |
| デフォルト | 0（無制限を表す） |

‡ Revision 毎の設定（Knative Service のマニフェストのアノテーションへ付与）

# 付録 C Kafka Source のオプション設定

Kafka Source は次に示される設定をオプションとしてサポートします。

◎ 公式ドキュメント
https://knative.dev/docs/eventing/sources/kafka-source/

## ■ Consumer Group

Consumer Group は、Kafka トピックを参照する 1 つ以上の Consumer の集合を管理する設定です。Consumer とは、Sink に指定されるアプリケーションを指します。この設定により、同じ Consumer Group に所属する異なる Consumer へ分散してメッセージを送信することが可能です。

Figure C-1 に示される、Consumer Group の動作イメージを確認しましょう。Figure C-1 では、Producer が Kafka トピック上の 3 つのパーティションへ同じメッセージを合計 5 つ書き込みます。そして、Consumer は、Consumer Group「orders」に 2 台、Consumer Group「all」に 1 台の合計 3 台の Consumer が存在しているとします。このとき、Consumer Group「orders」に属する 2 台の Consumer へメッセージが分散して送信され、Consumer Group「all」の Consumer は 5 つのメッセージがすべて送信されます。

Figure C-1　Consumer Group の動作イメージ

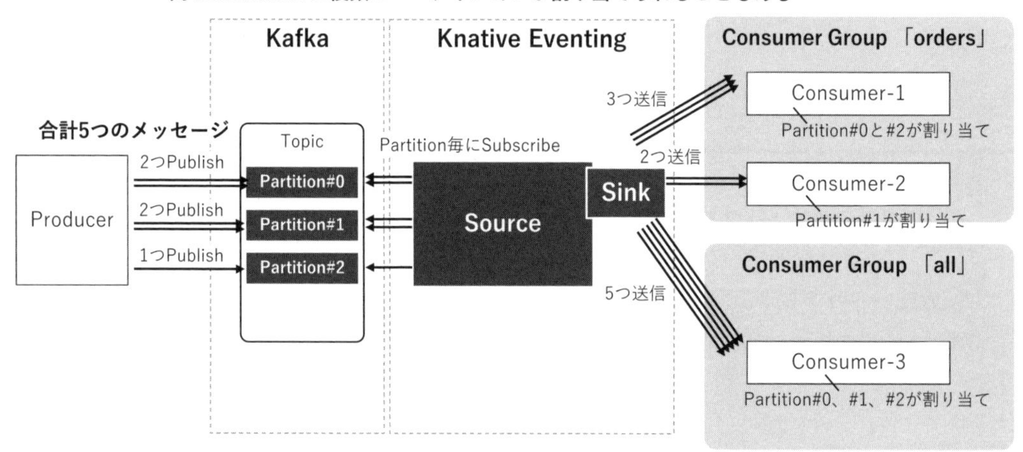


Consumer Group は、Kafka Source のオプション設定ですが、Kafka Source のデータプレーンとしては必須の設定です。マニフェストに明示的に Consumer Group の指定がない場合、コントロールプレーンが任意の Consumer Group を自動で作成します。そして、コントロールプレーンは、Sink で指定されるアプリケーションと Kafka Source のデータプレーンの Pod を紐付けて管理します。

◎　Consumer Group

```
## Stock の Consumer Group
$ kubectl get consumergroups -n bookinfo
NAME                                    READY   SUBSCRIBER          ...
b9d98196-e473-4df3-b84c-1285b2c97db8    True    http://stock... ...

## Consumer Group の状態
$ kubectl get consumergroups b9d98196-e473-4df3-b84c-1285b2c97db8 -n bookinfo -o yaml
apiVersion: internal.kafka.eventing.knative.dev/v1alpha1
kind: ConsumerGroup
...
## Kafka Source のデータプレーンの Pod
  placements:
  - podName: kafka-source-dispatcher-0
    vreplicas: 1
  replicas: 1
  subscriberUri: http://stock.bookinfo.svc.cluster.local
```

Consumer Group の設定方法は Kafka Source のマニフェストの「spec.consumerGroup」フィールドへ

文字列で指定します。

◎ Consumer Group の設定方法

```
1: apiVersion: sources.knative.dev/v1beta1
2: kind: KafkaSource
3: ...
4: spec:
5:   consumerGroup: bookorder
6:   bootstrapServers:
7:   - my-cluster-kafka-bootstrap.kafka:9092
8: ...
```

参考として、Consumer Group の動作試験の結果を確認しましょう。この試験では、Knative プロジェクトが提供するサンプルアプリケーションの「Event Display」を使用し、Figure C-2 に示される構成を実装します。なお、Event Display は、受信したイベントをログとして標準出力するアプリケーションです。

この構成のもとで、Bookinfo の画面の［Order］ボタンを 10 回押下すると、Consumer Group「orders」に所属する Event Display へ注文イベントが分散して送信され、Consumer Group「all」の Event Display はすべての注文イベントが送信される結果となりました。

Figure C-2　Consumer Group の動作試験の構成

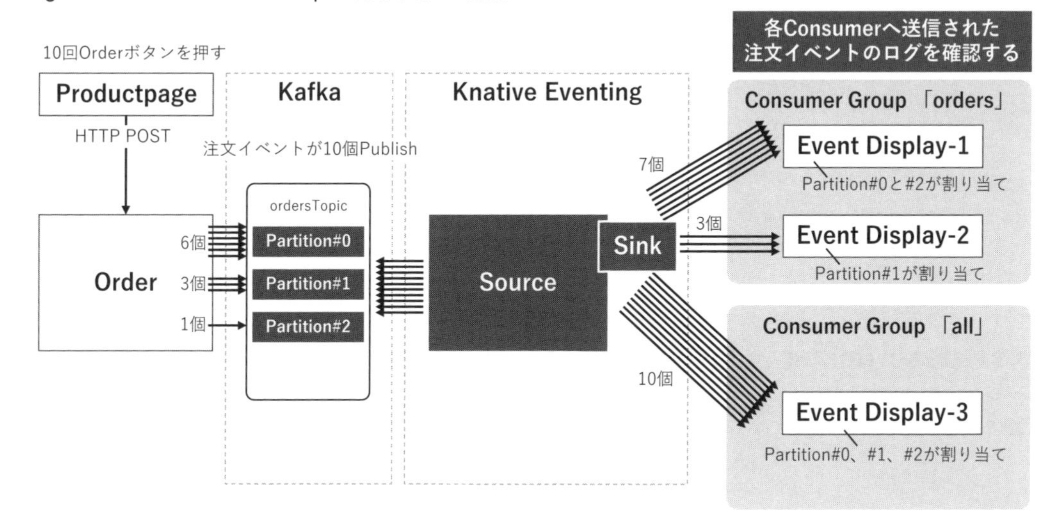


Figure C-3 の Kafdrop の結果から、Kafka トピック「orders」上のメッセージ数は、Partition#0 が 6

個、Partition#1 が 3 個、Partition#2 が 1 個存在することが分かります。そして、各 Event Display の Pod のログを確認すると、Event Display1 は 7 個、Event Display2 は 3 個、Event Display3 は 10 個の注文イベントが送信される結果となりました。

Figure C-3　パーティション毎のメッセージ数

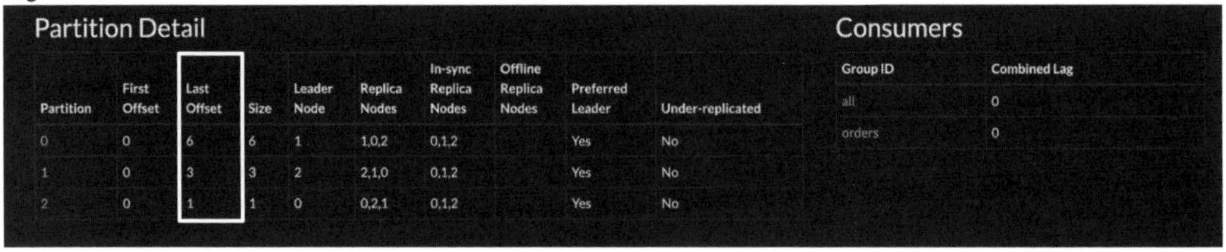

Partition Detail

| Partition | First Offset | Last Offset | Size | Leader Node | Replica Nodes | In-sync Replica Nodes | Offline Replica Nodes | Preferred Leader | Under-replicated |
|---|---|---|---|---|---|---|---|---|---|
| 0 | 0 | 6 | 6 | 1 | 1,0,2 | 0,1,2 | | Yes | No |
| 1 | 0 | 3 | 3 | 2 | 2,1,0 | 0,1,2 | | Yes | No |
| 2 | 0 | 1 | 1 | 0 | 0,2,1 | 0,1,2 | | Yes | No |

Consumers

| Group ID | Combined Lag |
|---|---|
| all | 0 |
| orders | 0 |

◎　Event Display へ送信された注文イベントの個数

```
## Event Display 1 の注文イベント数
$ kubectl -n bookinfo logs event-display1-00001-deployment-854... \
-c user-container | grep ORDER_CREATED | wc -l
       7
## Event Display 2 の注文イベント数
$ kubectl -n bookinfo logs event-display2-00001-deployment-8fb... \
-c user-container | grep ORDER_CREATED | wc -l
       3
## Event Display 3 の注文イベント数
$ kubectl -n bookinfo logs event-display3-00001-deployment-f56... \
-c user-container | grep ORDER_CREATED  | wc -l
      10
```

この結果から、Figure C-2 の構成で示されるように、同じ Consumer Group に所属する Event Display1 と Event Display2 は、パーティションの単位で注文イベントが分散して送信されるのに対し、異なる Consumer Group に所属する Event Display3 は、すべてのパーティションの注文イベントが送信されていることが分かります。

## ■ Key deserializer

Kafka の生成したメッセージは、Figure C-4 に示される構造を持ちます。

Figure C-4　Kafka メッセージの構造

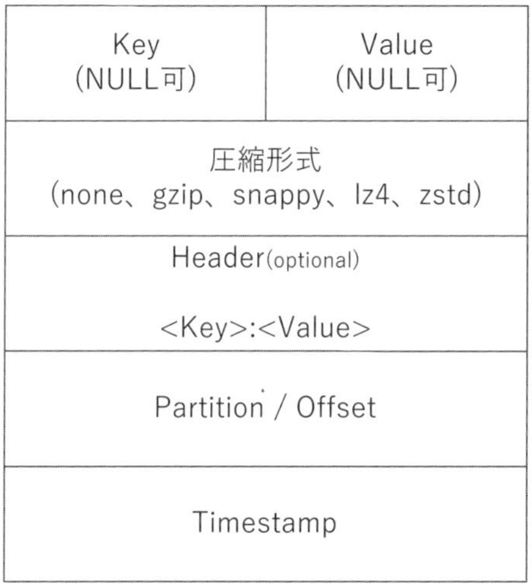

| Key (NULL可) | Value (NULL可) |
| --- | --- |
| 圧縮形式 (none、gzip、snappy、lz4、zstd) | |
| Header(optional) <Key>:<Value> | |
| Partition / Offset | |
| Timestamp | |

Kafka メッセージは、アプリケーションの実装によって Key と Header を含む可能性があります。Key deserializer は、Kafka メッセージ上の Key 情報を CloudEvents の拡張属性として出力する設定です。Key deserializer を使用するには、Kafka Source のマニフェストの「metadata.labels」へ、以下の設定を追加します。

◎　Key deserializer を使用した Kafka Source のマニフェスト例

```
1: apiVersion: sources.knative.dev/v1beta1
2: kind: KafkaSource
3: metadata:
4:   name: event-display-source
5:   namespace: bookinfo
6:   labels:
7:     kafkasources.sources.knative.dev/key-type: <Keyの 型>
8: ...
```

参考として、Event Display を使用した Key deserializer の動作試験の結果を示します。手動で作成した Kafka トピックへ Key を含むイベントを書き込むと、CloudEvents の拡張属性へ Key の値が格納されることを確認できます。

◎ Key deserializer の動作試験結果

```
## 「Key:123、メッセージ:{"msg": "This is a test!"}」のメッセージを Kafka トピックへ書き込みます。
$ kubectl -n bookinfo run kafka-producer -ti --rm \
--image=strimzi/kafka:0.14.0-kafka-2.3.0 \
--restart=Never -- \
bin/kafka-console-producer.sh \
--broker-list my-cluster-kafka-bootstrap.kafka:9092 \
--topic <Kafkaトピック名> \
--property parse.key=true \
--property "key.separator=:"

## <Key>:<Value> の形式で入力して Enter を押下すると Kafka メッセージが送信されます。
>123:{"msg": "This is a test!"}

## Event Display の Pod のログを確認すると、CloudEvents の拡張属性として指定した Key の値が格納されています。
$ kubectl get pods -n bookinfo | grep event-
event-display-00001-deployment-5b8...   Running

$ kubectl -n bookinfo logs event-display-00001-deployment-5b8... -c user-container
...
Context Attributes,
...
 source: /apis/v1/namespaces/bookinfo/kafkasources/event-display-source#knative-demo-topic
...
Extensions,
## 拡張属性に指定した Key の値が格納されています。
 key: 123
 partitionkey: 123
Data, #指定したデータ
 {"msg": "This is a test!"}
```

## ■ Initial Offset

Kafka Source はデフォルトで Offset 番号が最新（latest）のメッセージを読み取ります。最初の Offset を読み取りたい場合は、「spec.initialOffset」へ「earliest」を指定します。

◎ Initial Offset の設定方法

```
1: apiVersion: sources.knative.dev/v1beta1
2: kind: KafkaSource
3: ...
4: spec:
5:   initialOffset: earliest # or latest(default)
```

```
6:   bootstrapServers:
7:   - my-cluster-kafka-bootstrap.kafka:9092
8: ...
```

## ■ TLS の有効化

Kafka Source が Kafka クラスタと TLS 接続するための設定です。Kafka Source のマニフェストの spec フィールドへクライアント証明書と秘密鍵、CA 証明書を指定します。

◎　Kafka Source での TLS の有効化

```
 1: apiVersion: sources.knative.dev/v1beta1
 2: kind: KafkaSource
 3: ...
 4: spec:
 5:  net:
 6:    tls:
 7:      enable: true
 8:      cert: # クライアント証明書の指定
 9:        secretKeyRef:
10:          key: tls.crt
11:          name: <Secret を 指 定>
12:      key: # 秘密鍵の指定
13:        secretKeyRef:
14:          key: tls.key
15:          name: <Secret を 指 定>
16:      caCert: # CA 証明書の指定
17:        secretKeyRef:
18:          key: caroot.pem
19:          name: <Secret を 指 定>
20:   bootstrapServers:
21:   - my-cluster-kafka-bootstrap.kafka:9092
22: ...
```

## ■ SASL（Simple Authentication and Security Layer）認証

SASL 認証とは、ユーザ認証のフレームワークです。SASL 認証が設定された Kafka クラスタを使用する場合は、認証に必要な CA 証明書、ユーザ名とパスワード、SASL 認証のタイプを指定します。

◎ SASL 認証の設定方法

```
 1: apiVersion: sources.knative.dev/v1beta1
 2: kind: KafkaSource
 3: ...
 4: spec:
 5:   net:
 6:     sasl:
 7:       enable: true
 8:       user: # ユーザ名を指定
 9:         secretKeyRef:
10:           name: <Secret を 指 定>
11:           key: user
12:       password: # パスワードを指定
13:         secretKeyRef:
14:           name: <Secret を 指 定>
15:           key: password
16:       type:
17:         secretKeyRef: # SASL 認証のタイプを指定
18:           name: <Secret を 指 定>
19:           key: saslType
20:     tls:
21:       enable: true
22:       caCert: # CA 証明書を指定
23:         secretKeyRef:
24:           name: <Secret を 指 定>
25:           key: ca.crt
26:   bootstrapServers:
27:   - my-cluster-kafka-bootstrap.kafka:9092
28: ...
```

# あとがき

最後までご愛読いただき、ありがとうございます。

本書では、一冊を通してKnativeによるサーバレスのアプリケーションライフサイクルを実践しました。本書でのKnativeの体験が、皆さまの今後のビジネスに少しでも貢献できればと願います。

先の読めないビジネス環境において、アプリケーションの迅速なリリースは切っても切り離せません。その時代を戦い抜く手段としてKubernetesをはじめとしたクラウドネイティブの技術が存在します。しかし、単に新たな技術を導入したからといって、期待する効果を得られるものではありません。導入効果を得るには、クラウドネイティブの技術を「巧く」活用し、その技術の目指すコンセプトの理解や想定する開発・運用プロセスへの見直しが求められます。

既存のビジネスで確立した開発・運用プロセスを見直すことは、非常にオーバヘッドが高いことでしょう。それ故に、組織やチームが新たな価値観を受け入れて、対象を絞り込み、新たな開発・運用プロセスを小さく育てていくアプローチが必要です。その過程で、Kubernetesを活用するための人材育成も欠かせません。しかし、Kubernetesは、活用できるようになるまでに習得しなければならないスキルの幅が広いのが実態です。

本書を通じて、Kubernetesに不慣れな方でもクラウドネイティブに取り組めるようにする上でKnativeの有用なポイントを少しでも感じていただけたら幸いです。

技術の進化のスピードが速い中、筆者も完全にキャッチアップできているわけではありませんが、変化の激しい時代だからこそ、変化を楽しみながら継続的に改善活動に勤しみたいと考えています。そして、皆さまと一緒に今後のビジネスを支えるクラウドネイティブの取り組みを盛り上げていければと心より望んでいます。

改めて、本書に関わっていただいたすべての皆さまに心より感謝申し上げます。ありがとうございました。

2023年3月吉日<br>小野 佑大

# 索引

## E



## F



## G



## H



## I



## K

## M



## N



## O



## P



## Q



## R



## S

## T



## V



## W



## あ



## い



## え



## お



## か



## く



## け



## こ



## さ

## り



## る



## わ

## ● 著者プロフィール

小野 佑大（おの ゆうだい）

新卒より国内通信キャリアにて、サーバインフラストラクチャの運用・保守業務、IoT や 5G コア、エッジコンピューティングの技術戦略、新規事業企画を経て、現在レッドハット株式会社に勤務。エンタープライズ向け Kubernetes 管理ツールである Red Hat OpenShift のソリューションアーキテクトとして、主にエッジコンピューティングの営業戦略企画やコンサルティング業務、コミュニティ運営に従事している。これまでのユーザ企業での経験を活かしながら、業務に邁進中。

エンタープライズのエッジ環境へもクラウドネイティブの取り組みが普及することを夢に、業務・プライベート問わず、企業イベント、コミュニティイベントでの登壇、インターネット上での情報発信に勤しんでいる。

## ● お断り

IT の環境は変化が激しく、Kubernetes/Knative をはじめとするクラウドネイティブの分野もその例にもれません。本書に記載されている内容は、2023 年 3 月時点のものですが、機能の改善や仕様の変更は、日々行われているため、本書の内容と異なる場合があることは、ご了承ください。また、本書の実行手順や結果については、筆者の使用するハードウェアとソフトウェア環境において検証した結果ですが、ハードウェア環境やソフトウェアの事前のセットアップ状況によって、本書の内容と異なる場合があります。この点についても、ご了解いただきますよう、お願いいたします。

## ● 正誤表

インプレスの書籍紹介ページ https://book.impress.co.jp/books/1122101070 からたどれる「正誤表」をご確認ください。これまでに判明した正誤があれば「お問い合わせ／正誤表」タブのページに正誤表が表示されます。

## ● スタッフ

カバーデザイン：岡田 章志＋ GY

編集・レイアウト：TSUC LLC

■商品に関する問い合わせ先

このたびは弊社商品をご購入いただきありがとうございます。本書の内容などに関するお問い合わせは、下記のURLまたは二次元バーコードにある問い合わせフォームからお送りください。

https://book.impress.co.jp/info/

上記フォームがご利用いただけない場合のメールでの問い合わせ先
info@impress.co.jp

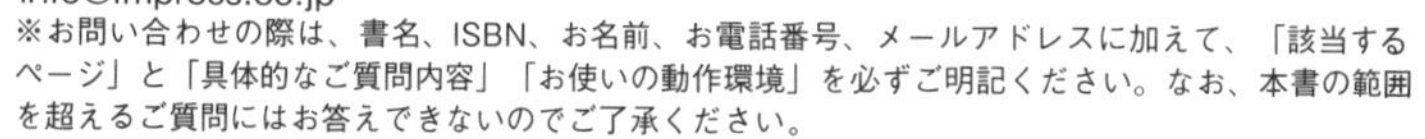

※お問い合わせの際は、書名、ISBN、お名前、お電話番号、メールアドレスに加えて、「該当するページ」と「具体的なご質問内容」「お使いの動作環境」を必ずご明記ください。なお、本書の範囲を超えるご質問にはお答えできないのでご了承ください。

- 電話やFAX でのご質問には対応しておりません。また、封書でのお問い合わせは回答までに日数をいただく場合があります。あらかじめご了承ください。
- インプレスブックスの本書情報ページ https://book.impress.co.jp/books/1122101070 では、本書のサポート情報や正誤表・訂正情報などを提供しています。あわせてご確認ください。
- 本書の奥付に記載されている初版発行日から3年が経過した場合、もしくは本書で紹介している製品やサービスについて提供会社によるサポートが終了した場合はご質問にお答えできない場合があります。

■落丁・乱丁本などの問い合わせ先

FAX 03-6837-5023
service@impress.co.jp
※古書店で購入された商品はお取り替えできません。

ケイネイティブ ジッセン
**Knative 実践ガイド**

2023年 4月11日 初版第1刷発行

著者 小野 佑大(おの ゆうだい)

発行人 小川 亨

編集人 高橋隆志

発行所 株式会社インプレス
〒101-0051 東京都千代田区神田神保町一丁目105番地
ホームページ https://book.impress.co.jp/



印刷所 大日本印刷株式会社

ISBN978-4-295-01635-9 C3055

Printed in Japan